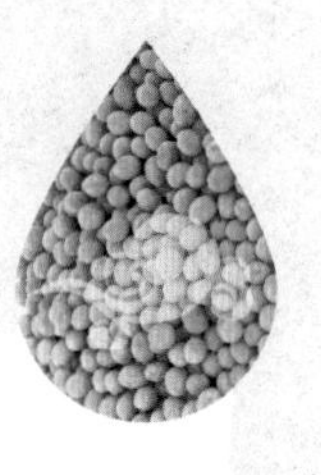

起源于我国西汉的豆浆，承载着深厚的文化内涵，走过了数千年的历史，在不断得到改良后，由最初的原味黄豆豆浆，发展出更多不同种类、花式、口感的搭配。今天，豆浆已经成为人们日常生活中不可缺少的健康饮品，成为中国人的『绿色牛奶』，以及全世界大受追捧的养生『宠儿』。

养生豆浆大全

宁微言　主编

北京联合出版公司
Beijing United Publishing Co.,Ltd.

北京科学技术出版社

图书在版编目（CIP）数据

养生豆浆大全 / 宁微言主编 .— 北京：北京联合出版公司，2014.1（2024.10 重印）

ISBN 978-7-5502-2421-6

Ⅰ.①养… Ⅱ.①宁… Ⅲ.①豆制食品—饮料—制作 Ⅳ.① TS214.2

中国版本图书馆 CIP 数据核字（2013）第 293152 号

养生豆浆大全

主　　编：宁微言
责任编辑：肖　桓
封面设计：韩　立
内文排版：吴秀侠

北京联合出版公司
北京科学技术出版社　出版

（北京市西城区德外大街 83 号楼 9 层　100088）
鑫海达（天津）印务有限公司印刷　新华书店经销
字数 400 千字　720 毫米 ×1000 毫米　1/16　20 印张
2014 年 1 月第 1 版　2024 年 10 月第 3 次印刷
ISBN 978-7-5502-2421-6
定价：68.00 元

前言

豆浆在中国历史上源远流长，相传为西汉淮南王刘安始创。据说刘安是个大孝子，因母亲身患重病，一直请医延药，但是总不见起色，最终连食物都难以吞咽。为了让母亲吃到喜欢的黄豆，刘安便用泡好的黄豆每天磨成豆浆给母亲喝，没想到，刘母喝了豆浆之后，感觉味美无比，十分喜欢，病也逐渐痊愈了。后来，豆浆就在民间流行开来。

如今，豆浆已成为很多人早餐的必备饮品，也是一种老少皆宜的营养和保健食品。它含有丰富的植物蛋白、磷脂、维生素、烟酸、铁、钙等营养物质，尤其是其所含的钙，虽不及豆腐，但比其他任何乳类都高，在欧美享有“植物奶”的美誉，且非常适合各类人群。

俗话讲“药补一堆，不如豆浆一杯”，作为日常饮品，豆浆中含有大豆皂苷、异黄酮、大豆低聚糖等具有显著保健功能的特殊因子，对高血压、高血脂、糖尿病、冠心病等患者具有一定的食疗保健作用，并有平补肝肾、防老抗癌、美容润肤、增强免疫力等功效，因此豆浆还被科学家称为“心脑血管保健液”和“21 世纪餐桌上的明星”。《本草纲目》上记载：“豆浆，利水下气，制诸风热，解诸毒。”《延年秘录》上记载豆浆“长肌肤，益颜色，填骨髓，加气力，补虚能食”。《黄帝内经》上记载豆浆性质平和，具有补虚润燥、清肺化痰的功效。

豆浆一年四季都可以饮用。春秋两季饮用豆浆，可滋阴润燥；夏季饮用豆浆，可生津解渴;冬季饮用豆浆可滋养进补。除了采用传统的黄豆做豆浆外，红枣、枸杞子、绿豆、百合等都可以成为豆浆的配料，做出很多营养不同、口味各异的豆浆饮品，满足不同人群的需要。如果你有一台豆浆机，就可以轻轻松松自己在家制作，既健康又卫生，还能随时喝到新鲜的豆浆。

但是，由不同配料做成的豆浆也有着不同的食用禁忌和食疗功效，食用不得当不仅起不到应有的保健功效，还可能对健康产生不利影响。为帮助读者选用适合自己的豆浆，我们编写了《养生豆浆大全》一书，共介绍了近500种不同口味和功效的豆浆饮品和豆类美食，包括原味豆浆、五谷干果豆浆等简单易做的家常经典豆浆，具有健脾和胃、护心去火等不同功效的保健豆浆，养颜、护发、抗衰豆浆，以及适合孕妇、幼儿、老年人等不同人群的豆浆，不同季节适宜饮用的豆浆和各种豆浆治病食疗方等，也包括一些豆浆料理、豆渣料理等豆类美食，同时对各类豆浆的营养成分、养生功效、食用方法、食用禁忌等进行了详细的介绍。

书中每一款豆浆都有详细的讲解步骤，并配有精美的图片，可指导你轻松制作出美味营养的豆浆，是全家人的健康保健必备书。

目录

第一篇 在家做豆浆，轻松又健康

第二篇 经典当家豆浆——又简单又营养

第六篇
四季养生豆浆——因时调养，喝出四季安康

第七篇 豆浆食疗方——既能祛病又饱口福

第八篇 豆香美食——豆浆与豆渣的美味转身

第一篇

在家做豆浆，轻松又健康

第1章

走进豆浆的世界

流传千年的养生豆浆

豆浆是深受大家喜爱的一种饮品，也是一种老少皆宜的营养食品，它在欧美享有“植物奶”的美誉。随着豆浆营养价值的广为流传，关于豆浆所承载的历史文化，也引发了人们的关注。那么，我们祖祖辈辈都在食用的豆浆，它有怎样的来历呢？

传说，豆浆是由西汉时期的刘安创造的。淮南王刘安很孝顺，有一次他的母亲患了重病，他请了很多医生用了很多药，母亲的病总是不见起色。慢慢地，他的母亲胃口变得越来越差，而且还出现了吞咽食物困难的现象。刘安看在眼里，急在心头。因为他的母亲很喜欢吃黄豆，但由于黄豆比较硬，吃完之后不好消化，所以刘安每天把黄豆磨成粉状，再用水冲泡，以便母亲食用，这就是豆浆的雏形。或许是因为豆浆的养生功效，或者是因为刘安的孝心感动了上天，其母亲在喝了豆浆之后，身体逐渐好转起来。后来，这款因为孝心而成的神奇饮品，就在民间流传开来。

考古发现，关于豆浆的最早记录是在一块中国出土的石板上，石板上刻有古代厨房中制作豆浆的情形。经考古论证，石板的年份为公元5 ~ 220年。公元82年撰写的《论行》的一个章节中也提到过豆浆的制作。

不管是考古论证还是民间传说，都说明豆浆在中国已经走过了千年的历史，而且至今仍旧焕发着强大的生命力。实际上，豆浆不仅在中国受欢迎，还越来越多地赢得了全世界人们的喜爱。

营养均衡，不可缺豆

传统饮食讲究“五谷宜为养，失豆则不良”，“五谷”是指小米、大米、高粱、小麦、豆类等种子，这句话的意思是说五谷是有营养的，但如果没有豆子的相助就会失去平衡。大家不要以为只有鸡鸭鱼肉才营养丰富，实际上富含蛋白质的豆类也是非常具有营养价值的。

不光中医对豆类食物很推崇，现代营养学也证明，一个人如果能坚持每天食用豆类食物，两周后，身体的脂肪含量就会降低，并且增加机体免疫力，降低患病的可能性。因此，有的营养学家建议用豆类食物代替一定量的肉类食物，这样不但能解决现代人营养过剩的问题，也能调理营养不良。

为何大豆对人体有这么大的益处呢？下面的两个表格中，表 1 是大豆中所含的成分与人体需要量的对比，表 2 是大豆中各种维生素的含量。

表 1　大豆中所含的成分与人体需要量的对比

项目	蛋白质	异黄酮	低聚糖	皂苷	膳食纤维	各种维生素	微量元素	磷脂	大豆油	核酸
大豆成分（%）	40	0.05~0.07	7~10	0.08~0.10	20		4~4.5	1.5~3	18~20	0.1~0.2
人体需要量/天	91mg	40mg	10000~20000mg	30~50mg	25~35mg	149.4mg			350mg	400mg

表 2　大豆中各种维生素含量　　　　单位：mg/g

名称	胡萝卜素	硫胺素（维生素 B_1）	核黄素（维生素 B_2）	烟酸	泛酸	维生素 B_6	生物素	叶酸	肌醇	胆碱	维生素 C
含量	0.2~2.4	0.79	0.25	2.0~2.5	12	6.4	0.6	2.3	1.9~2.6	3.4	0.2

人的生命活动之所以能进行，全靠碳水化合物、脂肪、蛋白质、维生素、矿物元素及水等一些生理活性物质的帮助。从上述两个表中可以看出，人体需要的必要物质，都能在大豆的成分中发现踪影。所以，人们如果想要健康长寿，没有必要绞尽脑汁去寻求其他昂贵的保健品，大豆虽然价格低廉，但是营养全面。上到老年人，下到婴幼儿都可以服用大豆制成的豆浆，能够提高人体的代谢能力，达到健康长寿的目的。从营养均衡的角度来看，豆类食物不可缺少。

豆浆怎样喝更科学

豆浆营养非常丰富，且易于消化吸收，是很多人喜欢的一种饮品。不过，豆浆在饮用的时候也有一些需要注意的事项，如果选择了错误的方式，不但对身体无益，还有可能损害人体健康。

1. 忌喝未煮熟的豆浆

有的人喜欢买生豆浆，自己回家加热，加热时看到豆浆开始沸腾就误以为豆浆已经煮熟。这是豆浆的有机物质受热膨胀形成气泡造成的上冒现象，实际上，豆浆并没有煮熟。

大豆虽然含有丰富的蛋白质，但是也含有胰蛋白酶抑制素，这种抑制素能够抑制胰蛋白酶对于蛋白质的作用，使大豆中的蛋白质不能顺利被分解成可供人体吸收的氨基酸。只有通过充分加热之后，消除了胰蛋白酶抑制素的抑制作用，我们才能真正利用大豆中的蛋白质。生豆浆中含有皂苷，如果未熟透就进入人体，容易刺激胃肠黏膜，使人出现恶心、呕吐、腹泻等症状。那么怎样的豆浆才算是煮熟的呢？实际上，生豆浆在加热到80 ~ 90℃时就会沸腾，这样的温度还不能破坏生豆浆中的皂苷，所以最好在豆浆沸腾之后再煮 3 ~ 5 分钟。

2. 忌冲红糖

豆浆中加上一些红糖，喝起来味道更加香甜，不过因为红糖中含有机酸，而有机酸在同豆浆中的蛋白质结合后，会产生“变性沉淀物”，不利于人体吸收，降低了营养价值。所以，豆浆中忌冲红糖，可以用白糖或冰糖代替。

3. 忌在豆浆里打鸡蛋

有的人喜欢用豆浆冲生鸡蛋，认为这样同时就补充了两种营养成分，更为健康。其实，尽管二者都含有丰富的蛋白质，但是这种饮用的方式并不科学。原因在于，生鸡蛋清中含有一种黏液性蛋白，在冲鸡蛋的过程中，豆浆中所含的胰蛋白酶抑制素会使胰蛋白酶和黏液性蛋白相结合，生成复合蛋白。这种复合蛋白不易被人体分解、吸收。同时，鸡蛋中蛋白部分含有的抗生物素蛋白与蛋黄部分中的生物素结合，会生成一种无法被人体吸收利用的新物质。用豆浆冲鸡蛋的吃法不仅不能提高营养价值，反而在一定程度上降低了豆浆和鸡蛋中原有的营养成分。因此，豆浆和鸡蛋还是分开吃为宜。不过，煮熟后的鸡蛋可以搭配热豆浆，两者同食不会中毒。

4. 忌装保温瓶

豆浆的蛋白质含量丰富，在煮沸后如果放在保温瓶里保存，当瓶内温度下降到适宜细菌生长时，瓶内的上部空气里的许多细菌就会将豆浆当成培养基地，而大量繁殖起来。一般而言，3 ~ 4个小时后，保温瓶内的豆浆就会变质。如果喝了这样的豆浆，人就会出现腹泻、消化不良或食物中毒。另外，豆浆里的皂素能够溶解暖瓶里的水垢，喝了对身体健康不利。所以，豆浆在煮沸后应该立即食用或者在低温下保存 。

5. 忌喝超量

一次喝豆浆过多容易引起蛋白质消化不良，出现腹胀、腹泻等不适症状，而且如果因为豆浆好喝，就一杯接一杯，那么很可能使体重增加。

6. 忌空腹饮豆浆

豆浆中的蛋白质大多会在人体内转化为热量而被消耗掉，所以豆浆不宜空腹饮用，否则豆浆不能充分起到补益作用。在喝豆浆前，最好能够先吃些面包、糕点、馒头等淀粉类食品，这样就可以使豆浆和蛋白质等在淀粉的作用下同胃液充分地发生酶解反应，令营养物质充分吸收。

7. 忌与牛奶同煮

牛奶和豆浆的营养价值都很高，所以有人认为，将牛奶和豆浆一起煮后饮用，能够更好地吸收营养，事实上这样的做法是错误的。原因在于，豆浆中含有的胰蛋白酶抑制素，对胃肠有刺激作用，还能抑制胰蛋白酶的活性。它们只有在100℃的环境中，经过数分钟的熬煮后才能被破坏，否则，人若食用了未经充分煮沸的豆浆，容易出现中毒；但是，牛奶如果在这样的温度下持续煮沸，其含有的蛋白质和维生素就会遭到破坏，影响到营养价值，实际上是一种浪费。所以，豆浆和牛奶不宜同煮。

但是这并不是说牛奶不能和豆浆搭配，实际上从营养学的角度来看，二者具有较强的互补性。例如，牛奶中富含维生素 A，而豆浆中不含有这种营养素；牛奶中维生素 E 和维生素 K 比较少，但这两种维生素在豆浆中比较多；牛奶中不含有膳食纤维，而豆浆中含有大量可溶性纤维；牛奶中含有少量饱和脂肪酸和胆固醇，而豆浆含有少量不饱和脂肪酸，以及降低胆固醇吸收的豆固醇。因此，只要注意不将二者一起煮食，牛奶和豆浆还是不错的营养搭配。

8. 忌与药物同饮

豆浆不能同药物，尤其是不能同抗生素类的药物同饮，如红霉素等。因为有些抗生素类药物会破坏豆浆里的营养成分，同时豆浆中所含的铁、钙质会使药物药效降低或者失效。

豆浆并非人人都适宜

豆浆受到大家的喜爱，是因为豆浆对身体的好处多多，它含有丰富的维生素、矿物质和蛋白质，对我们的健康很有益处。不过，豆浆并不是谁都适合喝，有的人饮用后对身体健康还会造成损害。

那么究竟什么样的人不宜喝豆浆呢?

1. 胃寒的人不宜喝豆浆

中医学认为，豆浆是属寒性的，所以那些胃寒的人，如吃饭后消化不了，容易打嗝、嗳气的人不宜饮用。脾虚之人，有腹泻、胀肚的人也不宜饮用。

2. 肾结石患者不宜喝豆浆

豆类中的草酸盐可与肾中的钙结合，易形成结石，会加重肾结石的症状，所以肾结石患者不宜食用。

3. 痛风患者不宜喝豆浆

现代医学认为，痛风是由嘌呤代谢障碍所导致的疾病。黄豆中富含嘌呤，且嘌呤是亲水物质，因此，黄豆磨成豆浆后，嘌呤含量比其他豆制品要多出几倍。正因如此，豆浆不适宜痛风病人饮用。

4. 乳腺癌高危人群不要大量喝豆浆

豆浆中的异黄酮对女性身体有保健作用，但是如果摄入高剂量的异黄酮素不但不能预防乳腺癌，还有可能刺激到癌细胞的生长。所以，有乳腺癌危险因素的女性最好不要长期大量喝豆浆。

5. 贫血的人不宜长期喝豆浆

黄豆与其他保健食材搭配，虽然有利于贫血患者的健康，但是因为黄豆本身的蛋白质能阻碍人体对铁元素的吸收，如果过量地食用黄豆制品，黄豆蛋白质可抑制正常铁吸收量的90%，人会出现不同程度的疲倦、嗜睡等缺铁性贫血症状。所以，贫血的人不要长期过量喝豆浆。

实际上，豆浆的养生作用是有目共睹的，但是我们不能因此而“神话”豆浆，也不能因为豆浆的一些不良反应而谈其色变。毕竟长期过量摄入豆浆，才会出现不良反应，一般人的正常饮用不会出现问题。成年人每次饮用250 ~ 350毫升豆浆，儿童每次饮用200 ~ 230毫升，属于正常的饮用量。

豆浆的制作

挑选适合自己的豆浆机

一杯好喝的营养豆浆，离不开家用豆浆机的帮忙。面对着市场上形形色色的豆浆机，如何选择自己理想的那一款呢？下面介绍几个挑选豆浆机时的注意事项，希望可以帮助大家选到心仪的豆浆机。

1. 豆浆机的容量

根据家庭的人口数量选择豆浆机容量，一般而言，家里是1 ~ 2口人的，可以选择800 ~ 1000毫升，家里是2 ~ 3人的，可以选择1000 ~ 1300毫升，家中人口在4人以上的，豆浆机的容量可以选择1200 ~ 1500毫升。

2. 看品牌选择豆浆机

名牌豆浆机一般都经过多年的市场检验，所以在性能上比较完善。有的时候，消费者贪图便宜买的产品质量不好，又得不到良好的售后服务，徒增烦恼。另外，还要看厂家是否为专业的豆浆机品牌，有些产品并非自产而是从其他处购得产品后直接贴上自己的牌子，这样的产品质量保障可能会有问题。所以，为了放心一些，豆浆机购买时宜选专业的品牌豆浆机。

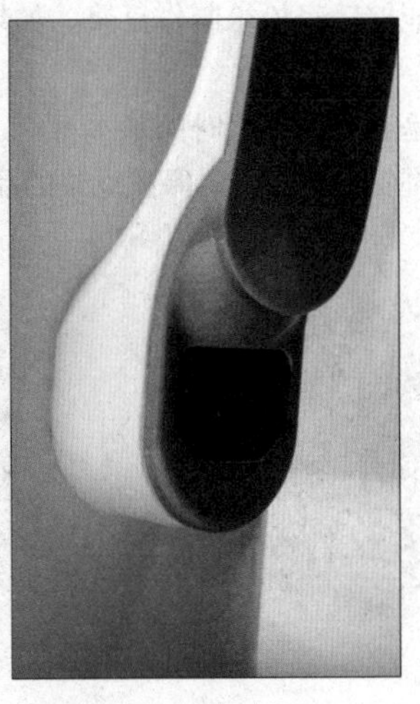

3. 检查豆浆机的安全性能

大家之所以在家自己用豆浆机做豆浆，恐怕多是因为这样的豆浆喝起来更安全。既然如此，对于机器的安全性更是不能忽视。在挑选豆浆机时， 一定要检查电源插头、电线等，还要注意豆浆机是否有国家级质量安全体系认证的产品，如3C认证、欧盟CE认证等。

4. 注意机器的构造和设计

（1）豆浆机的刀片和电机合理

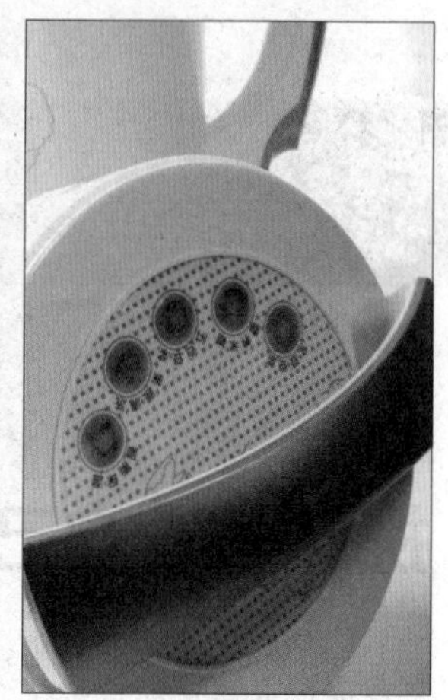

与否决定了豆子的粉碎程度，也决定了出浆率的高低，影响着豆浆的营养和口味。好的刀片应该具有一定的螺旋倾斜角度，当刀片旋转起来的时候，能够形成一个碎豆的立体空间，因为巨大的离心力甩浆，还能将豆子中的营养充分释放出来。平面刀片只是在一个平面上旋转碎豆，碎豆的效果不是很好。

（2）看豆浆机的加热装置，宜选择加热管下半部是小半圆形的豆浆机，这样更易于洗刷和装卸网罩。对于厂家而言，这样的加热管技术难度大、成本高。有的豆浆机加热管下半部是大半圆形，不建议选择。

（3）有网罩的豆浆机，还需要看网罩的工艺技术。好的网罩网孔按人字形交叉排列，密而均匀，孔壁光滑平整，劣质的网罩做不到这一点。选购时可以举起网罩从外往里看，如果网罩的透明度高、网孔的排列有序则属于优质网罩。

（4）看豆浆机是否采用了“黄金比例”设计，豆量与水量的比例、水的温度、磨浆时间、煮浆时间等因素的组合是否达到最佳效果，豆浆需要在第一次煮沸后再延煮 4 ~ 5 分钟最为理想，如果延煮时间太短则豆浆煮不熟，太长则易破坏豆浆中的营养物质。

（5）看豆浆机的特殊功能有无必要，有的豆浆机声称能够保温存储，有的豆浆机则直接在机内用泡豆水打浆，有的建议打干豆……实际上，豆浆在存储的时候，都需冷藏保存，否则极易变质。那些利用定时功能直接用泡豆水磨浆的，既不卫生又很难喝；而直接用干豆做出的豆浆，则会影响大豆营养的吸收。所以大家在选择豆浆机的时候，不要被那些五花八门的功能所迷惑，以免买到不合适的产品。

豆浆的制作方法

厨房小家电的便利，使我们在家能够轻轻松松制作豆浆。如果你有一台家用豆浆机，那么就可以参照如下的方法来制作豆浆。

第一步，精选豆子。豆子等谷物是我们做豆浆时的基本材料。在做豆浆前，我们首先要挑出坏豆、虫蛀过的豆子以及豆子中的杂质和砂石，保证豆浆的品质。

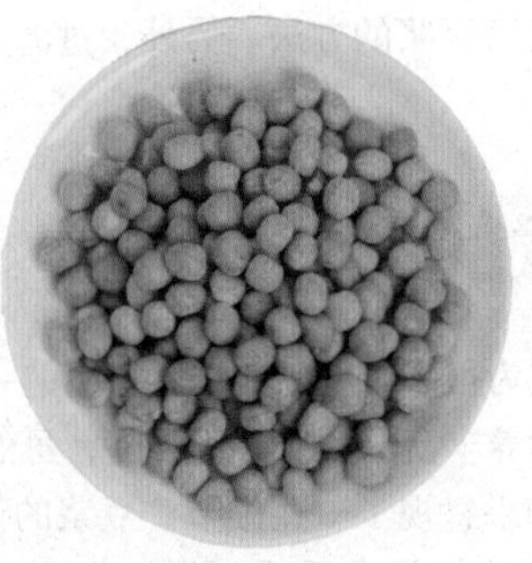

第二步，浸泡豆子。先清洗豆子和米等谷物，然后进行充分的浸泡。一般而言，豆子的浸泡时间在 6 ~ 12 个小时即可，夏季的时候，时间可缩短，冬季则适当延长。时间要掌握好，如果太长，黄豆会变馊，以黄豆明显变大为准。米类谷物在 2 ~ 6 个小时的浸泡时间比较合适。

第三步，磨豆浆。磨豆浆非常容易，直接按照豆浆机中附带的说明就可以了。先将泡发后的豆子放入豆浆机，然后加入适量的水，再启动豆浆机。十几分钟或二十分钟后，香浓美味的豆浆就做好了。

没有豆浆机照样做豆浆

豆浆好处很多，如今很多人都用家用豆浆机制作豆浆，不但干净卫生，味道还很浓郁。有的人可能说，我的家中没有豆浆机，那可怎么做豆浆啊？其实，在没有豆浆机的情况下，我们可以利用搅拌机这个好帮手。其实在 20 世纪 90 年代，很多人都不知道豆浆机为何物的时候，人们主要就是通过搅拌机来做豆浆的。

具体来说怎么做呢？首先，要先将豆子泡发，之后放入搅拌机，再加入适量的水，启动搅拌机，这样就可以将豆子磨成豆浆了。需要注意的是，搅拌机磨出来的是生豆浆，需要煮熟后才能饮用。因为豆浆中含有一种皂苷，它是一种糖蛋白，摄入过多可能使人产生恶心、胸闷、皮疹、腹痛等症状，重者休克，甚至危及生命。另外，豆浆还含有一种抗胰蛋白酶，会降低胃液消化蛋白质的能力，引起消化不良。这两种物质如果不去掉，豆浆根本不能喝，在充分加热的环境下就能破坏这两种物质。通常在煮豆浆的时候，需要在豆浆沸腾后再煮几分钟，而且锅盖需要敞开，让豆浆中的有害物质随着水蒸气蒸发掉。

如果你家中没有豆浆机，又很想喝自制

的豆浆，不妨试试这种用搅拌机磨豆浆的方法。另外，过滤后的豆渣也不要扔掉，它也能华丽变身为可口美味的食物。

制作豆浆应注意的细节

用豆浆机制作豆浆，已经成为很多家庭每天必不可少的一个环节。不过若要轻松制出口味浓郁且营养丰富的豆浆并不容易，虽然豆浆在制作的时候比较方便，但是如果忽视了一些细节，豆浆的口感和营养价值就会大打折扣。现在我们就来看看制作豆浆的时候都需要注意哪些细节吧。

1. 做豆浆前一定要泡豆

有的人认为泡豆耽误时间，所以喜欢直接用豆浆机中的干豆功能，干豆做成的豆浆偶尔食之尚可，经常喝不利于身体健康。因为大豆外层的膳食纤维不能被人体消化吸收，它妨碍了大豆蛋白被人体吸收利用。如果充分地泡大豆，能够软化它的外层，在大豆经过粉碎、过滤、充分加热的步骤后，人体对大豆营养的消化吸收率提高了不少。另外，豆皮上附有一层脏物，不经过充分浸泡很难彻底清洗干净。而且，利用干豆做出的豆浆无论在浓度、营养吸收率、口感和香味上，都不如用泡豆做出的豆浆好。所以，泡豆是做豆浆时必不可少的一步，这样既能提高大豆粉碎效果和出浆率，又卫生健康。

2. 泡豆的时间不可一成不变

如果泡豆时室温在 20 ~ 25℃，12 个小时足以让大豆充分吸水，如果延长时间也不会取得好的效果。不过，在夏天温度普遍高的时候，豆子浸泡 12 小时很可能会发霉，带来细菌过度繁殖的问题。所以，最好能放在冰箱中，在 4℃的冰箱里泡豆 12 小时，相当于室温下浸泡 8 小时的效果。如果是冬天，室内温度较低，可以在 20 ~ 25℃的条件下浸泡 12 小时，适当延长大豆的浸泡时间。

3. 泡豆的水不能直接做豆浆

有的人直接用豆浆机浸泡豆子，在进行充分浸泡后为了省事，直接用泡豆水做豆浆。这种方法倒是方便了，但对健康是很不利的。浸泡过大豆的人都知道，大豆在水中泡过一段时间后，会令水的颜色变黄，而且水面上还浮现出很多水泡。这是因为大豆的碱性大，在经过浸泡后发酵就会引起这种现象。尤其是夏天泡过大豆的水，更容易滋生细菌，发出异味。用泡豆水做出的豆浆，不但有碱味，而且也不卫生，人喝了之后有损健康。

所以，做豆浆不宜直接用泡豆水，不但如此，大豆在浸泡后还要用清水清洗几遍，去掉黄色的碱水。

4. 美味豆浆需要细磨慢研

很多人喜欢喝豆浆，不仅是因为它有丰富的营养，还因为它有润滑浓郁的口感。不过，有的人发现自己用豆浆机打出的豆浆没有那么香浓，实际上研磨时间的长短是影响豆浆营养和口感的一个重要细节。传统制作豆浆的方法是用小石磨一圈一圈地推着磨豆子，磨的时间越长，豆子研磨得越细，大豆蛋白的溶出率就越高，豆浆的口感也比较爽滑。现在一般家用的豆浆机，多是用刀片“磨”豆，一次难以打得很细，这样大豆中的蛋白质溶解不出来，口味就会变得寡淡。所以，在打豆浆的时候如果发现口味不浓，可以选择多打几次来实现石磨研磨的效果。

5. 过滤豆渣，除掉豆腥味

大豆特有的豆腥味在用豆浆机自制豆浆的过程中难以去除，这无疑影响了豆浆的口感。对这个难题，专家也有妙方：选择一个干净的医用纱布，将煮好的豆浆通过纱布过滤到杯子中，这样不仅可以过滤残留豆渣，还可以减轻豆浆中的豆腥味。

豆渣中含有丰富的食物纤维，有预防肠癌和减肥的功效，如果扔掉太可惜，我们可以将滤出的豆渣添加作料适当加工一下，就能变废为宝，做成各种可口的美食。豆渣的豆腥味如何去掉呢？在这里告诉大家一个简便的方法：将豆渣用纱布包好，放入高汤中煮5分钟，捞出挤干水分就能去除豆腥味。

豆浆煮好后，最后一步就是清洗豆浆机了。传统豆浆机都有“网罩”，需要将网罩浸泡于水中刷洗干净后风干，机头的部分则用软湿布擦拭。不过，现在很多豆浆机都是无网设计，清洗起来就方便很多，但是仍要注意豆浆机内的清洁卫生。

喝不完的豆浆如何保存

因为食品安全问题的频繁发生，豆浆机成了老百姓生活中炙手可热的家用电器。不过，很多人发现自家买的豆浆机一次制作的量往往喝不完，以至于造成了不必要的浪费。那么，有没有什么好办法能将豆浆保存时间变得更长呢?

第一，需要准备一个或两个密闭的洁净容器，如太空瓶或者罐头瓶。

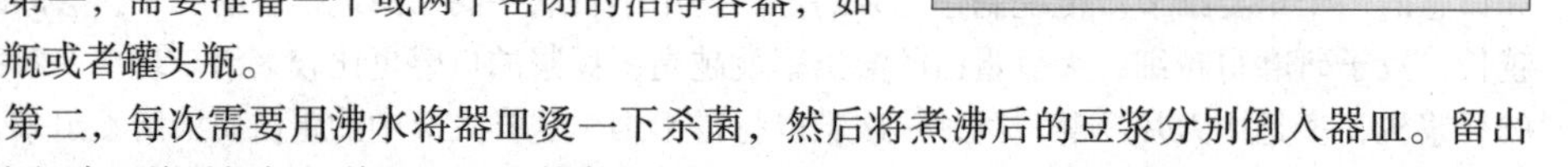

第二，每次需要用沸水将器皿烫一下杀菌，然后将煮沸后的豆浆分别倒入器皿。留出1/5的空隙，盖子松松地盖上，不要拧紧。

第三，稍微放几秒钟的热气，就可以将盖子拧到最紧，然后在屋内让其自然冷却。

第四，等豆浆冷却后，再将它放入冰箱的冷藏层。这样就可以储藏两三天了。

这种保存方式的原理是，先用高温将豆浆中的细菌杀死，然后趁热放入杀过菌的瓶内，盖上盖子等待冷却。瓶子里的空气在冷却后收缩形成负压，使瓶子密封得很严实，这样瓶内的细菌杀掉了，外面的细菌又进不去，豆浆就可以更卫生一些。等到需要喝的时候，再把豆浆从冰箱中取出来，重新加热一下就可以了。

第3章

豆浆的养生功效

解读豆浆中的八大营养素

豆浆的营养价值很高，是其他食物无法比拟的，更为可喜的是，豆浆中的胆固醇含量几乎等于零。豆浆中主要有八大营养素，它们分别是大豆蛋白、大豆皂素、大豆异黄酮、大豆卵磷脂、脂肪、寡糖、B族维生素、维生素E、矿物质类等。现在就分别介绍一下这八大营养素对我们身体的健康作用。

1. 大豆蛋白

大豆蛋白是大豆的最主要成分，含量约为38%，是谷类食物的4 ~ 5倍。大豆蛋白属于植物性蛋白质。它的氨基酸组成与牛奶蛋白质相近，除了蛋氨酸含量略低外，其余必需的氨基酸含量都较丰富，在营养价值上，可与动物蛋白相媲美。另外，大豆蛋白在基因结构上也最接近人体的氨基酸。就平衡地摄取氨基酸而言，豆浆可算是最理想的食品。

2. 皂素

有的豆浆喝起来总是带着少许的涩味，其实这种涩味就是皂素造成的。

皂素有一个最明显的效果，就是能够抗氧化，即抑制活性氧的作用。同时，皂素还能补充体内的抗氧化物质，所以能够具有强力抗氧化作用。对于女性来说，皂素是女人追求美丽的好帮手，因为皂素能够预防晒太阳造成的黑斑、雀斑等皮肤的老化症状。

另外，大豆皂素还具有乳化作用，引起油水混合，并且促进食物纤维吸附胆汁酸，降低体液中的胆固醇值。它还能减少三酯甘油、防止肥胖，对预防动脉硬化也有效果。

3. 大豆异黄酮

豆浆中的大豆异黄酮与雌激素的分子结构非常相似，能够与女性体内的雌激素受体相结合，对雌激素起到双向调节的作用，所以又被称为“植物雌激素”。

研究发现，亚洲人（尤其是日本人）乳腺癌、心血管疾病、更年期潮热的发病率明显低于欧美等国，一个很重要的原因就是东西方不同的膳食结构使得亚洲人有机会摄取更多的豆制品。也就是说，大豆异黄酮摄入

的差异，是导致东西方疾病发生不同的主要原因。

另外，大豆异黄酮还可与骨细胞上的雌激素受体结合，减少骨质流失，同时促进机体对钙的吸收，以增加骨密度，从而预防和改善骨质疏松症。另外，多饮用富含大豆异黄酮的豆浆有益于预防和辅助治疗老年性痴呆。

4. 卵磷脂

卵磷脂是大豆所含有的一种脂肪，为磷质脂肪的一种。卵磷脂主要存在于蛋黄、大豆、动物内脏器官。作为一种保健品，卵磷脂曾经在 20 世纪 70 年代风行于美国和日本，它的化学名为磷脂酰胆碱。因为卵磷脂健脑强身以及防止衰老的特殊功效，长期以来，在保健食品排行榜上位居首位。

大豆卵磷脂，顾名思义，从大豆中提取，可谓“精华之中的精华”。因为大豆卵磷脂取之于食品，不会产生任何不良反应。据世界卫生组织（WHO）专门委员会报告：食用卵磷脂比食用维生素更安全。一般而言，如果一个人每天食用5 ~ 8克的大豆卵磷脂，坚持2 ~ 4个月，就可降低胆固醇，并且没有任何不良作用。假如与维生素 E 配合使用，不仅维生素 E 可以防止卵磷脂中不饱和脂肪酸的氧化，而且卵磷脂也有助于维生素 E 的吸收，效果更佳。

5. 脂肪

大豆约含有 20% 的脂肪。一提起脂肪，很多人都会想到肥胖而不敢去碰它。其实大豆所含的脂肪称为不饱和脂肪，乃是身体所必需的物质。这些不饱和脂肪中，有很多种是人体无法生成的，所以必须时常摄取。

大豆中的不饱和脂肪酸，主要有亚油酸、亚麻酸、油酸等。

亚油酸与亚麻酸是必需脂肪酸，是对人体很重要的物质。亚油酸对于儿童大脑和神经发育，以及维持成年人的血脂平衡、降低胆固醇，都发挥着重要的作用。如果亚油酸缺乏，将使生长停滞、体重减轻、皮肤成鳞状并使肾脏受损，婴儿可能患湿疹；亚麻酸则能起到降低血液黏稠度、促进胆固醇代谢、提高智力等作用。

虽然亚油酸和亚麻酸对人体很重要，但是它们很容易氧化。所幸豆浆中含有丰富的维生素 E，能够防止细胞的氧化。另外，亚油酸也能够减少有害人体的胆固醇。由此就不难明白为何大豆的脂肪是对人体很有益处的。

6. 寡糖

豆浆即使不加糖，也有一股淡淡的香味，这其实就是寡糖的作用。大豆的寡糖只存在于成熟的豆子里面，所以豆芽菜与毛豆并不含有寡糖。

寡糖对肠道非常有益处，而豆浆也含有丰富的寡糖。寡糖可作为体内比菲德菌等有益菌生长繁殖的养料，而压抑有害菌种的生存空间，促成肠道菌群生态健全。如此可增加营养的吸收效率，减少肠道有害毒素的产生，延缓老化、维持免疫功能、减少肠道生长及恶性肿瘤的危险。和乳酸菌、膳食纤维等物质一样，它也是整肠、体内环保、促进正常排便的好帮手。

7. B 族维生素、维生素 E

大豆所含有的B族维生素和维生素E十分丰富。B族维生素由八种水溶性维生素所组成：维生素 B_1、维生素 B_2、烟碱酸、维生素 B_6、叶酸、维生素 B_{12}、泛酸、生物素。维生素 B_1 是葡萄糖代谢成热量过程中重要的辅酵素，如果缺乏维生素 B_1，葡萄糖的新陈代谢就会受阻，热量的供应就会出问题。

维生素 B_2 在保持健康的皮肤与黏膜方面担任着很重要的任务，如果缺乏，会造成口角、舌头与眼睛的病变。有些研究还认为学童近视与缺乏维生素 B_2 有关。

维生素E也号称为保持年轻的维生素，它最重要的生理功能就是抗氧化的能力。人体需要氧气燃烧养料产生热量，但如果氧化的过程控制不当，就会产生自由基，伤害细胞。维生素E能有效地消除自由基，防止体内的氧化，所以对预防生活习惯病，阻止皮肤的老化很有功效。

8. 矿物质类

海藻、海带、裙带菜等含有丰富的矿物质，这是众所周知的。实际上，豆浆中也含有丰富的矿物质。其中，钾能够促进钠的排泄，调节血压。镁能够促进血管、心脏、神经等的活动，植物性的铁难以被身体所吸收，但是豆浆中的铁例外，它很容易被吸收，同时又能够帮助氧气的供给。

从上面对豆浆营养成分的分析中，我们能够看出豆浆中所含的各种成分对人体健康都有良好的效果。如果单独摄取这些成分，可能要耗费很多的时间，但是，一杯简简单单的豆浆就可以帮助我们一次性地摄取多种成分。需要注意的是，想要均衡营养，只喝一两次豆浆是不够的，它需要长期持续地喝下去才能见效。

豆浆能抑制过氧化脂质的生成

现在市场上销售的加工食品很多都有油炸程序，即使我们减少了吃油炸食物的次数，也会在不经意间吃到过氧化脂质。含有较多过氧化脂质的食物有江米条、方便面、各种半加工食品等，在食用这类食品或油炸食品后，其中3%的过氧化脂质会被人体吸收。这一数据是通过动物实验所得出的，虽然听起来3%的过氧化脂质并不多，但是对于人体来说，数目却非同小可。

我们的身体本身也会生成一些过氧化脂质，但是不会一次生成很多，抗氧化组织负责将这些少量的过氧化脂质转化为无害物质，一旦遇到那么多过氧化脂质时就会陷入

紧急状态。如果身体的抗氧化物质不足，很多细胞都会受损，而就算抗氧化物质够用也会因为消耗太多，而令组织变弱。所以那些几乎每天都吃油炸食品的人，如果不及时补充抗氧化物质，身体的防御系统就会陷入危机，随着受损细胞的持续增加，就会引发出多种疾病，甚至是癌症。

喝豆浆就可以帮助我们的身体抑制过氧化脂质的生成。有研究者做过这样的实验：在用160℃的热源加热植物油时，吹入空气，40分钟后油中的过氧化脂质会急剧增加6倍之多。但是，如果在植物油中加入大豆苷元后再加热，过氧化脂质几乎不会增加。也就是说，大豆苷元可以抑制过氧化脂质的产生。

苷存在于动植物中，它是具有发泡性质的物质的总称。大部分的苷都具有溶血作用，因此被认为是有害成分，只有一种没有溶血作用的苷，就是被当成重要中草药使用的高丽参。20世纪70年代，人们发现大豆和小豆中的苷也没有溶血作用。大豆苷元具有抑制过氧化脂质产生的功效，而且大豆皂角苷还可以分解体内的过氧化脂质，使其变为无害物质。

这一消息，对于担心过氧化脂质影响身体健康的人而言，无疑是一个巨大发现。研究发现，针对食用油炸食物后造成的过氧化脂质和人体本身生成的过氧化脂质，每日食用50毫克的豆苷元，就能够抑制过氧化脂质的合成，促进其分解排出体外。当然，这个量只是针对那些偶尔吃油炸食物的人而言，每个人的饮食习惯不同，过氧化脂质摄入量也不同，所以摄入大豆苷元的量也不同。

豆浆中含有的大豆苷元是豆制品中最多的，每100克豆浆中含有略微超过50毫克的大豆苷元。所以大家在吃油炸食品时，最好能喝上一杯豆浆，不过必须是100%的豆浆才含有足够的大豆苷元。那些添加了植物油和钙等物质的豆浆，以及豆浆饮料中的大豆苷元是不能与纯豆浆相比的。

豆浆能健脑壮体，防止贫血

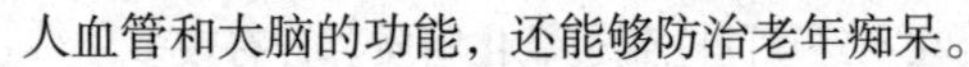

常喝豆浆还能健脑，因为脑为髓之海，而豆浆中富含的卵磷脂是构成脑神经和脑脊髓的主要成分，所以豆浆有很强的健脑作用。

另外，卵磷脂还是血细胞和细胞膜的必需原料，具有促进细胞新生和发育的作用。人体没有合成卵磷脂的能力，只能从食物中获取。因此，若想健脑可以多喝豆浆，同时进食其他富含卵磷脂的食物，如豆类的其他制品、蛋黄、鱼类、葵花子等。这些食物都具有改善老年人血管和大脑的功能，还能够防治老年痴呆。

另外，多喝豆浆还能防止贫血。原因在于豆浆及其他豆制品富含铁元素，而铁是血红蛋白的必需成分。如果人体缺铁，血红蛋白的浓度下降，容易引发缺铁性贫血，造成儿童智力低下和成人大脑反应迟钝等症。豆浆所含的其他营养素，如蛋白质、镁、锌、铜、B族维生素等，也能够通过各自的途径影响到血细胞的形成，对于营养不良性的贫血有逆转作用。此外，大脑的正常生理活动不但需要血液的供氧，还需要很多含铁蛋白即生物氧化酶类进行催化，这些酶类（含铁蛋白）

的更新速度比血红蛋白要快很多倍，一旦缺铁，这些酶类的敏感性很强，这就是铁对智商影响明显的原因所在。

所以，经常饮用豆浆及其他富含铁的食物，不但对防治贫血大有好处，而且还能提高我们的智力，起到健脑、壮体的作用。

豆浆是最优质的减肥饮品

减肥的方法多种多样，有依靠运动减肥的，也有依靠药物减肥的，还有通过节食减肥的，等等。这些减肥方法要么就是对身体有一定的伤害，要么就是让人很难坚持下来。其实，利用豆浆就可以达到轻松减肥的目的，而且这种方法既安全又健康，能够让你一边享受一边瘦身。

为什么豆浆能够瘦身呢?

第一，豆浆属于低热量食物，1 杯 300 毫升的豆浆大概只有 42 千卡的热量，而一杯同样的牛奶热量大约是 150 千卡，可乐则为 130 千卡，1 块肥瘦相间的猪肉就更多了，足足有 400 千卡的热量。因此，如果能用豆浆代替饮食中的一些食物，就可以大大减少多余热量的摄入，达到减肥的目的。

第二，豆浆中含有一种重要的营养素——膳食纤维，很多食物中都没有膳食纤维，如牛奶、可乐、各种肉类等。现在一些奶制品里也特意加上膳食纤维。那么，膳食纤维对我们到底有什么好处呢？一来这种膳食纤维遇水后会膨胀，膨胀后胃里的空间就被占用了，我们也就吃不下多少东西了，这意味着我们无法摄入更多的能量。其实，很多人减肥之所以失败，最大的问题就在于“管不住自己的嘴”，如果吃了膳食纤维，即使再想吃其他的食物，也会因为胃中已满而吃不下。二来膳食纤维还有排毒作用，它能够清洁大肠，帮助带出体内多余的毒素，既养颜又减肥。

第三，豆浆中还含有有益脂肪，导致我们身体肥胖的主要是饱和脂肪酸，而豆浆中所含有的是不饱和脂肪酸，恰恰是减肥者的福音。不饱和脂肪酸，一方面能够满足身体对脂类营养素的需求，另外，它还能消耗身体里多余的饱和脂肪酸，从而起到预防高血脂、心血管疾病的作用。

另外，豆浆的脂肪中还含有植物固醇，这种东西是胆固醇的“亲戚”，它能够将身体里多余的胆固醇带走。除了这些减肥成分，豆浆还富含人体所需的 7 大营养素，可谓在减肥的同时不忘健康。

喝豆浆减肥也是有一定原则的，从时间上来看，在吃了一点食物后就要将一杯豆浆喝下去，这样有膳食纤维把关，你就能管住自己的嘴了。减肥效果最好的方法是连豆渣一起喝。

女人喝豆浆的好处

医学研究表明，女性延缓衰老的关键时期是 36 岁以后。因为从这个年龄开始，体内雌激素含量下降，而雌激素是女性风采的生命线。

如何为女人补充雌激素呢？激素替代疗法一直是全球普遍采用的延缓女性衰老、缓解更年期综合征的方法。不过，在2002年时因其所产生的副作用，美国国立卫生研究院宣布终止一项激素替代疗法。实际上，喝豆浆就可以起到呵护女性魅力和健康的作用。

豆浆中含有的大豆异黄酮是一种植物性雌激素，它的结构与人体的雌激素极为相似，而雌激素在女人的一生中扮演着不可替代的角色。人们经过研究发现，大豆异黄酮是目前最安全的外源性雌激素。因此，女性在卵巢功能开始萎缩的时候，可以在医生的指导下适时补充大豆异黄酮，这样就能通过生殖器官细胞上的信息分子来提高生殖器官活性，以此延缓卵巢萎缩、子宫肌瘤等疾病。如果在女性体内补充了雌激素，就会使体内的内分泌系统、神经系统、免疫系统维持正常的相互作用，令女性精力充沛、坚强自信、充满愉快的感觉。

正因为如此，有人将豆浆誉为“女人最完美的食物”且备受女人的青睐。豆浆具有超强的抗氧化作用，可清除体内自由基、提高抗氧化酶的活力，为肌肤注入再生动力，帮助女人扫除皮肤粗糙、暗沉的困扰，使肌肤更细腻光滑，散发迷人魅力！

男人喝豆浆的好处

豆浆中因为含有大豆异黄酮这种雌激素，有的男人担心喝了之后会出现乳房发育、不长胡子、变娘娘腔等女性化特征，而且还会影响到自己的男性功能，所以拒绝饮用。其实，豆浆对男性不利的说法并没有科学依据，适当吃大豆对男性有益无害。

女性体内有一种雌激素受体，当豆浆中的大豆异黄酮与这种受体结合后，才能发挥出类似于雌激素的作用。但男性体内并没有这种受体，所以豆浆内的大豆异黄酮对男性起不了雌性激素的作用。就男性性功能而言，英国曾经对几百个接受了豆浆的男性做实验，结果发现，摄入豆浆后对男性性功能并无影响。相反，豆类中的植物雌激素还可以大大降低男性前列腺癌的发生率。

豆浆营养丰富，营养价值可以与牛奶媲美，男人喝非常有好处，尤其是对于中老年人，更有预防中风、维持心血管健康、改善肠道功能、保持青春活力的保健功效。对于年轻男性而言，植物雌激素摄入量高的时候，对于雄激素有轻微的抑制作用，这时喝入豆浆能在一定程度上减轻青春痘等激素不平衡引起的问题。

我国营养学会在最新版膳食指南中，也明确了大豆的合理摄入量为每天30～50克。按照这样的量，每日喝2杯豆浆或1杯豆浆即可，在这个数量下，豆浆不会让男人雌性化，也不会降低他们的生育能力。不过，每天不要饮用太多豆浆，有医生就发现不少肾结石患者都有大量饮用豆浆的历史。

老人喝豆浆的好处

豆浆也适合老人饮用，中老年人患上心脑血管疾病的可能性更高，如高血压、高血脂、高血糖、冠心病等疾病。喝豆浆能够降低人胆固醇含量，对这些疾病有一定的食疗作用。而且豆浆还具有平补肝肾、防老抗癌、增强免疫力等作用，非常适合中老年人饮用。

具体而言，豆浆对老年人的作用可以从下面七点分析。

1. 强健体魄

每 100 克的豆浆含有蛋白质 3.6 克、脂肪 2.0 克、磷 49 毫克、铁 12 毫克、碳水化合物 2.9 克、钙 15 毫克，坚持喝豆浆对老年人增强体质大有好处。

2. 防治糖尿病

豆浆含有大量纤维素，能有效地阻止糖的过量吸收，减少糖分，所以对于防治糖尿病有不错的食疗作用，是糖尿病患者日常的保健佳品。

3. 防治高血压

钠可以说是高血压发生和复发的主要根源之一，如果体内有能适当控制钠的物质，既能防治高血压，又能治疗高血压。豆浆中所含的豆固醇和钾、镁，它们都是有力的抗盐钠物质。所以常喝豆浆，能够在一定程度上防治高血压。

4. 防治冠心病

豆浆中所含的豆固醇和钾、镁、钙等元素能加强心肌血管的兴奋，改善心肌营养，并起到降低胆固醇，促进血流的作用。如果能坚持每天喝一碗豆浆，就会降低冠心病的复发率。

5. 防治脑中风

豆浆中所含的镁、钙等元素，还能明显地降低脑血脂，改善脑血流，从而有效地防止脑梗死、脑出血的发生。另外，豆浆中含有的卵磷脂，还能减少脑细胞的死亡，提高脑功能。

6. 防治癌症

豆浆及其他豆类食品中都含有防癌抗癌的核酸，尤其是豆浆中的大豆异黄酮对女性的乳腺癌、男性的前列腺癌症很有帮助。

7. 防治支气管炎

豆浆所含的麦氨酸具有防止支气管炎平滑肌痉挛的作用，从而减少和减轻支气管炎的发作。

8. 防止衰老

豆浆中所含的硒、维生素 E、维生素 C，有很强的抗氧化功能，能减缓衰老，特别对脑细胞作用最大，能防止老年痴呆。

第二篇

经典当家豆浆——又简单又营养

第1章 经典原味豆浆

黄豆豆浆 “豆中之王”保健康

材 料

黄豆80克，白糖适量，清水适量。

做 法

1 将黄豆清洗干净后，在清水中浸泡6～12小时，泡至发软。

2 将泡好的黄豆放入豆浆机的杯体中，并加水至上下水位线之间，启动机器，煮至豆浆机提示豆浆做好并过滤。

3 根据个人的口味，趁热往豆浆中加入适量白糖调味，做成甜豆浆。老年人大多有糖尿病、高血压、高血脂等疾病，不宜吃糖，可用蜂蜜代替。

【养生功效】

黄豆浆是最传统经典的豆浆，经常饮用对身体非常有帮助。中医学认为，黄豆性味甘、平，归脾、胃、大肠经，具有补虚、清热化痰、利大便、降血压、增乳汁等作用。现代营养学认为，黄豆中富含皂角苷、异黄酮、钼、硒等抗癌成分，几乎对所有的癌症都有抑制作用；黄豆中的大豆蛋白质和豆固醇能显著地改善并降低血脂和胆固醇，从而降低患心血管疾病的概率；大豆脂肪富含不饱和脂肪酸和大豆磷脂，有保持血管弹性、健脑和防止脂肪肝形成的作用。黄豆中的植物雌激素与人体产生的雌激素在结构上十分相似；另外，黄豆对皮肤干燥、粗糙，头发干枯也大有好处，可以提高肌肤的新陈代谢，促使人体排毒，令肌肤长葆青春。正因为黄豆的营养价值极高，所以有“豆中之王”的称号。

■ 贴心提示

生大豆含消化酶抑制剂及过敏因子等，食后最易引起恶心、呕吐、腹泻等症，故必须彻底将豆浆煮熟以后才能食用。另外，喝豆浆的时候还要注意干稀搭配，因为豆浆中的蛋白质在淀粉类食品的作用下，能够更加充分地被人体吸收。与此同时，若能再食用些蔬菜和水果，更有利于营养均衡。

黑豆豆浆 营养补肾佳品

材料

黑豆 80 克，白糖适量，清水适量。

做法

1. 将黑豆清洗干净后，在清水中浸泡 6 ~ 12 小时，泡至发软。
2. 将泡好的黑豆放入豆浆机的杯体中，并加水至上下水位线之间，启动机器，煮至豆浆机提示豆浆做好并过滤。
3. 根据个人的口味，趁热往豆浆中加入适量白糖调味。患有糖尿病、高血压、高血脂等疾病者不宜吃糖，可用蜂蜜代替。

■ 贴心提示

黑豆有解药毒的作用，同时亦可降低中药功效，所以正在服中药者忌食黑豆；消化不良、食积腹胀者不宜食用黑豆，否则会加重腹胀。

【养生功效】

黑豆曾被古人誉为“肾之谷”，其味甘、性平，不仅形状像肾，还有补肾强身、活血利水、解毒润肤的功效，特别适合肾虚患者。黑豆还含有核黄素、黑色素，对防老抗衰、增强活力、美容养颜有帮助。所以肾虚的人可以通过食用黑豆来增强肾脏功能。用黑豆制作的豆浆，能滋肾阴、润肺燥、解毒利尿、乌发黑发，是营养补肾的佳品。

绿豆豆浆 清热去火

材料

绿豆 80 克，白糖适量，清水适量。

做法

1. 将绿豆清洗干净后，在清水中浸泡 6 ~ 12 小时。
2. 将泡好的绿豆放入豆浆机的杯体中，并加水至上下水位线之间，启动机器，煮至豆浆机提示豆浆做好并过滤。
3. 根据个人的口味，趁热往豆浆中加入适量白糖调味，老年人有糖尿病、高血压、高血脂等病者，不宜吃糖，可用蜂蜜代替。不愿喝甜豆浆的也可不加糖。

■ 贴心提示

绿豆不宜煮得过烂，以免使有机酸和维生素遭到破坏，降低清热解毒功效，又因绿豆性凉，所以脾胃虚弱、体弱消瘦或夜多小便者不宜食用，另外进行温补的人也不宜饮用，以免失去温补功效。

【养生功效】

绿豆有很高的营养价值。明代医学家李时珍在《本草纲目》中称绿豆为“真济世之良谷也”。中医学认为，绿豆性味甘寒，入心、胃经，具有清热解毒、消暑利尿之功效。历代中医文献记载与民间实际应用总结出绿豆的功用为：清热解暑，止渴利尿，消肿止痒，收敛生肌，明目退翳，解一切食物之毒。绿豆浆很适合夏天饮用，对于大便干燥、牙痛、咽喉肿痛等上火症状，也能起到去火的功效。

青豆豆浆 护肝、防癌症

材料

青豆100克，白糖适量，清水适量。

做法

1 将青豆清洗干净后，在清水中浸泡6～12小时。

2 将浸泡好的青豆放入豆浆机的杯体中，并加水至上下水位线之间，启动机器，煮至豆浆机提示豆浆做好。

3 将打出的豆浆过滤后，按个人口味趁热往豆浆中添加适量白糖或冰糖调味。糖尿病、高血压、高血脂等不宜吃糖的患者，可用蜂蜜代替。不喜甜者也可不加糖。

■ 贴心提示

青豆不宜久煮，否则会变色。老人、久病体虚人群不宜多食。患有脑炎、中风、呼吸系统疾病、消化系统疾病、泌尿系统疾病、传染性疾病以及神经性疾病患者不宜食用。腹泻者勿食。

【养生功效】

青豆是黄豆的嫩果实。它多作为蔬菜食用，清香鲜甜，耐看好吃。研究表明，青豆富含不饱和脂肪酸和大豆磷脂，能起到保持血管弹性、健脑和防止脂肪肝形成的作用。另外，青豆中还富含皂角苷、异黄酮、蛋白酶抑制剂、硒、钼等抗癌成分，用青豆制作的豆浆能健脾、润燥、利水，并对前列腺癌、肠癌、食道癌、皮肤癌等癌症也都有抑制作用。

红豆豆浆 利尿消水肿

材料

红豆100克，白糖适量，清水适量。

做法

1 将红豆清洗干净后，在清水中浸泡6～12小时。

2 将浸泡好的红豆放入豆浆机的杯体中，并加水至上下水位线之间，启动机器，煮至豆浆机提示豆浆做好。

3 将打出的豆浆过滤后，按个人口味趁热往豆浆中添加适量白糖或冰糖调味，患有糖尿病、高血压、高血脂等疾病者不宜吃糖，可用蜂蜜代替。或不加糖。

【养生功效】

中医学认为，红豆具有利水消肿、利尿、消热解毒、健脾止泻、改善脚气及水肿的功效。《本草纲目》中记载："红豆通小肠、利小便、行水散血、消肿排脓、清热解毒，治泻痢脚气、止渴解酒、通乳下胎。"红豆浆还能解酒、解毒，对心脏病和肾病、水肿有益。红豆富含铁质，能使人气色红润，多吃红豆还可补血、促进血液循环、强化体力、增强抵抗力，同时还有补充经期营养、舒缓经痛的效果，是女性健康的良好伙伴。

■ 贴心提示

尿多的人忌食红豆浆，体质属虚性者以及肠胃较弱的人不宜多食。饮用红豆浆时不宜同时吃咸味较重的食物，不然会削减其利尿的功效。另外，也不宜久服或过量食用红豆，否则会令人生热。

豌豆豆浆 润肠、清宿便

材料

豌豆 100 克，白糖适量，清水适量。

做法

1 将豌豆清洗干净后，在清水中浸泡 6 ~ 12 小时。

2 将泡好的豌豆放入豆浆机的杯体中，并加水至上下水位线之间，启动机器，煮至豆浆机提示豆浆做好并过滤。

3 根据个人的口味，趁热往豌豆浆中加入适量白糖调味。糖尿病、高血压、高血脂患者不宜吃糖，可用蜂蜜代替。不喜甜者也可不加糖。

【养生功效】

豌豆俗称荷兰豆，它的颜色似翡翠，形状像珍珠，含有丰富的维生素。豌豆中含有丰富的粗纤维，能够促进大肠蠕动，保持大便通畅，起到清洁大肠的作用。不但如此，豌豆中还含有人体必需的各种营养物质，尤其是含有优质蛋白质，可以提高机体的抗病能力和康复能力。喝上一杯豌豆浆，不但能帮助自己清除宿便，还有利于体内营养物质的吸收。

贴心提示

豌豆不宜长期冷藏，买回来之后最好在 1 个月内吃完。搭配鸡蛋、肉干等富含氨基酸的食物，能大大提高豌豆浆的营养价值。豌豆中含有一种物质，会抑制精子生成，降低精子活力，渴望要孩子的男性不要过多食用。

第2章

五谷干果豆浆

花生豆浆 降血脂、延年益寿

材料

黄豆60克，花生20克，白糖、清水各适量。

做法

1 将黄豆清洗干净后，在清水中浸泡6～8小时，泡至发软备用；花生去皮。

2 将浸泡好的黄豆和去皮后的花生一起放入豆浆机的杯体中，并加水至上下水位线之间，启动机器，煮至豆浆机提示豆浆做好。

3 将打出的豆浆过滤后，按个人口味趁热往豆浆中添加适量白糖或冰糖调味，患有糖尿病、高血压、高血脂等不宜吃糖的患者，可用蜂蜜代替。不喜甜者也可不加糖。

【养生功效】

花生因善于滋养补益，有助于延年益寿，所以民间又称其为“长生果”。中医学认为花生有扶正补虚、悦脾和胃、润肺化痰、滋养调气、利水消肿、止血生乳的作用；现代医学证明花生能增强记忆，抗老化，延缓脑功能衰退，滋润皮肤；花生中的不饱和脂肪酸有降低胆固醇的作用，可防治动脉硬化、高血压和冠心病；花生中还含有一种生物活性很强的天然多酚类物质——白藜芦醇，这种物质是肿瘤类疾病的化学预防剂，也是降低血小板聚集，预防和治疗动脉粥样硬化、心脑血管疾病的化学预防剂。总之，花生豆浆的营养丰富，有降血脂及延年益寿的作用。

■ 贴心提示

一般人都可以食用花生豆浆，病后体虚、手术病人恢复期以及妇女孕期、产后进食花生都有补养效果。值得注意的是，胆管病、胆囊切除者不宜食用花生，另外，因为花生的热量比较高，所以不宜多食。

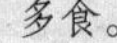

核桃豆浆 补脑益智

材料

核桃仁1～2个，黄豆80克，白糖或冰糖、清水各适量。

做法

1. 将黄豆清洗干净后，在清水中浸泡6～8小时，泡至发软。
2. 将浸泡好的黄豆和核桃仁一起放入豆浆机的杯体中，并加水至上下水位线之间，启动机器，煮至豆浆机提示豆浆做好。
3. 将打出的豆浆过滤后，按个人口味趁热往豆浆中添加适量白糖或冰糖调味，患有糖尿病、高血压、高血脂等不宜吃糖的患者，可用蜂蜜代替。不喜甜者也可不加糖。

■ 贴心提示

因核桃含有较多的脂肪，因此一次不宜吃太多，否则会影响消化，以20克为宜。有的人喜欢将核桃仁表面的褐色薄皮剥掉，这样会损失一部分营养，所以吃的时候不要剥掉这层皮。

【养生功效】

核桃性温，味甘，具有补肾固精、补脑益智的功效。现代医学研究认为，核桃中的磷脂对脑神经有良好的保健作用。它所含丰富的维生素E及B族维生素等，能帮助清除氧自由基，且可补脑益智、增强记忆力、抗衰老。对于用脑过度、耗伤心血者，常吃核桃就能够起到补脑，改善脑循环，增强脑力的效果。不管男女老少，都可以饮用核桃豆浆，在补脑的同时还能增加人的抗压能力，并能缓解疲劳。

芝麻豆浆 改善体虚体质

材料

黑芝麻或白芝麻5克，黄豆100克，清水、白糖或冰糖各适量。

做法

1. 将黄豆清洗干净后，在清水中浸泡6～8小时，泡至发软备用；芝麻淘去沙粒。
2. 将浸泡好的黄豆和洗净的芝麻一起放入豆浆机的杯体中，加水至上下水位线之间，启动机器，煮至豆浆机提示豆浆做好。
3. 将打出的芝麻豆浆过滤后，按个人口味趁热往豆浆中添加适量白糖或冰糖调味即可饮用。

■ 贴心提示

芝麻虽好，食用时也有一定的禁忌。《本草从新》中说："胡麻服之令人肠滑，精气不固者亦勿宜食。"也就是说患有慢性肠炎、便溏腹泻者忌食；根据传统经验，男子阳痿、遗精者也不宜食用芝麻豆浆。

【养生功效】

我们很熟悉这么一句谚语"丢了西瓜捡芝麻"。现在引申比喻为只着眼于无关紧要的小事，却忽略了重要得多的大事。然而，从人们的日常实际生活和保健医疗角度考察，芝麻的用途却是不可小视的。芝麻尤其适合体虚体质的人食用，根据中医学记载，它具有补肝肾、润五肠、益气力、填脑髓的功效，能调治肝肾不足、病后虚弱、须发早白、腰膝酸痛等病证。久病或平素体虚的人，平时不妨坚持喝芝麻豆浆，能够增气力、调五脏，提高人的免疫力。

杏仁豆浆 滋润能补肺

材料

杏仁5～6粒，黄豆80克，清水、白糖或冰糖各适量。

做法

1 将黄豆清洗干净后，在清水中浸泡6～8小时，泡至发软备用；干杏仁洗净后也要和黄豆一样泡软，不过若是新鲜的杏仁，洗净只需略泡一下即可。

2 将浸泡好的黄豆和杏仁一起放入豆浆机的杯体中，添加清水至上下水位线之间，启动机器，煮至豆浆机提示杏仁豆浆做好。

3 将打出的杏仁豆浆过滤后，按个人口味趁热添加适量白糖或冰糖调味。不宜吃糖的患者，可用蜂蜜代替，不喜甜者也可不加。

■ 贴心提示

杏仁豆浆一般人都可食用，尤其适合有呼吸系统疾病的人。不过，产妇、幼儿、病人，特别是糖尿病患者不宜食用。苦杏仁有毒，不可生食，入药多为煎剂。

【养生功效】

杏仁是一种营养素密集型坚果，含有丰富的营养元素，它有苦杏仁和甜杏仁两种。甜杏仁既可以作为休闲小吃，又可以做凉菜，苦杏仁一般用来入药，做豆浆时一般用甜杏仁。《主治秘诀》记载，杏仁能“润肺气，消食，升滞气”。现代医学研究认为，杏仁含苦杏仁苷，具有较强的镇咳化痰作用。服用杏仁后会产生微量氢氰酸，能抑制呼吸中枢，达到镇咳平喘的目的。

米香豆浆 补脾和胃

材料

大米50克，黄豆30克、清水、白糖或冰糖各适量。

做法

1 将黄豆清洗干净后，在清水中浸泡6～8小时，泡至发软备用；大米淘洗干净，用清水浸泡2小时。

2 将浸泡好的黄豆同大米一起放入豆浆机的杯体中，添加清水至上下水位线之间，启动机器，煮至豆浆机提示米香豆浆做好。

3 将打出的米香豆浆过滤后，按个人口味趁热添加适量白糖或冰糖调味。患有糖尿病、高血压、高血脂等不宜吃糖的患者，可用蜂蜜代替，不喜甜者也可不加糖。

■ 贴心提示

在淘米时，时间不可过长，因为淘米时搓洗次数越多、浸泡时间越长，营养素丢失的就越多。

【养生功效】

中医学认为，粳米性味甘平，具有良好的健脾养胃之效。现代医学认为，粳米中含有丰富的维生素 B_1，能健脾胃，适宜脾胃不和、容易腹泻者食用。黄豆与大米的搭配，具有补脾和胃、补中益气的作用。饮用米香豆浆能够增加人的精力，增强人体免疫力。而且米香豆浆的口味醇厚，对于需要滋补身体的人而言，可谓一举两得。

糙米豆浆 适合糖尿病患者及肥胖者饮用

材料

糙米 50 克，黄豆 50 克，清水、白糖或蜂蜜各适量。

做法

1 将黄豆清洗干净后，在清水中浸泡 6 ~ 8 小时，泡至发软备用；糙米淘洗干净，用清水浸泡 2 小时。

2 将浸泡好的黄豆同糙米一起放入豆浆机的杯体中，添加清水至上下水位线之间，启动机器，煮至豆浆机提示糙米豆浆做好。

3 将打出的糙米豆浆过滤后，按个人口味趁热添加适量白糖，或等豆浆稍凉后加入蜂蜜即可饮用。

【养生功效】

相对于精白米而言，脱完后仍保留着一些外层组织，如皮层、糊粉层和胚芽的米叫作糙米。不要小看糙米中所保留的这些外层组织，它们具有很高的营养价值。大米中 60% ~ 70% 的维生素、矿物质和大量必需氨基酸都聚积在其中。吃糙米对于糖尿病患者特别有益，因为其中的淀粉类物质被粗纤维组织所包裹，人体消化吸收速度较慢，因而能很好地控制血糖；同时，糙米中的锌、铬、锰、钒等微量元素，对糖耐量受损的人很有帮助。

■ 贴心提示

糙米等谷类外皮所含有的“非定”不利于钙及铁的吸收。因此，在喝糙米豆浆的时候，一定要注意钙及铁的摄取。尤其是女性每个月都会有月经来临，失铁量比男人多，不宜摄食太多糙米豆浆。

燕麦豆浆 润肠通便好帮手

材料

燕麦 50 克，黄豆 50 克，清水、白糖或蜂蜜各适量。

做法

1 将黄豆清洗干净后，在清水中浸泡 6 ~ 8 小时，泡至发软备用；燕麦米淘洗干净，用清水浸泡 2 小时。

2 将浸泡好的黄豆同燕麦一起放入豆浆机的杯体中，添加清水至上下水位线之间，启动机器，煮至豆浆机提示燕麦豆浆做好。

3 将打出的燕麦豆浆过滤后，按个人口味趁热添加适量白糖，或等豆浆稍凉后加入蜂蜜即可饮用。

【养生功效】

中医学认为，燕麦味甘性凉，有补益脾胃、润肠通便的功效。现代医学也认为燕麦有通便的作用，这不仅因为它含有的植物纤维，还因为在调理消化道功能方面，燕麦中所含的维生素 B_1、维生素 B_{12} 的功效卓著。另外，燕麦含有钙、磷、锌等矿物质，有预防骨质疏松、促进伤口愈合、预防贫血的功效，还是补钙佳品。燕麦和黄豆搭配而成的燕麦豆浆，适宜那些有便秘困扰的人饮用。

■ 贴心提示

燕麦有催产作用，孕妇食用后易导致流产，故孕妇不宜食用；燕麦还有润肠作用，所以本身便溏腹泻者不宜食用，否则会加重症状。燕麦忌一次吃得太多，否则会造成胃痉挛或胃部胀气。

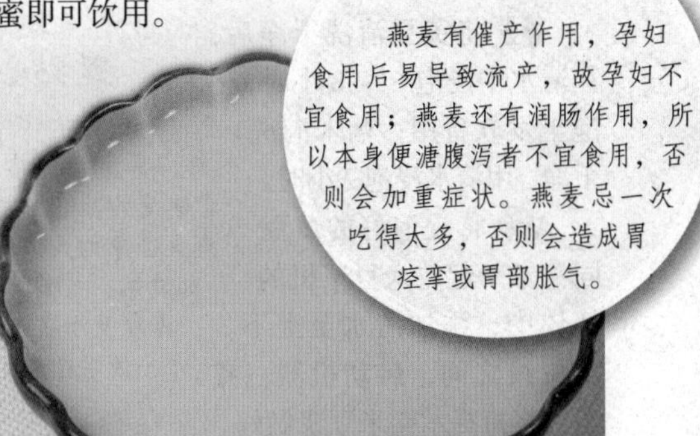

荞麦豆浆 常喝不易发胖

材料

荞麦50克，黄豆50克，清水、白糖或冰糖各适量。

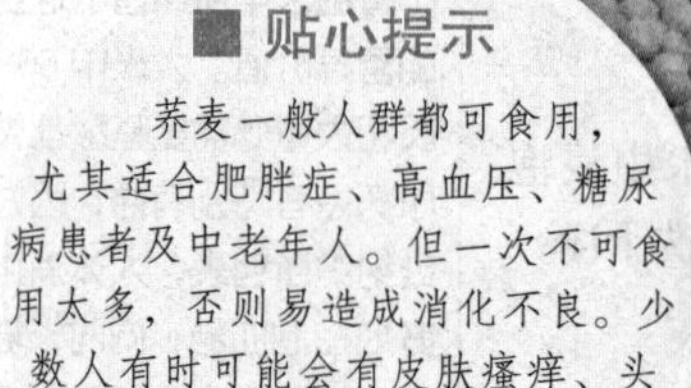

■ 贴心提示

荞麦一般人群都可食用，尤其适合肥胖症、高血压、糖尿病患者及中老年人。但一次不可食用太多，否则易造成消化不良。少数人有时可能会有皮肤瘙痒、头晕等过敏反应。脾胃虚寒、消化功能不佳及经常腹泻的人不宜食用。

做法

❶ 将黄豆清洗干净后，在清水中浸泡6～8小时，泡至发软备用；荞麦淘洗干净，用清水浸泡2小时。

❷ 将浸泡好的黄豆和荞麦一起放入豆浆机的杯体中，加水至上下水位线之间，启动机器，煮至豆浆机提示荞麦豆浆做好。

❸ 将打出的荞麦豆浆过滤后，按个人口味趁热往豆浆中添加适量白糖或冰糖调味，不宜吃糖者，可用蜂蜜代替。不喜甜者也可不加糖。

【养生功效】

荞麦含有营养价值高、平衡性良好的植物蛋白质，这种蛋白质在体内不易转化成脂肪，所以经常食用荞麦豆浆不易导致肥胖。荞麦中还含有极其丰富的食物纤维，多食荞麦食品具有良好的预防便秘作用，帮助排毒，有一定的减肥功效。有的人为了减肥，特意买来荞麦茶喝，其实用荞麦做成的豆浆也有相同的功效。

糯米豆浆 健脾暖胃

材料

糯米30克，黄豆70克，清水、白糖或蜂蜜各适量。

【养生功效】

糯米富含B族维生素，具有暖温脾胃、补益中气等功能。对胃寒疼痛、食欲缺乏、脾虚泄泻、腹胀、体弱乏力等症状有一定缓解作用。用糯米制作的豆浆具有很好的健脾暖胃功效。

做法

❶ 将黄豆清洗干净后，在清水中浸泡6～8小时，泡至发软备用；糯米淘洗干净，用清水浸泡2小时。

❷ 将浸泡好的黄豆同糯米一起放入豆浆机的杯体中，添加清水至上下水位线之间，启动机器，煮至豆浆机提示糯米豆浆做好。

❸ 将打出的糯米豆浆过滤后，按个人口味趁热添加适量白糖或冰糖即可饮用。

■ 贴心提示

中医学认为糯米多食生热，易壅塞经络的气血，使筋骨酸痛的症状加重。所以有湿热痰火征象的人或者热体体质者，如发热、咳嗽、筋骨关节发炎疼痛及小孩与老人，不宜饮用糯米豆浆。

红枣豆浆 补益气血、宁心安神

材料

黄豆100克，红枣3个，清水、白糖或冰糖各适量。

做法

1 将黄豆清洗干净后，在清水中浸泡6～8小时，泡至发软备用；红枣洗干净后，用温水泡开。

2 将浸泡好的黄豆和红枣一起放入豆浆机的杯体中，加水至上下水位线之间，启动机器，煮至豆浆机提示红枣豆浆做好。

3 将打出的红枣豆浆过滤后，按个人口味趁热往豆浆中添加适量白糖或冰糖调味，不宜吃糖的患者，可用蜂蜜代替。

【养生功效】

按照中医五行学说，红色为火，为阳，故红色食物进入人体后可入心、入血，大多可以益气补血和促进血液循环、振奋心情。红枣就是红色食物中补心的佼佼者，中医学认为，红枣性平，味甘，具有补中益气、养血安神之功效，是滋补阴虚的良药。用红枣制成的豆浆具有增加肌力、调和气血、健体美容和抗衰的功效。这款豆浆特别适合脾胃虚弱，经常腹泻、常感到疲惫的人饮用。

枸杞豆浆 滋补肝肾

材料

黄豆100克，枸杞子5～7粒，清水、白糖或冰糖各适量。

做法

1 将黄豆清洗干净后，在清水中浸泡6～8小时，泡至发软备用；枸杞子洗干净后，用温水泡开。

2 将浸泡好的黄豆和枸杞一起放入豆浆机的杯体中，添加清水至上下水位线之间，启动机器，煮至豆浆机提示枸杞子豆浆做好。

3 将打出的枸杞豆浆过滤后，按个人口味趁热往豆浆中添加适量白糖或冰糖调味。

【养生功效】

自古以来，枸杞子就是滋补强身的佳品，有延衰抗老的功效，所以又名“却老子”。枸杞子是肝肾同补的良药，它味甘，性平，归肝肾二经，有滋补肝肾、强壮筋骨、养血明目、润肺止咳等功效，尤其是对于男人而言，枸杞子更是不可多得的滋补良药。用枸杞泡酒喝也是一种养生之法，还有的人喜欢用枸杞泡水当茶饮，或者在水中放入其他药物混合使用，除此之外，枸杞还可以制作成豆浆。枸杞豆浆能够同补肝肾，肾虚的人可以适当饮用。

■ 贴心提示

枸杞子虽然具有很好的滋补作用，但也不是所有的人都适合服用。由于它温热身体的效果相当强，正在感冒发烧、身体有炎症、腹泻的人最好别吃。

莲子豆浆 养心安神

材料

莲子40克，黄豆60克，清水、白糖或冰糖各适量。

做法

1 将黄豆清洗干净后，在清水中浸泡6～8小时，泡至发软备用；莲子清洗干净后略泡。

2 将浸泡好的黄豆、莲子一起放入豆浆机的杯体中，添加清水至上下水位线之间，启动机器，煮至豆浆机提示莲子豆浆做好。

3 将打出的莲子豆浆过滤后，按个人口味趁热添加适量白糖或冰糖调味，不宜吃糖的患者，可用蜂蜜代替。不喜甜者也可不加糖。

■ 贴心提示

莲子有清心火、祛除雀斑的作用，但不可久煎。中满痞胀及大便燥结者，忌服莲子豆浆。莲子豆浆不能与牛奶同服，否则易加重便秘。

【养生功效】

莲子自古以来就被视为补益的佳品，古人认为经常服食，百病可祛。《神农本草经》上认为莲子能够“养神”，《本草纲目》载莲子可以“交心肾”。莲子具有养心安神的功效，是心悸不安、失眠多梦等患者的康复营养食品，也是中老年人强身健体、抗衰延寿的滋补品。平时有失眠困扰的人群，可以用莲子做成豆浆饮用，对调整自己的睡眠状态有一定的作用。

板栗豆浆 健脾胃、增食欲

材料

板栗10个，黄豆80克，清水、白糖或冰糖各适量。

做法

1 将黄豆清洗干净后，在清水中浸泡6～8小时，泡至发软备用；板栗去壳，在温水中略泡，去除内皮，切碎。

2 将浸泡好的黄豆、板栗一起放入豆浆机的杯体中，添加清水至上下水位线之间，启动机器，煮至豆浆机提示板栗豆浆做好。

3 将打出的板栗豆浆过滤后，按个人口味趁热添加适量白糖或冰糖调味，不宜吃糖的患者，可用蜂蜜代替。不喜甜者也可不加糖。

■ 贴心提示

板栗生吃难消化，熟食又容易滞气，一次吃得太多会伤脾胃，每天最多吃10个就可以了。

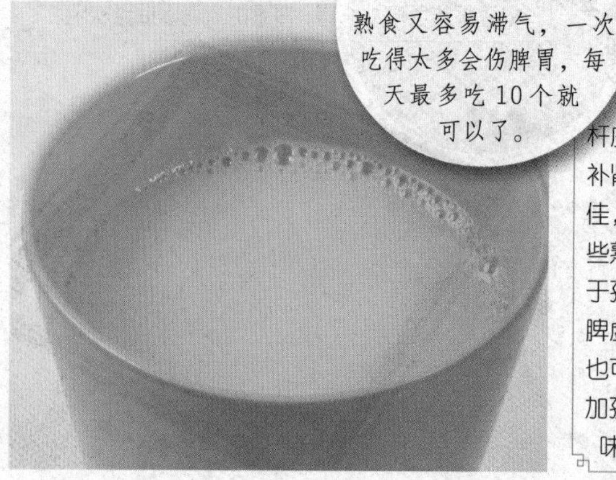

【养生功效】

板栗素有“干果之王”的美誉，又被称为“铁杆庄稼”。《名医别录》说栗子“主益气，厚肠胃，补肾气，入脾肾经”。孕妇在妊娠初期常常胃口不佳，就算是平时喜欢的菜也不想吃，这时就可以吃些熟板栗帮助身体改善肠胃功能。现在因为家长对于孩子的营养照顾过于精细，导致很多小儿出现了脾虚之证，厌食或拒食、肠腹泻、体型偏瘦。此时也可将板栗仁蒸煮熟后，磨粉制成糕饼，有助于增加孩子的食欲。板栗和黄豆一起制作出来的豆浆，味道醇香，还能起到养护脾胃的作用。

榛仁豆浆 降低血脂

材料

榛仁40克，黄豆60克，清水、白糖或冰糖各适量。

做法

① 将黄豆清洗干净后，在清水中浸泡6～8小时，泡至发软备用；榛仁清洗干净后在温水中略泡，碾碎。

② 将浸泡好的黄豆、榛仁一起放入豆浆机的杯体中，添加清水至上下水位线之间，启动机器，煮至豆浆机提示榛仁豆浆做好。

③ 将打出的榛仁豆浆过滤后，按个人口味趁热添加适量白糖或冰糖调味，不宜吃糖的患者，可用蜂蜜代替。不喜甜者也可不加糖。

■ 贴心提示

癌症、糖尿病患者也可食用。

【养生功效】

在榛子的主产地土耳其，除了单独食用以外，它更是各种糕点、冰激凌等甜食中不可缺少的搭配。土耳其人日常以肉食为主，烧肉或烤肉是最主要的食物，但奇怪的是，大部分土耳其人的血脂指标都很正常，并没有因为吃肉而损害健康。这是因为他们常吃榛子，榛子所含的丰富脂肪主要是人体不能自身合成的不饱和脂肪酸，能够促进胆固醇代谢，软化血管，维护毛细血管的健康，从而预防和治疗高血压、动脉硬化等心脑血管疾病。榛仁的这种功效使榛仁豆浆也具有降低血脂的作用，而且本身黄豆中也含有不饱和脂肪酸，所以制成豆浆后降血脂的作用更强。

腰果豆浆 提高抗病能力

材料

腰果40克，黄豆60克，清水、白糖或冰糖各适量。

做法

① 将黄豆清洗干净后，在清水中浸泡6～8小时，泡至发软备用；腰果清洗干净后在温水中略泡，碾碎。

② 将浸泡好的黄豆、腰果一起放入豆浆机的杯体中，添加清水至上下水位线之间，启动机器，煮至豆浆机提示腰果豆浆做好。

③ 将打出的腰果豆浆过滤后，按个人口味趁热添加适量白糖或冰糖调味，不宜吃糖的患者，可用蜂蜜代替。不喜甜者也可不加糖。

■ 贴心提示

选购腰果时，如果有黏手或受潮现象，表示鲜度不够。

【养生功效】

腰果又名鸡腰果、介寿果，因为它的外形呈肾形而得名。腰果味道甘甜，清脆可口，而且营养丰富。腰果中含有丰富的维生素 B_1，含量仅次于芝麻和花生，有补充体力、消除疲劳的效果，对于提高自身免疫力效果良好。容易疲倦的人可以常饮腰果豆浆，以帮助自己改善症状。

玉米豆浆 多喝能抗癌

材料

黄豆60克，甜玉米40克，银耳、枸杞子、清水、白糖或冰糖各适量。

做法

① 将黄豆清洗干净后，在清水中浸泡6～8小时，泡至发软备用；用刀切下鲜玉米粒，清洗干净；银耳、枸杞子加水泡发，清洗干净。

② 将浸泡好的黄豆和玉米粒、银耳、枸杞子一起放入豆浆机的杯体中，添加清水至上下水位线之间，启动机器，煮至豆浆机提示玉米豆浆做好。

③ 将打出的玉米豆浆过滤后，按个人口味趁热往豆浆中添加适量白糖或冰糖调味，也可用蜂蜜代替。

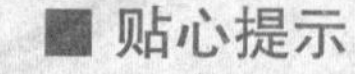

因为玉米本身就含有较多的纤维素，所以玉米不宜与富含纤维的食物搭配食用。玉米中含有的烟酸不能被人体吸收利用，所以不可偏食，否则会造成这些营养成分的缺乏，导致营养不良。

【养生功效】

粗磨玉米面中含有的大量氨基酸，对抑制癌症有显著效果；玉米中的谷胱甘肽，在硒的参与下生成谷胱甘肽氧化酶，能使致癌物质失去活性；玉米中镁的含量也很可观，镁是一种保护人体免受癌症侵袭的重要物质。银耳中含有一种能增强体液免疫能力的酸性异多糖，能对肿瘤治疗起到扶正固本的作用。枸杞子含有类胡萝卜素、甜菜碱和枸杞多糖，这三种成分都具有明确的辅助抑制癌细胞增殖的功效。

黑米豆浆 养颜抗衰老

材料

黑米50克，黄豆50克，清水、白糖或蜂蜜各适量。

做法

① 将黄豆清洗干净后，在清水中浸泡6～8小时，泡至发软备用；黑米淘洗干净，用清水浸泡2小时。

② 将浸泡好的黄豆同黑米一起放入豆浆机的杯体中，添加清水至上下水位线之间，启动机器，煮至豆浆机提示黑米豆浆做好。

③ 将打出的黑米豆浆过滤后，按个人口味趁热添加适量白糖，或等豆浆稍凉后加入蜂蜜即可饮用。

■ 贴心提示

市面上有些黑米是假冒品，在购买的时候可以将米粒外面皮层全部刮掉，观察米粒是否呈白色，如果呈白色，就极有可能是人为染色的黑米。

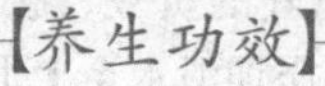

黑米因其乌黑的外形而得名，黑米的颜色之所以与其他米的颜色不同，主要是因为它外部的皮层中含有花青素类色素。这种色素自身就具有很强的抗衰老作用。经国内外研究表明，米的颜色越深，那么表皮色素的抗衰老效果越强，黑米色素的作用在各种颜色的米中是最强的。所以这款黑米豆浆能够帮助大家抗衰老，具有养颜的功效。

黑枣豆浆 补血、抗衰老

材料

黄豆100克，黑枣3个，清水、白糖或冰糖各适量。

做法

1. 将黄豆清洗干净后，在清水中浸泡6～8小时，泡至发软备用；黑枣洗干净后，用温水泡开。
2. 将浸泡好的黄豆和黑枣一起放入豆浆机的杯体中，加水至上下水位线之间，启动机器，煮至豆浆机提示黑枣豆浆做好。
3. 将打出的黑枣豆浆过滤后，按个人口味趁热往豆浆中添加适量白糖或冰糖调味，不宜吃糖者，可用蜂蜜代替，也可不加糖。

【养生功效】

黑枣有很高的药用价值，多用于补血以及用作调理药物，对贫血、血小板减少、肝炎、乏力、失眠有很好的疗效。现代研究还发现，食用黑枣能够提高人体免疫能力，促进白细胞的新陈代谢，有降低血清胆固醇和增加血清总蛋白及蛋白的作用，因此具有抗衰老与延年益寿的作用。黑枣能够补血养气，而黄豆能够养血益气，黑枣豆浆有着神奇的补血功效，对于女性效果尤其突出。

■ 贴心提示

黑枣含有大量果胶和鞣酸，这些成分与胃酸结合，会在胃里结成硬块，所以不宜空腹食用。黑枣和红枣一起食用，可大大增强保护肝脏的功效。黑枣不宜多吃，过多食用会引起胃酸过多和腹胀。另外，黑枣性寒、脾胃不好者更不可多吃。黑枣忌与柿子同食。

黄米豆浆 补脾健肺

材料

黄米50克，黄豆50克，清水、白糖或蜂蜜各适量。

做法

1 将黄豆清洗干净后，在清水中浸泡6～8小时，泡至发软备用；黄米淘洗干净，用清水浸泡2小时。

2 将浸泡好的黄豆同黄米一起放入豆浆机的杯体中，添加清水至上下水位线之间，启动机器，煮至豆浆机提示黄米豆浆做好。

3 将打出的黄米豆浆过滤后，按个人口味趁热添加适量白糖，或等豆浆稍凉后加入蜂蜜即可饮用。

■ 贴心提示

身体燥热者禁食黄米豆浆。

【养生功效】

黄米是去了壳的黍子的果实，比小米稍大，颜色淡黄，煮熟后很黏，以食用为主。在北方有些地方，黄米是重要的主食，不管是办喜事、小孩过满月或是家里来稀客贵客时都会用上黄米。作为人们常用的一种食物，黄米具有补气健脾、补肺止咳之功效。凡是那些脾胃虚弱、食少乏力、体虚咳嗽的人食用后，都有保健功效。单用黄米做成的豆浆，如果不煮熟外用，对小儿的鹅口疮、不能饮乳有显著的作用。熬煮后的黄米豆浆则有明显的温补效果，能够补脾健肺，咳嗽、腹泻者都可以饮用。

紫米豆浆 补血益气

材料

紫米50克，黄豆50克，清水、白糖或蜂蜜各适量。

做法

1 将黄豆清洗干净后，在清水中浸泡6～8小时，泡至发软备用；紫米淘洗干净，用清水浸泡2小时。

2 将浸泡好的黄豆同紫米一起放入豆浆机的杯体中，添加清水至上下水位线之间，启动机器，煮至豆浆机提示紫米豆浆做好。

3 将打出的紫米豆浆过滤后，按个人口味趁热添加适量白糖，或等豆浆稍凉后加入蜂蜜即可饮用。

■ 贴心提示

紫米质地较硬，最好和其他谷物混合食用。肠胃不好的人不宜多食。

【养生功效】

紫米属糯米类，质地细腻，俗称“紫珍珠”。《红楼梦》中称之为“御田胭脂米”。中医学认为，紫米具有补血益气、健肾润肝、收宫滋阴之功效，特别是作为孕产妇和康复患者保健食用，具有非常好的效果。用紫米做成的豆浆，质地晶莹、透亮，是一种滋补佳品，食用这款豆浆能起到补血益气的作用。

西米豆浆 健脾、补肺、化痰

材料

西米 50 克，黄豆 50 克，清水、白糖或蜂蜜各适量。

【养生功效】

西米非米，因为西米并不像糯米、粳米、小米等传统上的农作物米类，而是一种用淀粉加工成的米。西米原是印度尼西亚的特产，是用一种生长在热带的西谷椰树所储的碳水化合物，加水调成糊状，去掉木质纤维，洗涤数次后得到的食用淀粉，而后再经搓磨过筛制成颗粒，即西米。西米有健脾、补肺、化痰的功效，脾胃虚弱和消化不良的人适宜食用。而且，西米还有使皮肤恢复天然润泽的功能，用西米和黄豆制成的豆浆很受女士喜爱。

做法

1. 将黄豆清洗干净后，在清水中浸泡 6 ~ 8 小时，泡至发软备用；西米淘洗干净，用清水浸泡 2 小时。
2. 将浸泡好的黄豆同西米一起放入豆浆机的杯体中，添加清水至上下水位线之间，启动机器，煮至豆浆机提示西米豆浆做好。
3. 将打出的西米豆浆过滤后，按个人口味趁热添加适量白糖，或等豆浆稍凉后加入蜂蜜即可饮用。

■ 贴心提示

糖尿病患者忌食。

高粱豆浆 健脾、助消化

材料

高粱米50克，黄豆50克，清水、白糖或冰糖各适量。

做法

1 将黄豆清洗干净后，在清水中浸泡6～8小时，泡至发软备用；高粱米淘洗干净，用清水浸泡2小时。

2 将浸泡好的黄豆和高粱米一起放入豆浆机的杯体中，添加清水至上下水位线之间，启动机器，煮至豆浆机提示高粱豆浆做好。

3 将打出的高粱豆浆过滤后，按个人口味趁热添加适量白糖或冰糖调味，不宜吃糖的患者，可用蜂蜜代替。不喜甜者也可不加糖。

【养生功效】

高粱根据糠皮颜色的不同，可分为白高粱与红高粱。人们喜欢用高粱酿酒喝，其实用它磨出的豆浆养生功效也很不错。李时珍《本草纲目》指出，高粱的性质温和但带涩性，具有利小便、止泻、止吐、生津、健脾、改善消化不良的功效。现代医学发现高粱中含有单宁，有收敛固脱的作用，对腹泻有明显疗效。高粱与黄豆一起做成的高粱豆浆，可发挥调和、润滑的作用，避免胃肠黏膜过度磨损，并使营养互补加强。这款高粱豆浆适宜于脾胃气虚、大便细软的人以及小儿消化不良时食用。

■ 贴心提示

大便干燥者不宜多吃高粱米，糖尿病患者应禁食高粱米。

黄金米豆浆 美味降血脂

材料

黄金米50克，黄豆50克，清水、白糖或蜂蜜各适量。

做法

1 将黄豆清洗干净后，在清水中浸泡6～8小时，泡至发软备用；黄金米淘洗干净，用清水浸泡2小时。

2 将浸泡好的黄豆同黄金米一起放入豆浆机的杯体中，添加清水至上下水位线之间，启动机器，煮至豆浆机提示黄金米豆浆做好。

3 将打出的黄金米豆浆过滤后，按个人口味趁热添加适量白糖，或等豆浆稍凉后加入蜂蜜即可饮用。

【养生功效】

黄金米是由优质嫩玉米与原生态大米按营养黄金比例配比加工而成，它的色泽金黄，营养丰富，所以有“黄金米”的称呼。黄金米根据人体营养所需比例配置，保留着浓郁的米香，以及淡淡的玉米香，既能满足现代人对美食的追求，也能满足人体健康的需要。用黄金米和黄豆打成的豆浆，具有降血脂、血糖、血压和软化血管的功效。

■ 贴心提示

血脂高的人在饮用黄金米豆浆的时候，还要忌食含胆固醇高的食物，如动物内脏、蛋黄、鱼子、鱿鱼等食物。

五谷豆浆 老少皆宜

材料

黄豆 40 克，大米、小米、小麦仁、玉米渣各 20 克，清水、白糖或冰糖各适量。

做法

1. 将黄豆清洗干净后，在清水中浸泡 6 ~ 8 小时，泡至发软备用；大米、小米、小麦仁、玉米渣淘洗干净。
2. 将浸泡好的黄豆和大米、小米、小麦仁、玉米渣一起放入豆浆机的杯体中，添加清水至上下水位线之间，启动机器，煮至豆浆机提示五谷豆浆做好。
3. 将打出的五谷豆浆过滤后，按个人口味趁热添加适量白糖或冰糖调味，不宜吃糖的患者，可用蜂蜜代替。不喜甜者也可不加糖。

【养生功效】

五谷豆浆营养丰富，老少皆宜，在欧美被誉为“植物奶”。五谷豆浆含有丰富的蛋白质、氨基酸、微量元素和食物纤维，营养均衡全面，更有利于人体吸收，对降脂、健脾养胃、养心安神、预防糖尿病等有很好的食疗补益作用，适用于普通人群及高血脂、高血压、动脉硬化、体虚、心烦、糖尿病等患者保健饮用。五谷豆浆还含有丰富的维生素 B_1、维生素 B_2 和烟酸以及铁、钙等矿物质。新鲜的五谷豆浆四季都可饮用，春秋饮用，滋阴润燥，调和阴阳；夏饮用，消热防暑，生津解渴；冬饮用，祛寒暖胃，滋养进补。

■ 贴心提示

除了用传统的黄豆，以及大米、小米、小麦仁、玉米外，五谷豆浆还可以做出很多花样，黑米、荞麦、燕麦、红豆、高粱米、绿豆等都可以成为五谷豆浆的配料。

五豆豆浆 营养均衡

材料

黄豆、黑豆、扁豆、红豆、绿豆各20克，清水、白糖或冰糖各适量。

做法

1 将黄豆、黑豆、扁豆、红豆、绿豆清洗干净后，在清水中浸泡6～8小时，泡至发软备用。

2 将浸泡好的黄豆、黑豆、扁豆、红豆、绿豆一起放入豆浆机的杯体中，添加清水至上下水位线之间，启动机器，煮至豆浆机提示五豆豆浆做好。

3 将打出的五豆豆浆过滤后，按个人口味趁热添加适量白糖或冰糖调味，不宜吃糖的患者可用蜂蜜代替。不喜甜者也可不加糖。

【养生功效】

五豆，即黄豆、黑豆、扁豆、红豆、绿豆之总和。其中，黄豆具有健脾宽中、润燥消水、消炎解毒、除湿利尿的功效，不但是心血管病患者的佳食，还对糖尿病有一定疗效；黑豆具有活血解毒、祛风利水、补肾滋阴、解表清热、养肝明目等功效；扁豆能够健胃和中、消暑化湿、益脾下气，古代《延年秘胃》曰“扁豆粥和中补五脏”；红豆具有利水除湿、活血排脓、清热解毒、调经通乳的功效，对贫血浮肿、胃肾虚弱者尤宜；绿豆具有清热解毒、消暑利尿、去脂保肝的功效。将这五种豆子一起做成的五豆豆浆，能聚植物蛋白之精华，经过食物的互补，生物营养价值也会大大提高。

贴心提示

肾炎、肾衰竭以及糖尿病并发肾病的患者应采用低蛋白饮食，为了保证身体的基本需要，应选用适量含必需氨基酸低的食品，与动物性蛋白相比，豆类含非必需氨基酸较高，所以不宜饮用这款豆浆。

小米豆浆 养脾胃

材料

小米50克，黄豆50克，清水、白糖或蜂蜜各适量。

做法

❶ 将黄豆清洗干净后，在清水中浸泡6～8小时，泡至发软备用；小米淘洗干净，用清水浸泡2小时。

❷ 将浸泡好的黄豆同小米一起放入豆浆机的杯体中，添加清水至上下水位线之间，启动机器，煮至豆浆机提示小米豆浆做好。

❸ 将打出的小米豆浆过滤后，按个人口味趁热添加适量白糖，或等豆浆稍凉后加入蜂蜜即可饮用。

■ 贴心提示

小米食用前淘洗次数不要太多，也不要用力搓洗，以免外层的营养物质流失。

【养生功效】

小米是中国老百姓的传统食品，在北方有些地方小米粥更是每天饭桌上必不可少的，但是可别小看了这随处可见的小米。中医学认为小米味甘、咸，有清热解渴、健胃除湿、和胃安眠等功效，内热者及脾胃虚弱者更适合食用它。有的人胃口不好，吃了小米后既能开胃又能养胃。民间还流行给产妇吃红糖小米粥，给婴儿喂小米粥的习惯。

薏苡仁豆浆 健脾、抗癌

材料

薏苡仁20克，黄豆80克，清水、白糖或蜂蜜各适量。

■ 贴心提示

孕妇、便秘者、尿频者不宜多食薏苡仁豆浆。

做法

❶ 将黄豆清洗干净后，在清水中浸泡6～8小时，泡至发软备用；薏苡仁淘洗干净，用清水浸泡2小时。

❷ 将浸泡好的黄豆同薏苡仁一起放入豆浆机的杯体中，添加清水至上下水位线之间，启动机器，煮至豆浆机提示薏苡仁豆浆做好。

❸ 将打出的薏苡仁豆浆过滤后，按个人口味趁热添加适量白糖，或等豆浆稍凉后加入蜂蜜即可饮用。

【养生功效】

薏苡仁既是一种营养丰富的食物，又是一种常用的中药。中医学认为，薏苡仁性味甘淡微寒，能健脾益胃、补肺清热，是常用的利水渗湿药。薏苡仁含有多种维生素和矿物质，有促进新陈代谢和减少胃肠负担的作用，可作为病中或病后体弱患者的补益食品。经常食用薏苡仁对慢性肠炎、消化不良等症也有效果。现代医学研究证明，薏苡仁还是一种抗癌药物，它所含的硒元素，能有效抑制癌细胞的增殖，可用于胃癌、子宫颈癌的辅助治疗。健康人常吃薏苡仁，能使身体轻捷，减少肿瘤发病概率。加了薏苡仁的豆浆口感更滑，味道也更甘甜，具有健脾渗湿、增强胃动力、抗癌等功效。

八宝豆浆 提升内脏活力

材料

黄豆50克，红豆40克，芝麻5克，核桃仁1个，莲子3粒，花生、薏苡仁、百合、清水、白糖或冰糖各适量。

做法

1 将黄豆、红豆、莲子、薏苡仁、百合清洗干净后，分别在清水中浸泡6～8小时，泡至发软备用。

2 将浸泡好的黄豆、红豆、莲子、薏苡仁、百合连同核桃仁、芝麻、花生一起放入豆浆机的杯体中，加水至上下水位线之间，启动机器，煮至豆浆机提示八宝豆浆做好。

3 将打出的八宝豆浆过滤后，按个人口味趁热往豆浆中添加适量白糖或冰糖调味，不宜吃糖者，可用蜂蜜代替。不喜甜者也可不加糖。

贴心提示

八宝豆浆的材料不局限于以上列出的几种，可以自由搭配。例如，还可选用绿豆、燕麦、玉米、红枣等，以调制出不同口味的八宝豆浆。

【养生功效】

腊八节的时候，人们都喜欢煮上一锅营养丰富的八宝粥。其实，这八种食物还可以一起打成豆浆，养生功效比起八宝粥来毫不逊色。八宝豆浆具有健脾养胃、消滞减肥、益气安神、提升内脏活力的作用，既可以当作日常的饮食保健方，也可以作为肥胖以及神经衰弱者的食疗方。

南瓜子豆浆 治疗前列腺炎

材料

南瓜子30克，黄豆70克，清水、白糖或蜂蜜适量。

贴心提示

胃热者不宜多食南瓜子豆浆，否则会引起腹胀。

做法

1 将黄豆清洗干净后，在清水中浸泡6～8小时，泡至发软备用。

2 将浸泡好的黄豆同南瓜子一起放入豆浆机的杯体中，添加清水至上下水位线之间，启动机器，煮至豆浆机提示南瓜子豆浆做好。

3 将打出的南瓜子豆浆过滤后，按个人口味趁热添加适量白糖，或等豆浆稍凉后加入蜂蜜即可饮用。

【养生功效】

南瓜子可以用来治疗前列腺炎，所以这款豆浆特别适合男士饮用。南瓜子富含脂肪酸，可使前列腺保持良好功能，因为前列腺分泌激素功能主要靠脂肪酸。每天坚持吃一把南瓜子可治疗前列腺肥大，同时还有预防前列腺癌的作用。

葵花子豆浆 降血脂、抗衰老

材料

葵花子仁 20 克，黄豆 80 克，清水、白糖或蜂蜜各适量。

做法

1. 将黄豆清洗干净后，在清水中浸泡 6 ~ 8 小时，泡至发软备用。
2. 将浸泡好的黄豆同葵花子仁一起放入豆浆机的杯体中，添加清水至上下水位线之间，启动机器，煮至豆浆机提示葵花子豆浆做好。
3. 将打出的葵花子豆浆过滤后，按个人口味趁热添加适量白糖，或等豆浆稍凉后加入蜂蜜即可饮用。

【养生功效】

中医学认为，葵花子有补虚损、补脾润肠、止痢消痈、化痰定喘、平肝祛风、驱虫等功效。葵花子油中的植物胆固醇和磷脂，能够抑制人体内胆固醇的合成，有利于抑制动脉粥样硬化，适宜高血压、高血脂、动脉硬化患者食用；葵花子油中的主要成分是油酸、亚油酸等不饱和脂肪酸，可以提高人体免疫能力，抑制血栓的形成，可预防胆固醇、高血脂，是抗衰老的理想食品。放入了葵花子的豆浆，适合患有心血管疾病的中老年人饮用。

■ 贴心提示

食用葵花子尽量用手剥壳，或者使用剥壳器，以免经常用牙齿嗑瓜子而损伤牙釉质，经常用嘴剥果壳，容易使舌头和口角糜烂，还会在吐壳时将大量的津液带走，使味觉迟钝。

第3章

健康蔬菜豆浆

黄瓜豆浆 清热、泻火又排毒

材料

黄瓜 20 克、黄豆 70 克，清水适量。

做法

1. 将黄豆清洗干净后，在清水中浸泡 6 ~ 8 小时，泡至发软备用；黄瓜削皮，洗净后切成碎丁。
2. 将浸泡好的黄豆和切好的黄瓜丁一起放入豆浆机的杯体中，添加清水至上下水位线之间，启动机器，煮至豆浆机提示黄瓜豆浆做好。
3. 将打出的黄瓜豆浆过滤后即可饮用。

【养生功效】

中医学认为，黄瓜性凉，味甘，具有清热止渴、利水消肿、泻火解毒之功效。现代研究也发现，鲜黄瓜中含有非常娇嫩的纤维素，能加速肠道腐败物质的排泄，常饮黄瓜豆浆有益于身体排毒；黄瓜还能抑制碳水化合物在人体内转化为脂肪，因而黄瓜豆浆还具有减肥的功效。此外，黄瓜豆浆还可以消暑，适合夏日饮用。

■ 贴心提示

在黄瓜贮存的问题上需要注意，黄瓜适宜温度为 10 ~ 12℃，所以它不宜久放冰箱内储存，否则会出现冻“伤”，变黑、变软、变味，甚至还会长毛发黏。

莲藕豆浆 清甜爽口排毒素

材料

莲藕50克，黄豆50克，清水适量。

做法

1. 将黄豆清洗干净后，在清水中浸泡6～8小时，泡至发软备用；莲藕去皮后切成小丁，下入开水中略焯，捞出后沥干。
2. 将浸泡好的黄豆同莲藕丁一起放入豆浆机的杯体中，添加清水至上下水位线之间，启动机器，煮至豆浆机提示莲藕豆浆做好。
3. 将打出的莲藕豆浆过滤后即可饮用。

■ 贴心提示

莲藕性偏凉，所以产妇不宜过早食用，产后1～2周后再吃莲藕豆浆比较合适；脾胃消化功能低下、胃及十二指肠溃疡患者忌食莲藕豆浆。

【养生功效】

莲藕微甜而脆，十分爽口，是老幼妇孺、体弱多病者的上好食品和滋补佳珍。莲藕的含糖量不高，却含有丰富的维生素，尤其是维生素K、维生素C的含量较高，它还富含食物纤维，既能帮助消化、防止便秘，又能利尿通便，排泄体内的废物质和毒素；莲藕能够健脾益胃，产妇多吃莲藕，能清除腹内积存的瘀血，促使乳汁分泌。莲藕和黄豆一起制成的豆浆，能够清热解毒，帮助排除身体内的废物，滋养皮肤，增强人体的抗病能力。

胡萝卜豆浆 补充丰富的维生素

材料

胡萝卜1/3根，黄豆50克，清水适量。

做法

1. 将黄豆清洗干净后，在清水中浸泡6～8小时，泡至发软备用；胡萝卜去皮后切成小丁，下入开水中略焯，捞出后沥干。
2. 将浸泡好的黄豆同胡萝卜丁一起放入豆浆机的杯体中，添加清水至上下水位线之间，启动机器，煮至豆浆机提示胡萝卜豆浆做好。
3. 将打出的胡萝卜豆浆过滤后即可饮用。

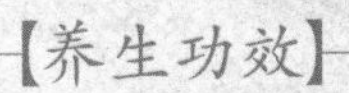

【养生功效】

现代研究发现，胡萝卜含有丰富的胡萝卜素、维生素B_1、维生素B_2、维生素C、维生素D、维生素E、维生素K、叶酸、钙质及食物纤维等，几乎可以与复合维生素药丸媲美。胡萝卜能够促进机体正常生长与发育，防止呼吸道感染，使视力保持正常，并有治疗夜盲症和眼干燥症的功效；胡萝卜对多种脏器有保护作用，并有抗癌作用，可减轻癌症病人的化疗反应；胡萝卜含琥珀酸钾，有助于降低胆固醇，防止血管硬化，对防治高血压有很好的效果；胡萝卜对增强儿童机体抗病能力、促进生长发育有显著作用。

西芹豆浆 天然的降压药

材料

西芹20克，黄豆80克，清水适量。

做法

1 将黄豆清洗干净后，在清水中浸泡6～8小时，泡至发软备用；西芹择洗干净后，切成碎丁。

2 将浸泡好的黄豆同西芹丁一起放入豆浆机的杯体中，添加清水至上下水位线之间，启动机器，煮至豆浆机提示西芹豆浆做好。

3 将打出的西芹豆浆过滤后即可饮用。

【养生功效】

中医学认为，食用芹菜可以起到平肝降压的作用，民间也有“多吃芹菜不用问，降低血压喊得应”的谚语。不仅中医学认为芹菜能降血压，现代药理分析也证明了这一点。芹菜中富含丁基苯酞类物质，这种物质具有镇静安神的作用，因此也叫芹菜镇静素。高血压的发病原因虽然很多，但血管平滑肌紧张造成肾上腺素分泌过旺，几乎是高血压患者的共性。而芹菜镇静素具有抑制血管平滑肌紧张的功效，它能减少肾上腺素的分泌，所以具有降低和平稳血压的效果。

■ 贴心提示

西芹会抑制睾酮的生成，具有杀精作用，会减少精子数量，所以年轻的男性应少饮西芹豆浆。

芦笋豆浆 防止癌细胞扩散

材料

芦笋30克，黄豆70克，清水适量。

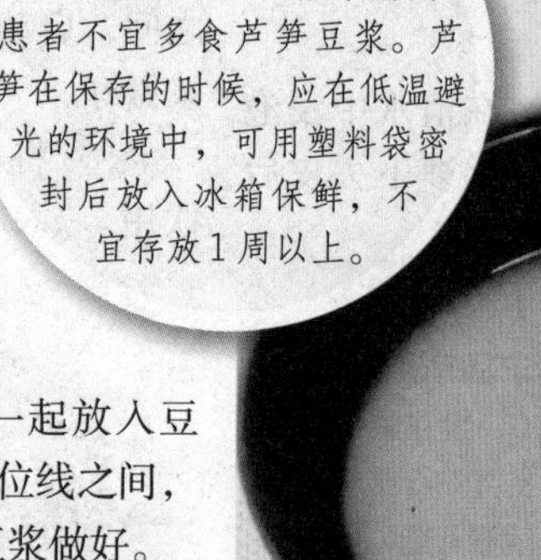

■ 贴心提示

患有痛风和糖尿病的患者不宜多食芦笋豆浆。芦笋在保存的时候，应在低温避光的环境中，可用塑料袋密封后放入冰箱保鲜，不宜存放1周以上。

做法

1 将黄豆清洗干净后，在清水中浸泡6～8小时，泡至发软备用；芦笋洗净后切成小段，下入开水中焯烫，捞出沥干。

2 将浸泡好的黄豆和芦笋一起放入豆浆机的杯体中，添加清水至上下水位线之间，启动机器，煮至豆浆机提示芦笋豆浆做好。

3 将打出的芦笋豆浆过滤后即可食用。

【养生功效】

芦笋可以使细胞生长正常化，抑制异常细胞的生长，所以具有防止癌细胞扩散的功能，它对肺癌、膀胱癌、皮肤癌和肾结石等均有特殊疗效，所以芦笋被认为是“使细胞生长正常的卫士”。

莴笋豆浆 适宜新妈妈和儿童

材料

莴笋30克，黄豆70克，清水适量。

做法

1. 将黄豆清洗干净后，在清水中浸泡6～8小时，泡至发软备用；莴笋洗净后切成小段，下入开水中焯烫，捞出沥干。
2. 将浸泡好的黄豆和莴笋一起放入豆浆机的杯体中，添加清水至上下水位线之间，启动机器，煮至豆浆机提示莴笋豆浆做好。
3. 将打出的莴笋豆浆过滤后即可食用。

【养生功效】

莴笋中的钾含量大大高于钠含量，有利于体内的水电解质平衡，促进排尿和乳汁的分泌，对于新妈妈很有帮助。莴笋中还含有丰富的氟元素，有利于儿童牙齿和骨骼的生长。莴笋中含有少量的碘元素，对人的基础代谢、心智和体格发育甚至情绪调节都有重大影响。因此，这款莴笋豆浆，新妈妈饮用后能促进乳汁的分泌，儿童饮用后对心智和体格发育都非常有益。

■ 贴心提示

莴笋中的某种物质对视神经有刺激作用，故视力弱者不宜多食莴笋豆浆，有眼疾特别是夜盲症的人也应少食。

生菜豆浆 清热提神

材料

生菜 30 克、黄豆 70 克，清水适量。

做法

1. 将黄豆清洗干净后，在清水中浸泡 6 ~ 8 小时，泡至发软备用；生菜洗净后切碎。
2. 将浸泡好的黄豆和切好的生菜一起放入豆浆机的杯体中，添加清水至上下水位线之间，启动机器，煮至豆浆机提示生菜豆浆做好。
3. 将打出的生菜豆浆过滤后即可饮用。

【养生功效】

生菜性甘凉，味道甘甜中又带有微微的苦味，因为生菜的茎叶含有莴笋素，所以它具有镇痛止痛、清热提神的功效，能够降低胆固醇，辅助治疗神经衰弱等症。常吃生菜，除了可清热提神，还能帮助消化，缓解便秘者的痛苦，达到清血利尿的效果；利用生菜和黄豆搭配制作的豆浆具有清热提神、排毒的功效。

■ 贴心提示

生菜性凉，患有尿频和胃寒的人不宜多饮生菜豆浆。生菜对乙烯极为敏感，因此在存放时要远离苹果、香蕉、梨等食物。

南瓜豆浆 预防糖尿病、癌症

材料

南瓜 50 克，黄豆 50 克，清水适量。

做法

1 将黄豆清洗干净后，在清水中浸泡 6 ~ 8 小时，泡至发软备用；南瓜去皮，洗净后切成小碎丁。

2 将浸泡好的黄豆同南瓜丁一起放入豆浆机的杯体中，添加清水至上下水位线之间，启动机器，煮至豆浆机提示南瓜豆浆做好。

3 将打出的南瓜豆浆过滤后即可饮用。

■ 贴心提示

经常胃热或便秘的人不宜喝南瓜豆浆，否则会产生胃满腹胀等不适感；南瓜会加重支气管哮喘，有此类疾病的人忌吃南瓜豆浆；患有脚气病、黄疸、痢疾、豆疹者也不适宜喝南瓜豆浆。

【养生功效】

现代医学认为，南瓜中含有丰富的果胶和微量元素钴。果胶可延缓肠道对糖和脂质的吸收，钴是胰岛细胞合成胰岛素所必需的微量元素，所以常吃南瓜有助于防治糖尿病。南瓜中含有丰富的维生素，其中 β - 胡萝卜素和维生素 C 对除去能导致癌症、动脉硬化和心肌梗死等多种疾病的自由基有一定作用。另外，南瓜在预防癌症、生活习惯病和防止老化方面也有一定效果。因此，南瓜豆浆尤其适合糖尿病患者和癌症患者饮用。

白萝卜豆浆 下气消食

材料

白萝卜 50 克，黄豆 50 克，清水适量。

做法

1 将黄豆清洗干净后，在清水中浸泡 6 ~ 8 小时，泡至发软备用；白萝卜去皮后切成小丁，下入开水中略焯，捞出后沥干。

2 将浸泡好的黄豆同白萝卜丁一起放入豆浆机的杯体中，添加清水至上下水位线之间，启动机器，煮至豆浆机提示白萝卜豆浆做好。

3 将打出的白萝卜豆浆过滤后即可饮用。

■ 贴心提示

白萝卜性偏寒凉而利肠，脾虚泄泻者慎食或少食。胃溃疡、十二指肠溃疡、慢性胃炎、单纯性甲状腺肿、先兆流产、子宫脱垂等患者不要食用。

【养生功效】

萝卜中所含的淀粉酶、氧化酶等酶类物质有助消化的功能，当肚子发胀时吃块萝卜，便能顺气、化食，起到消胀的作用。萝卜中所含的芥子油和粗纤维能促进肠胃蠕动，帮助消化吸收，并把有毒物质和粪便及时排出体外，所以白萝卜与黄豆一起制作而成的豆浆，能够帮助人体下气消食、排毒通便，还能增强人体免疫力。

山药豆浆 控制血糖升高

材料

山药50克，黄豆50克，水、糖或者冰糖适量。

做法

1 将黄豆清洗干净后，在清水中浸泡6～8小时，泡至发软备用；山药去皮后切成小丁，下入开水中灼烫，捞出沥干。

2 将浸泡好的黄豆同煮熟的山药丁一起放入豆浆机的杯体中，添加清水至上下水位线之间，启动机器，煮至豆浆机提示山药豆浆做好。

3 将打出的山药豆浆过滤后，按个人口味趁热添加适量白糖或冰糖调味。患有糖尿病、高血压、高血脂等不宜吃糖的患者，可用蜂蜜代替，不喜甜者也可不加糖。

【养生功效】

据现代药理研究表明，山药含脂肪较少，几乎为零，而且所含的黏蛋白能预防心血管系统的脂肪沉积，阻止动脉过早发生硬化；山药中还含有可溶性植物纤维，能够推迟胃中食物的排空，对饭后血糖升高有很好的控制作用，帮助消化并降低血糖。所以，这款山药豆浆特别适合糖尿病患者饮用。

芋头豆浆 解毒消肿

材料

芋头50克，黄豆50克，清水、白糖或冰糖适量。

做法

1 将黄豆清洗干净后，在清水中浸泡6～8小时，泡至发软备用；芋头去皮后切成小丁，下入开水中略焯，捞出后沥干。

2 将浸泡好的黄豆同煮熟的芋头丁一起放入豆浆机的杯体中，添加清水至上下水位线之间，启动机器，煮至豆浆机提示芋头豆浆做好。

3 将打出的芋头豆浆过滤后，按个人口味趁热添加适量白糖或冰糖调味。

【养生功效】

芋头又称芋艿和香芋等，煮、炒皆宜，亦可作主食充饥，并且是一味良药。芋头中含有一种叫黏液蛋白的物质，当人体吸收后能促使产生免疫球蛋白，可提高人体的抵抗力。所以中医学认为芋头能解毒，它对人体的痈肿毒痛均有抑制消解的作用，也可用来防治肿瘤及淋巴结等病症。芋头本身口感细软，绵甜香糯，所以这款豆浆喝起来很爽口，还能起到解毒的作用。

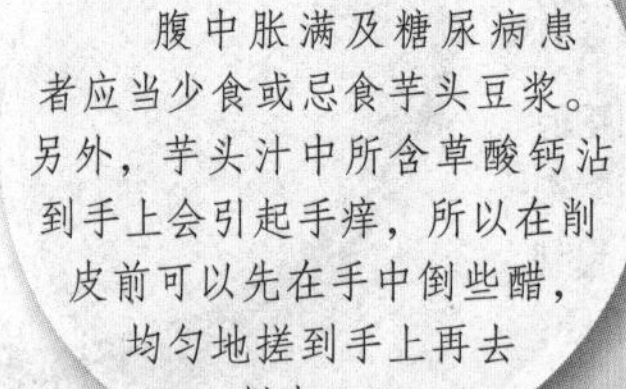

■ 贴心提示

腹中胀满及糖尿病患者应当少食或忌食芋头豆浆。另外，芋头汁中所含草酸钙沾到手上会引起手痒，所以在削皮前可以先在手中倒些醋，均匀地搓到手上再去削皮。

红薯豆浆 减肥人士的必备佳品

材料

红薯50克，黄豆50克，清水适量。

做法

1 将黄豆清洗干净后，在清水中浸泡6～8小时，泡至发软备用；红薯去皮、洗净，之后切成小碎丁。

2 将浸泡好的黄豆和切好的红薯丁一起放入豆浆机的杯体中，添加清水至上下水位线之间，启动机器，煮至豆浆机提示红薯豆浆做好。

3 将打出的红薯豆浆过滤后即可饮用。

【养生功效】

红薯，又名白薯、地瓜等。它味道甜美，营养丰富，又易于消化，可供给大量的热量，有的地区还将它作为主食。同时，红薯也是一种理想的减肥食品。因为红薯含有大量膳食纤维，在肠道内无法被消化吸收，能刺激肠道，促进肠道蠕动，通便排毒，尤其对老年人便秘有较好的疗效。经常饮用红薯豆浆能够让人在减肥的同时补充营养，尤其适合那些需要减肥的上班族饮用。

贴心提示

红薯含糖量较高，并含有“气化酶”，所以不能多吃，否则会产生大量胃酸，使人感到“胃灼热”；在做肝、胆道系统检查或胰腺、腹上区肿块检查的前一天，不宜吃红薯、土豆等胀气食物。

土豆豆浆 营养健康不长胖

材料

土豆50克，黄豆50克，清水适量。

做法

1 将黄豆清洗干净后，在清水中浸泡6～8小时，泡至发软备用；土豆去皮洗净后切成小丁，下入开水中焯烫，捞出沥干。

2 将浸泡好的黄豆和土豆丁一起放入豆浆机的杯体中，添加清水至上下水位线之间，启动机器，煮至豆浆机提示土豆豆浆做好。

3 将打出的土豆豆浆过滤后即可食用。

【养生功效】

土豆的热量低，并含有多种维生素和微量元素，所以是一种营养健康又有助于减肥的理想食品。土豆富含的粗纤维能够促进胃肠蠕动，加速胆固醇在肠道内的代谢，增加粪便的排出量，所以在防止肥胖症方面有着积极的作用。用土豆和黄豆制成的豆浆，因为土豆中富含淀粉，所以人在饮用土豆豆浆后会有饱腹感，既营养健康，还有利于减肥。

■ 贴心提示

肝病患者不宜喝土豆豆浆，因为土豆中含有少量的“天然苯二氮样化合物”，这种物质对肝病患者极为不利。

紫薯豆浆 清除自由基

材料

紫薯50克，黄豆50克，清水适量。

做法

1 将黄豆清洗干净后，在清水中浸泡6～8小时，泡至发软备用；紫薯去皮，洗净，之后切成小碎丁。

2 将浸泡好的黄豆和切好的紫薯丁一起放入豆浆机的杯体中，添加清水至上下水位线之间，启动机器，煮至豆浆机提示紫薯豆浆做好。

3 将打出的紫薯豆浆过滤后即可饮用。

■ 贴心提示

胃酸过多者不宜多饮紫薯豆浆。

【养生功效】

紫薯又叫黑薯，薯肉呈紫色至深紫色。它除了具有普通红薯的营养成分外，还富含硒元素和花青素。花青素是目前科学界发现的防治疾病、维护人类健康最直接、最有效、最安全的自由基清除剂，其清除自由基的能力是维生素C的20倍、维生素E的50倍。

紫菜豆浆 为孕妇补充蛋白质和碘

材料

黄豆50克，紫菜、大米、盐、清水各适量。

做法

1 将黄豆清洗干净后，在清水中浸泡6～8小时，泡至发软备用；紫菜、大米洗干净。

2 将浸泡好的黄豆同紫菜、大米一起放入豆浆机的杯体中，添加清水至上下水位线之间，启动机器，煮至豆浆机提示紫菜豆浆做好。

3 将打出的紫菜豆浆过滤后，加入盐调味即可饮用。

■ 贴心提示

《本草拾遗》说紫菜“多食令人腹痛，发气，吐白沫，饮热醋少许即消”，所以紫菜豆浆不宜多食。消化功能不好、素体脾虚者可引起腹泻，宜少食。腹痛便溏者禁食。乳腺小叶增生以及各类肿瘤患者慎用。脾胃虚寒者切勿食用。

【养生功效】

孕妇由于脾胃吸收功能退化，不宜过多食用肉类，而紫菜的蛋白质含量是一般植物的几倍，且富含易于被人体吸收的碘，有利于胎儿大脑发育，又易于消化，因而孕产妇吃紫菜大有益处。另外，紫菜中还含有大量可以降低有害胆固醇的牛磺酸，有利于孕妇保护肝脏。所以，紫菜豆浆适合孕妇饮用，能够治疗孕妇的缺铁性贫血，还有利于腹中胎儿的大脑发育。

银耳豆浆 阴虚火旺者的滋补佳品

材料

银耳30克，黄豆70克，清水适量。

【养生功效】

银耳又叫白木耳，它是一味滋补良药，特点是滋润而不腻滞，对阴虚火旺不受参茸等温热滋补的病人是一种良好的补品。阴虚火旺的人脾气较急，还会“五心烦热”：手心、脚心、胸中发热，但是体温正常。属于这种体质的人，平时就不妨用银耳和黄豆做成豆浆，经常饮用能滋阴止咳、润肺去燥、润肠开胃。

做法

1. 将黄豆清洗干净后，在清水中浸泡6～8小时，泡至发软备用；银耳用清水泡发，洗净，切碎。
2. 将浸泡好的黄豆同银耳一起放入豆浆机的杯体中，添加清水至上下水位线之间，启动机器，煮至豆浆机提示银耳豆浆做好。
3. 将打出的银耳豆浆过滤后即可饮用。

■ 贴心提示

银耳宜用开水泡发，泡发后应去掉未发开的部分，特别是那些呈淡黄色的部分。冰糖银耳含糖量高，睡前不宜食用，以免血黏度增高。银耳能清肺热，故外感风寒者忌用。食用变质银耳会发生中毒反应，严重者会有生命危险。

蚕豆豆浆 抗癌、增强记忆力

材料

蚕豆 50 克，黄豆 50 克，白糖或冰糖、清水各适量。

做法

1 将黄豆和蚕豆清洗干净后，在清水中浸泡 6 ~ 8 小时，泡至发软。

2 将浸泡好的黄豆和蚕豆一起放入豆浆机的杯体中，并加水至上下水位线之间，启动机器，煮至豆浆机提示蚕豆豆浆做好。

3 将打出的蚕豆豆浆过滤后，按个人口味趁热往豆浆中添加适量白糖或冰糖调味，患有糖尿病、高血压、高血脂等不宜吃糖的患者，可用蜂蜜代替。不喜甜者也可不加糖。

【养生功效】

蚕豆中含有调节大脑和神经组织的重要成分钙、锌、锰、磷脂等，并含有丰富的胆碱，有增强记忆力的健脑作用。如果你正在应付考试或是脑力工作者，适当进食蚕豆会有一定补脑功效。现代科学还认为蚕豆也是抗癌食品之一，对预防肠癌有一定作用。

■ 贴心提示

中焦虚寒者不宜食用，有蚕豆过敏史者一定不要再食用。有遗传性红细胞缺陷症者，患有痔疮出血、消化不良、慢性结肠炎、尿毒症的病人要注意，不宜食用蚕豆豆浆。

茯苓豆浆 益脾又安神

材料

茯苓粉20克，黄豆80克，清水、白糖或冰糖适量。

做法

1 将黄豆清洗干净后，在清水中浸泡6～8小时，泡至发软备用。

2 将浸泡好的黄豆放入豆浆机的杯体中，加入茯苓粉，添加清水至上下水位线之间，启动机器，煮至豆浆机提示茯苓豆浆做好。

3 将打出的茯苓豆浆过滤后，按个人口味趁热添加适量白糖或冰糖调味，不宜吃糖的患者，可用蜂蜜代替。不喜甜者也可不加糖。

■ 贴心提示

茯苓粉在中药店可以买到。熬煮的时候要不时搅拌一下，以免粘锅。

【养生功效】

中医学认为，茯苓淡而能渗，甘而能补，能泻能补，称得上是两全其美。茯苓利水湿，可以治小便不利，又可以化痰止咳，同时又健脾胃，有宁心安神之功。而且它药性平和，不伤正气，所以既能扶正，又能祛邪。用茯苓制成的豆浆非常美味，能够缓解小便不利、泄泻，还能镇静安神。

芸豆豆浆 提高免疫力

材料

芸豆50克，黄豆50克，白糖或冰糖、清水适量。

做法

1 将黄豆和芸豆清洗干净后，在清水中浸泡6～8小时，泡至发软。

2 将浸泡好的黄豆和芸豆一起放入豆浆机的杯体中，并加水至上下水位线之间，启动机器，煮至豆浆机提示芸豆豆浆做好。

3 将打出的芸豆豆浆过滤后，按个人口味趁热往豆浆中添加适量白糖或冰糖调味，患有糖尿病、高血压、高血脂等不宜吃糖的患者，可用蜂蜜代替。不喜甜者也可不加糖。

■ 贴心提示

芸豆是营养丰富的食品，不过其籽粒中含有一种毒蛋白，必须在高温下才能将其破坏，所以食用芸豆必须煮熟煮透，消除其毒性，更好地利用其营养，否则会引起中毒。

【养生功效】

现代医学分析认为，芸豆含有皂苷、尿毒酶和多种球蛋白等独特成分，具有提高人体自身的免疫能力，增强抗病能力，激活T淋巴细胞，促进脱氧核糖核酸的合成等功能。芸豆还是一种难得的高钾、高镁、低钠食品。这款芸豆豆浆尤其适合心脏病、动脉硬化，高血脂、低钾血症和忌盐患者食用，能够提高人体免疫力。

第4章 芳香花草豆浆

玫瑰花豆浆 改善暗黄、干燥肌肤

材料

玫瑰花5～8朵，黄豆100克，清水、白糖或冰糖适量。

做法

1 将黄豆清洗干净后，在清水中浸泡6～8小时，泡至发软备用；玫瑰花瓣仔细清洗干净后备用。

2 将浸泡好的黄豆和玫瑰花一起放入豆浆机的杯体中，添加清水至上下水位线之间，启动机器，煮至豆浆机提示玫瑰花豆浆做好。

3 将打出的玫瑰花豆浆过滤后，按个人口味趁热添加适量白糖或冰糖调味，以减少玫瑰花的涩味。不宜吃糖的患者，可用蜂蜜代替。

【养生功效】

玫瑰花性温，味甘，微苦，香气浓厚清而不浊，有理气解郁、活血收敛的作用。玫瑰花有收敛性，可用于女性月经过多、赤白带下等。《食物本草》谓其“食之芳香甘美，令人神爽”。长期服用玫瑰，能有效地清除自由基，消除色素沉着，令人焕发出青春活力，美容效果甚佳。玫瑰花和黄豆搭配而制的豆浆，能够帮助人们改善肌肤暗黄、干燥的状态，令肌肤变得有光泽，尤其是理气活血的作用，适合长斑人士饮用。

■ 贴心提示

玫瑰花只用花瓣，不要花蒂。如果有玫瑰酱，比用干玫瑰更可口，不会有干玫瑰的涩味。制作时使用开水，可减少玫瑰香味的散失，又可减少制浆时间。玫瑰花豆浆有清淡的玫瑰花香，适合女士夏季饮用。

月季花豆浆 疏肝调经

材料

月季花 15 克，黄豆 70 克，清水、白糖或冰糖适量。

做法

1. 将黄豆清洗干净后，在清水中浸泡 6 ~ 8 小时，泡至发软备用；月季花清洗干净后泡开。
2. 将浸泡好的黄豆和月季花一起放入豆浆机的杯体中，添加清水至上下水位线之间，启动机器，煮至豆浆机提示月季花豆浆做好。
3. 将打出的月季花豆浆过滤后，按个人口味趁热添加适量白糖或冰糖调味，不宜吃糖的患者，可用蜂蜜代替。

【养生功效】

中医学认为，月季花味甘、性温，入肝经，有活血调经、消肿解毒之功效。由于月季花的祛瘀、行气、止痛作用明显，所以经常被用于治疗月经不调、痛经等病症。有人将月季花称为“月月红”，它可以说是女性朋友调理月经的良药。女人常饮月季花豆浆，可以改善经络阻滞的症状，没有瘀滞的女性才会拥有好气色。

■ 贴心提示

月季花的花形和玫瑰花相似，不过个头要比玫瑰大一些，月季花可以在中药店购买。

茉莉花豆浆 理气开郁

材料

茉莉花10克，黄豆90克，清水、白糖或冰糖各适量。

做法

1 将黄豆清洗干净后，在清水中浸泡6～8小时，泡至发软备用；茉莉花瓣清洗干净后备用。

2 将浸泡好的黄豆和茉莉花一起放入豆浆机的杯体中，添加清水至上下水位线之间，启动机器，煮至豆浆机提示茉莉花豆浆做好。

3 将打出的茉莉花豆浆过滤后，按个人口味趁热添加适量白糖或冰糖调味，不宜吃糖的患者，可用蜂蜜代替。

【养生功效】

中医学认为，茉莉花性温，味辛甘，具有理气止痛、温中和胃、开郁辟秽、消肿解毒的功效。《本草纲目》中记载，茉莉花“能清虚火，去寒积，抗菌消炎”。所以皮肤易过敏的人很适合这款豆浆。现代药理研究表明，茉莉花还有强心、降压、抗菌、防辐射损伤、增强人体免疫力、调整体内激素分泌、醒脑提神等功效。常喝茉莉花豆浆，既能够美容，还能缓解女性的痛经，所以经期也可以饮用茉莉花豆浆。

贴心提示

茉莉花辛香偏温，所以火热内盛、燥结便秘者不宜饮用茉莉花豆浆。

金银花豆浆 清热解毒

材料

金银花50克，黄豆70克，清水、白糖或冰糖各适量。

做法

1 将黄豆清洗干净后，在清水中浸泡6～8小时，泡至发软备用；金银花清洗干净后泡开。

2 将浸泡好的黄豆和金银花一起放入豆浆机的杯体中，添加清水至上下水位线之间，启动机器，煮至豆浆机提示金银花豆浆做好。

3 将打出的金银花豆浆过滤后，按个人口味趁热添加适量白糖或冰糖调味，不宜吃糖的患者，可用蜂蜜代替，也可不加糖。

■ 贴心提示

脾胃虚寒、气虚疮疡脓清者不宜食用金银花豆浆。

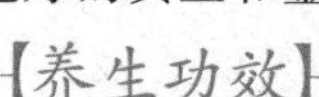

【养生功效】

中医学认为金银花味甘，性寒，具有清热解毒、疏散风热的作用。金银花和黄豆一起制成的豆浆对于暑热症、泻痢、流感、疮疖肿毒、急慢性扁桃体炎、牙周炎等病症都有一定的疗效。夏日饮用金银花，还能防止中暑以及上火等症。

桂花豆浆 温胃散寒

材料

桂花10克，黄豆90克，清水、白糖或冰糖各适量。

做法

1 将黄豆清洗干净后，在清水中浸泡6～8小时，泡至发软备用；桂花清洗干净后备用。

2 将浸泡好的黄豆和桂花一起放入豆浆机的杯体中，添加清水至上下水位线之间，启动机器，煮至豆浆机提示桂花豆浆做好。

3 将打出的桂花豆浆过滤后，按个人口味趁热添加适量白糖或冰糖调味，不宜吃糖的患者，可用蜂蜜代替。

■ 贴心提示

桂花的香味强烈，所以在制作豆浆时忌过量饮用。另外，体质偏热、火热内盛者也要谨慎饮用。

【养生功效】

桂花又称为“九里香”，味辛，性温，因其含有芳香物质，具有芳香和胃、生津辟浊、化痰理气之功。中医学认为，桂花煎汤、泡茶或浸酒内服，可以化痰散瘀，对食欲缺乏、痰饮咳喘、经闭腹痛有一定疗效。桂花清新的香味还能令人精神舒畅、安心宁神，特别是能驱除体内湿气，养阴润肺，可净化身心，平衡神经系统。桂花和黄豆做成的豆浆，味道醇香，具有暖胃生津、化痰止咳的功效。

菊花豆浆 清心疏散风热

材料

菊花5～8朵，黄豆90克，清水、白糖或冰糖各适量。

做法

1. 将黄豆清洗干净后，在清水中浸泡6～8小时，泡至发软备用；菊花清洗干净后备用。
2. 将浸泡好的黄豆和菊花一起放入豆浆机的杯体中，添加清水至上下水位线之间，启动机器，煮至豆浆机提示菊花豆浆做好。
3. 将打出的菊花豆浆过滤后，按个人口味趁热添加适量白糖或冰糖调味，不宜吃糖的患者，可用蜂蜜代替。

【养生功效】

传统中医学认为，菊花性凉味甘苦，归肺肝二经，具有疏风、清热、明目、解毒的功效，可治疗头痛、眩晕、目赤、心胸烦热、疔疮、肿毒等证。现代医学研究证实，菊花具有降血压、消除癌细胞、扩张冠状动脉和抑菌的作用，长期饮用能调节心肌功能、降低胆固醇，适合中老年人和预防流行性结膜炎时饮用。对肝火旺、用眼过度导致的双眼干涩也有较好的疗效。同时，菊花的香气浓郁，提神醒脑，也具有一定的松弛神经、舒缓头痛的功效。这款豆浆适合性情急躁、肝气郁结的人和心血管病人饮用，尤其是在炎热的夏季更为适合。

■ 贴心提示

菊花性微寒，适合于阴虚阳亢体质的人服用，而那些虚寒体质尤其是胃寒之人则不宜长期饮用菊花豆浆。

百合红豆豆浆 缓解肺热

材料

干百合 50 克，红豆 100 克，清水、白糖或冰糖各适量。

做法

1 将红豆清洗干净后，在清水中浸泡 6 ~ 8 小时，泡至发软备用；干百合清洗干净后略泡。

2 将浸泡好的红豆和百合一起放入豆浆机的杯体中，添加清水至上下水位线之间，启动机器，煮至豆浆机提示百合红豆豆浆做好。

3 将打出的百合红豆豆浆过滤后，按个人口味趁热添加适量白糖或冰糖调味，不宜吃糖的患者，可用蜂蜜代替。不喜甜者也可不加糖。

【养生功效】

百合红豆豆浆是一种非常理想的润肺佳品。百合性平，味甘、微苦，有润肺止咳、清心安神之功，对肺热干咳、痰中带血、肺弱气虚、肺结核咯血等证，都有良好的疗效，特别适合养肺、养胃的人食用。红豆性平，味甘、酸，也可以清热除湿、消肿解毒。百合加红豆制成的豆浆，能够滋润肺脏，清肺热，对于那些咳嗽有痰的人有着不错的食疗作用。秋季正是养肺的时候，不妨多喝一点百合红豆豆浆。

■ 贴心提示

百合虽能补气，亦伤肺气，不宜多服。由于百合偏凉性，胃寒的患者宜少食用百合红豆豆浆。

杂花豆浆 美容养颜

材料

黄豆80克，玫瑰花、菊花、桂花共20克，清水、白糖或冰糖各适量。

做法

1 将黄豆清洗干净后，在清水中浸泡6～8小时，泡至发软备用；玫瑰、菊花、桂花一起淘洗干净。

2 将浸泡好的黄豆和杂花一起放入豆浆机的杯体中，添加清水至上下水位线之间，启动机器，煮至豆浆机提示杂花豆浆做好。

3 将打出的杂花豆浆过滤后，按个人口味趁热添加适量白糖或冰糖调味，不宜吃糖的患者，可用蜂蜜代替。不喜甜者也可不加糖。

■ 贴心提示

杂花豆浆的材料不局限于以上三种，可根据自己的喜好自由选择不同的花，尝试调制不同口味的杂花豆浆。

【养生功效】

玫瑰花有理气解郁、活血收敛的作用，并能促进血液循环，改善肤色，有美容功效；菊花中富含香精油和菊色素，可以有效地抑制皮肤黑色素的产生，而且还能柔化表皮细胞，所以能清除皮肤的皱纹，令面部皮肤白嫩；桂花也具有美白肌肤、排解体内毒素的功效。将玫瑰、菊花、桂花搭配，制作出的豆浆具有美容养颜、益气提神的功效，非常适合女性食用。

绿茶豆浆 帮助延缓衰老

材料

绿茶50克，黄豆70克，清水、白糖或冰糖各适量。

做法

1 将黄豆清洗干净后，在清水中浸泡6～8小时，泡至发软备用；绿茶清洗干净后泡开。

2 将浸泡好的黄豆和绿茶一起放入豆浆机的杯体中，添加清水至上下水位线之间，启动机器，煮至豆浆机提示绿茶豆浆做好。

3 将打出的绿茶豆浆过滤后，按个人口味趁热添加适量白糖或冰糖调味，不宜吃糖的患者，可用蜂蜜代替。

■ 贴心提示

女性在月经期间不宜喝绿茶豆浆。因为女性在月经期，除了正常的铁流失外，还要额外损失18～21毫克铁。而绿茶中较多的鞣酸成分会与食物中的铁分子结合，形成大量沉淀物，妨碍肠道黏膜对铁的吸收。

【养生功效】

绿茶中的茶多酚具有很强的抗氧化性和生理活性，它是人体自由基的清除剂，所以绿茶有助于延缓衰老。另外，绿茶中还含有维生素A，它能使皮肤与黏膜细胞保持健康、富有活力的状态。这款绿茶豆浆最大的作用就是能够促进人体的新陈代谢，达到美容护肤、延缓衰老的目的。

薄荷绿豆豆浆 清凉之夏来防癌

材料

薄荷叶2克，黄豆、绿豆各50克，清水、白糖或冰糖各适量。

做法

1 将黄豆和绿豆清洗干净后，在清水中浸泡6～8小时，泡至发软备用；薄荷叶清洗干净后备用。

2 将浸泡好的黄豆、绿豆和薄荷叶一起放入豆浆机的杯体中，添加清水至上下水位线之间，启动机器，煮至豆浆机提示薄荷绿豆豆浆做好。

3 将打出的薄荷绿豆豆浆过滤后，按个人口味趁热添加适量白糖或冰糖调味，不宜吃糖的患者，可用蜂蜜代替。

【养生功效】

薄荷中含有挥发油，油中主要成分为薄荷脑等，具有解热、发汗、抑菌、消炎、解毒、健胃、利胆等作用。据现代医学研究发现，薄荷还能有效阻止癌症病变处的血管生长，抑制癌细胞的进一步发展。中老年人饮用薄荷绿豆豆浆，可以清心怡神、疏风散热、增进食欲、帮助消化，还有助于防癌抗癌；夏日，在家用薄荷给自己做份凉汤豆浆，既能解渴，又能解暑。

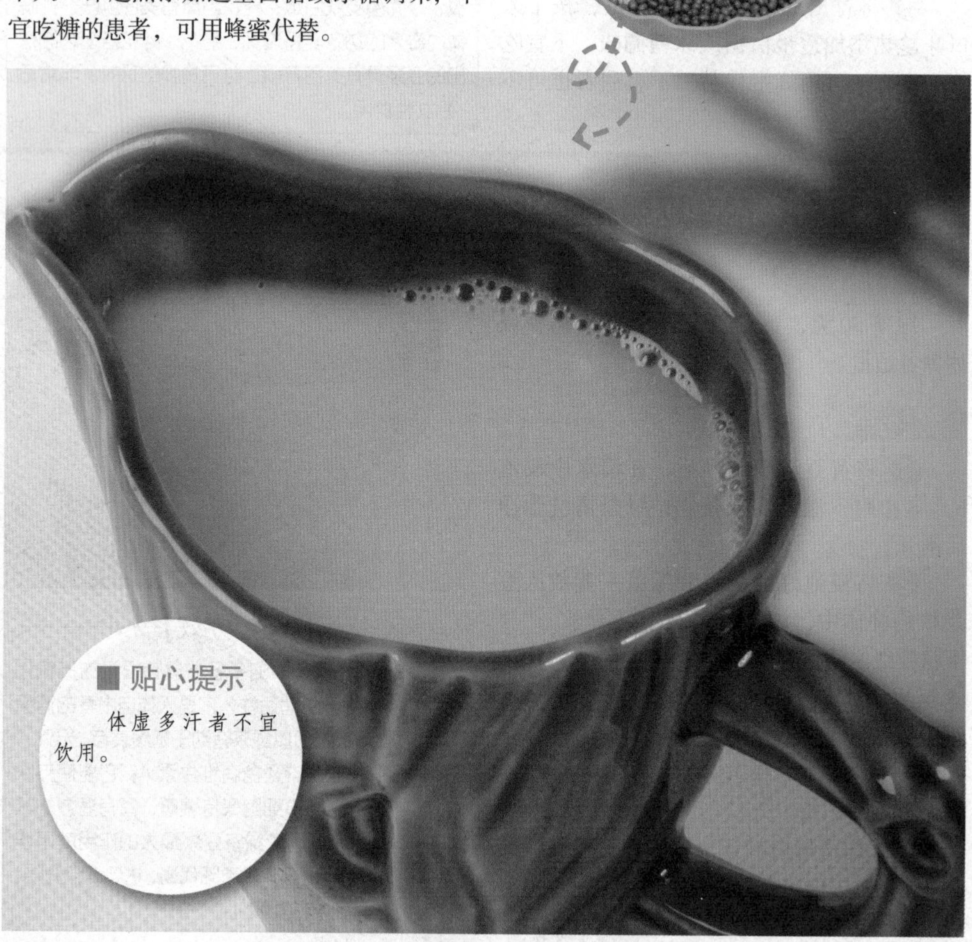

■ 贴心提示

体虚多汗者不宜饮用。

桑叶豆浆 清肺热、肝热

材料

桑叶30克，黄豆70克，清水、白糖或冰糖各适量。

做法

■ 贴心提示

风寒感冒有口淡、鼻塞、流清涕、咳嗽的人不宜食用这款豆浆。

① 将黄豆清洗干净后，在清水中浸泡6～8小时，泡至发软备用；桑叶清洗干净后撕成碎块。

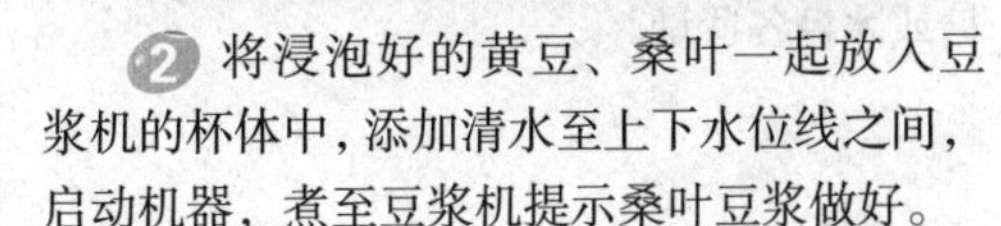

② 将浸泡好的黄豆、桑叶一起放入豆浆机的杯体中，添加清水至上下水位线之间，启动机器，煮至豆浆机提示桑叶豆浆做好。

③ 将打出的桑叶豆浆过滤后，按个人口味趁热添加适量白糖或冰糖调味，不宜吃糖的患者，可用蜂蜜代替。不喜甜者也可不加糖。

【养生功效】

桑叶味甘、微苦，性寒，入肺、肝经，能疏散风热、清肺止咳、平肝明目。在治疗感冒咳嗽时，经常会用到桑叶。例如：因为风热侵袭，身体发热伴有咳嗽的，就可以用鲜桑叶水煎代茶服，能够清热疏风，缓解症状。在豆浆中加入桑叶，对于肺热咳嗽以及肝热的患者都有不错的食疗功效。

荷叶豆浆 绿色减肥佳品

材料

荷叶30克，黄豆70克，清水、白糖或冰糖各适量。

■ 贴心提示

胃酸过多、消化性溃疡和龋齿者，以及服用滋补药品期间忌服用。

做法

① 将黄豆清洗干净后，在清水中浸泡6～8小时，泡至发软备用；荷叶清洗干净后撕成碎块。

② 将浸泡好的黄豆、荷叶一起放入豆浆机的杯体中，添加清水至上下水位线之间，启动机器，煮至豆浆机提示荷叶豆浆做好。

③ 将打出的荷叶豆浆过滤后，按个人口味趁热添加适量白糖或冰糖调味，不宜吃糖的患者，可用蜂蜜代替；不喜甜者也可不加糖。

【养生功效】

荷叶味苦辛微涩、性凉，消暑利湿。中药研究结果表明，荷叶有降血脂的作用，同时还是减肥的良药。有资料报道，荷叶中的生物碱有降血脂作用，且临床上常用于肥胖症的治疗。所以，荷叶豆浆是一款安全、绿色的减肥佳品。

第5章

营养水果豆浆

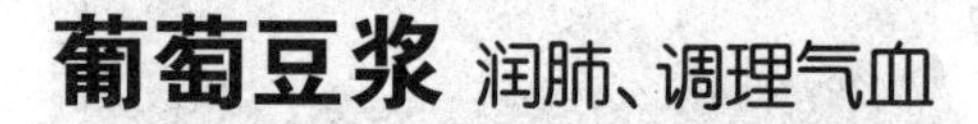

葡萄豆浆 润肺、调理气血

材料

葡萄6～10粒，黄豆80克，清水、白糖或冰糖各适量。

做法

1 将黄豆清洗干净后，在清水中浸泡6～8小时，泡至发软备用；葡萄去皮，去籽。

2 将浸泡好的黄豆和葡萄一起放入豆浆机的杯体中，添加清水至上下水位线之间，启动机器，煮至豆浆机提示葡萄豆浆做好。

3 将打出的葡萄豆浆过滤后，按个人口味趁热添加适量白糖或冰糖调味，不宜吃糖的患者，可用蜂蜜代替。

【养生功效】

葡萄是较为常见的水果，它的性味甘、酸，鲜食酸甜适口，生津止渴，开胃消食。秋天的时候天气干燥，中医学认为饮食上应该“少辛增酸”，这时候喝点葡萄豆浆就能够在干燥的季节润肺、滋养身体。另外，葡萄中的糖主要是葡萄糖，能够很快地被人体吸收，尤其是当人出现低血糖的时候，及时饮用葡萄汁，可以很快地缓解症状。这款葡萄豆浆对气血虚弱、肺虚咳嗽的症状具有良好的调理作用。

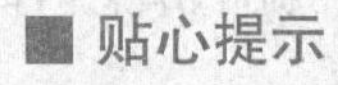

■ 贴心提示

葡萄不宜与水产品同时食用，间隔至少两小时以后再食，以免葡萄中的鞣酸与水产品中的钙质形成难以吸收的物质，影响健康。

雪梨豆浆 生津润燥

材料

雪梨1个，黄豆50克，清水、冰糖各适量。

做法

1 将黄豆清洗干净后，在清水中浸泡6～8小时，泡至发软备用；雪梨清洗后，去皮去核，并切成小碎丁。

2 将浸泡好的黄豆和雪梨一起放入豆浆机的杯体中，添加清水至上下水位线之间，启动机器，煮至豆浆机提示雪梨豆浆做好。

3 将打出的雪梨豆浆过滤后，按个人口味趁热添加适量冰糖调味，不宜吃糖的患者，可用蜂蜜代替。

■ 贴心提示

梨子性凉，凡脾胃虚寒及便溏、腹泻者忌饮雪梨豆浆；糖尿病患者当少饮或不饮雪梨豆浆。

【养生功效】

雪梨的含水量多，且含糖量高，吃到嘴里满口清凉，既有营养，又解热证，可止咳生津、清心润喉、降火解暑，是夏秋的清凉果品；《本草纲目》中记载，梨"甘、寒，无毒"，可以治咳嗽，清心润肺，清热生津。这款雪梨豆浆具有生津润燥、清热化痰的功效，适合那些肺燥咽干、经常咳嗽的人士饮用。

苹果豆浆 全科医生来保健

材料

苹果1个，黄豆50克，清水、白糖或冰糖各适量。

■ 贴心提示

苹果不宜与海产品同食，因为苹果含有鞣酸，与海产品同食会降低其中蛋白质的营养价值。

做法

1 将黄豆清洗干净后，在清水中浸泡6～8小时，泡至发软备用；苹果清洗后，去皮去核，并切成小碎丁。

2 将浸泡好的黄豆和苹果一起放入豆浆机的杯体中，添加清水至上下水位线之间，启动机器，煮至豆浆机提示苹果豆浆做好。

3 将打出的苹果豆浆过滤后，按个人口味趁热添加适量白糖或冰糖调味，不宜吃糖的患者，可用蜂蜜代替，也可不加糖。

【养生功效】

苹果可以说是一个"全科医生"了，它含有的果胶可以降低胆固醇；苹果含有类黄酮，可以减少冠心病；苹果还含有非常丰富的抗氧化物，我们可不要小看这个抗氧化物的功效，它可降低并且能有效地阻止癌症。经常饮用苹果豆浆，能够帮助身体抵抗多种疾病。

菠萝豆浆 促进肉食消化、解除油腻

材料

菠萝半个，黄豆 50 克，清水、白糖或冰糖各适量。

做法

1. 将黄豆清洗干净后，在清水中浸泡 6 ~ 8 小时，泡至发软备用；菠萝去皮去核后清洗干净，并切成小碎丁。
2. 将浸泡好的黄豆和菠萝一起放入豆浆机的杯体中，添加清水至上下水位线之间，启动机器，煮至豆浆机提示菠萝豆浆做好。
3. 将打出的菠萝豆浆过滤后，按个人口味趁热添加适量白糖或冰糖调味，不宜吃糖的患者，可用蜂蜜代替，也可不加糖。

【养生功效】

菠萝的营养丰富，几乎含有人体所需的所有维生素和十多种天然矿物质。菠萝中所含的蛋白质分解酵素可以分解蛋白质及助消化。而且，菠萝的果汁中还含有一种跟胃液相类似的酵素，可以分解蛋白，帮助消化。所以，菠萝具有减肥功效，对于长期食用过多肉类及油腻食物的现代人来说，是一种很合适的水果。饮一杯菠萝豆浆，可帮助自己预防脂肪沉积，解除油腻。

■ 贴心提示

未经处理的生菠萝不要食用，因为生菠萝含有一种菠萝蛋白酶，对这种蛋白酶过敏的人，会出现皮肤发痒等症状。要避免过敏，可将菠萝去皮后切成片或块状，放置淡盐水中浸泡半小时，然后用凉开水冲洗去咸味，即可放心大胆地享受菠萝的新鲜美味。

草莓豆浆 酸甜美味能美容

材料

草莓4～6个，黄豆80克，清水、白糖或冰糖适量。

做法

1 将黄豆清洗干净后，在清水中浸泡6～8小时，泡至发软备用；草莓去蒂洗净后，切成碎丁。

2 将浸泡好的黄豆和草莓一起放入豆浆机的杯体中，添加清水至上下水位线之间，启动机器，煮至豆浆机提示草莓豆浆做好。

3 将打出的草莓豆浆过滤后，按个人口味趁热添加适量白糖或冰糖调味，不宜吃糖的患者，可用蜂蜜代替。

■ 贴心提示

草莓表面粗糙，不易洗净，可以用淡盐水或高锰酸钾水浸泡10分钟，既能杀菌又较易清洗。

【养生功效】

草莓含有一种叫天冬氨酸的物质，女性常吃草莓，对皮肤、头发都有很好的保健作用，还可以帮助消脂排毒，可以自然而平缓地除去体内的“矿渣”，达到减肥的目的。草莓的维生素C含量也很丰富，它能够消除细胞间的松弛和紧张状态，使皮肤变得细腻有弹性。用草莓和黄豆搭配而成的豆浆味道酸甜可口，香味浓郁，还有美容功效，适宜女性饮用。

香桃豆浆 贫血人士的补血浆

材料

鲜桃一个，黄豆50克，清水、白糖或冰糖适量。

■ 贴心提示

鲜桃很好吃，但是桃上的绒毛难去，可以在清水中放入少许的食用碱，将鲜桃浸泡3分钟左右，搅动一下，桃毛就会自动上浮，稍微清洗就可去除 。

做法

1 将黄豆清洗干净后，在清水中浸泡6～8小时，泡至发软备用；鲜桃清洗后，去皮去核，并切成小碎丁。

2 将浸泡好的黄豆和鲜桃一起放入豆浆机的杯体中，添加清水至上下水位线之间，启动机器，煮至豆浆机提示香桃豆浆做好。

3 将打出的香桃豆浆过滤后，按个人口味趁热添加适量白糖或冰糖调味，不宜吃糖的患者，可用蜂蜜代替。

【养生功效】

中医认为，桃味有甜有酸，属温性食物，具有补气养血、养阴生津、止咳等功效，可用于大病之后气血亏虚、面黄肌瘦、心悸气短者。这款豆浆既有桃子的香甜之味又有豆浆的醇香，味道比较鲜美，有助于润肠生津，促进血液循环，还有美肤的作用。

香蕉豆浆 让人心情愉快

材料

香蕉1根，黄豆50克，清水、白糖或冰糖各适量。

做法

1. 将黄豆清洗干净后，在清水中浸泡6～8小时，泡至发软备用；香蕉去皮后，切成碎丁。
2. 将浸泡好的黄豆和香蕉一起放入豆浆机的杯体中，添加清水至上下水位线之间，启动机器，煮至豆浆机提示香蕉豆浆做好。
3. 将打出的香蕉豆浆过滤后，按个人口味趁热添加适量白糖或冰糖调味，不宜吃糖的患者，可用蜂蜜代替。

【养生功效】

香蕉是人们喜爱的水果之一，起源于马来西亚，欧洲人因它能解除忧郁而称其为“快乐水果”。因为香蕉中含有一种能帮助人脑产生5-羟色胺的物质，而患有忧郁症的人脑中缺少5-羟色胺，所以适当吃些香蕉，可以驱散悲观、烦躁的情绪，增加平静、愉快感。大豆特有的异味碰上香蕉就消失得无影无踪了，所以香蕉豆浆对于即使是讨厌豆浆的人也能接受。在享受香蕉豆浆带来的美味的同时，还能借助香蕉中的氨基酸帮助人体制造“开心激素”，令人快乐开心。睡前喝一杯香蕉豆浆，还有镇静作用。

贴心提示

香蕉可以冷藏，3～5天后尽管果皮的颜色已经变深，但是品质还是好的。

金橘豆浆 抵抗维生素C缺乏病

材料

金橘5个，黄豆50克，清水、白糖或冰糖各适量。

做法

1 将黄豆清洗干净后，在清水中浸泡6～8小时，泡至发软备用；金橘洗净后备用。

2 将浸泡好的黄豆和金橘一起放入豆浆机的杯体中，添加清水至上下水位线之间，启动机器，煮至豆浆机提示金橘豆浆做好。

3 将打出的金橘豆浆过滤后，按个人口味趁热添加适量白糖或冰糖调味，不宜吃糖的患者，可用蜂蜜代替。不喜甜者也可不加糖。

■ 贴心提示

金橘皮中的维生素C含量丰富，在制作金橘豆浆时，不宜将皮去掉。

【养生功效】

金橘营养丰富，尤其富含维生素B_1、维生素C、维生素P。橘皮中含有的维生素C远高于果肉，维生素C为抗坏血酸，在体内起着抗氧化的作用，能降低胆固醇，预防血管破裂或渗血；维生素C与维生素P配合，可以增强对维生素C缺乏病的治疗效果。金橘搭配黄豆制成的豆浆，能够保护心血管，如果是坏血病患者饮用，还有一定的食疗作用。

西瓜豆浆 生津消暑

材料

西瓜50克，黄豆50克，清水、白糖或冰糖各适量。

■ 贴心提示

做豆浆时，不要用刚从冰箱里拿出来的西瓜。因西瓜本身是寒凉食物，再加上刚从冰箱里拿出来温度很低，饮用这样的豆浆容易引起胃痉挛，从而影响胃的消化。

做法

1 将黄豆清洗干净后，在清水中浸泡6～8小时，泡至发软备用；西瓜去皮、去子后将瓜瓤切成碎丁。

2 将浸泡好的黄豆和西瓜丁一起放入豆浆机的杯体中，添加清水至上下水位线之间，启动机器，煮至豆浆机提示西瓜豆浆做好。

3 将打出的西瓜豆浆过滤后，按个人口味趁热添加适量白糖或冰糖调味，不宜吃糖的患者，可用蜂蜜代替。

【养生功效】

西瓜的味道甘甜、多汁、清爽解渴，是夏季必不可少的一种水果。中医学认为，西瓜能够清热解暑、除烦止渴。西瓜中含有大量的水分，在急性热病发烧、口渴汗多、烦躁时，吃上一块又甜又沙、水分充足的西瓜，症状会马上改善。西瓜豆浆可以说是夏天解暑的清凉饮品，既能除热又能解渴。

椰汁豆浆 清暑解渴

材料

黄豆100克，椰汁、清水各适量。

做法

1 将黄豆清洗干净后，在清水中浸泡6～8小时，泡至发软备用。

2 将浸泡好的黄豆放入豆浆机的杯体中，添加清水至上下水位线之间，启动机器，煮至豆浆机提示豆浆做好。

3 将打出的豆浆过滤后，兑入椰汁即可。

【养生功效】

椰子的外形很像西瓜，在果实内有一个很大空间专门来储存椰浆，椰子成熟的时候，椰汁看起来清如水，喝起来甜如蜜，是夏季极好的清热解渴之品。夏季街头卖冷饮的地方通常也会有插着吸管的椰子。用椰汁制成的豆浆是老少皆宜的美味佳品，尤其是在夏天饮用时，能够清热利尿，解渴，对于水肿、排毒也有疗效。椰子还是含碱性非常高的水果，因为身体过酸而导致的疾病，也可以通过饮用椰汁来改善。

■ 贴心提示

体内热盛的人不宜食用椰汁豆浆；易怒、口干舌燥者，也不宜多食椰汁豆浆。

杧果豆浆 补足维生素

材料

杧果1个，黄豆80克，清水、白糖或冰糖各适量。

做法

1 将黄豆清洗干净后，在清水中浸泡6～8小时，泡至发软备用；杧果去掉果皮和果核后，取果肉待用。

2 将浸泡好的黄豆和杧果果肉一起放入豆浆机的杯体中，添加清水至上下水位线之间，启动机器，煮至豆浆机提示杧果豆浆做好。

3 将打出的杧果豆浆过滤后，按个人口味趁热添加适量白糖或冰糖调味，不宜吃糖的患者，可用蜂蜜代替。

【养生功效】

有“热带果王”之称的杧果，含有大量的维生素A，我们知道维生素对眼睛有益，所以多吃杧果有益于改善视力；杧果中含有的大量维生素，还可以起到滋润肌肤的作用。杧果含有营养素及维生素C、矿物质等，其中维生素C的含量超过了橘子、草莓等水果，所以多吃一些杧果还可以增强人体的抵抗力。杧果豆浆能够给人补充维生素A和维生素C及多种矿物质和氨基酸，饮用后对身体很有帮助。

■ 贴心提示

购买杧果时要遵从一个原则，就是选皮质细腻且颜色深的，这样的杧果新鲜熟透。不要挑有点发绿的，那样的杧果没有熟透。

柠檬豆浆 天然的美容品

材料

黄豆100克，柠檬1片，清水适量。

做法

① 将黄豆清洗干净后，在清水中浸泡6～8小时，泡至发软备用。

② 将浸泡好的黄豆放入豆浆机的杯体中，添加清水至上下水位线之间，启动机器，煮至豆浆机提示豆浆做好。

③ 将打出的豆浆过滤后，挤入柠檬汁即可。

■ 贴心提示

在挑选柠檬的时候，深黄色的柠檬一般较为成熟，而且通常皮薄、汁多。

【养生功效】

柠檬可以促进胃中蛋白质分解酶的分泌，增加胃肠蠕动，从而有助消化吸收。国外的美容专家称它为美容水果，认为柠檬汁有着很好的洁肤美容的功效，防止及消除皮肤色素的沉积，能令肌肤光亮细腻。柠檬因为含有烟酸和丰富的有机酸，酸味极浓，所以在放入豆浆中时，一定要少放一点，以免太酸而不能饮用。

香瓜豆浆 止渴清燥、消除口臭

材料

香瓜1个，黄豆50克，清水、白糖或冰糖各适量。

做法

① 将黄豆清洗干净后，在清水中浸泡6～8小时，泡至发软备用；香瓜去皮去瓤后洗干净，并切成小碎丁。

② 将浸泡好的黄豆和香瓜一起放入豆浆机的杯体中，添加清水至上下水位线之间，启动机器，煮至豆浆机提示香瓜豆浆做好。

③ 将打出的香瓜豆浆过滤后，按个人口味趁热添加适量白糖或冰糖调味，不宜吃糖的患者，可用蜂蜜代替，也可不加糖。

■ 贴心提示

香瓜瓜蒂有毒，生食过量，即会中毒。因此，制作香瓜豆浆时一定要去除瓜蒂。

【养生功效】

香瓜又称甜瓜，顾名思义，它吃起来非常甘甜。古埃及人将甜瓜视为“天堂圣果”，顶礼膜拜。香瓜同西瓜一样都是夏季消暑的瓜果，用它制成的香瓜豆浆适合在炎热的夏季饮用。从营养价值上来看，香瓜可与西瓜相媲美。据测量，甜瓜除了水分和蛋白质的含量低于西瓜外，其他营养成分均不少于西瓜，而芳香物质、矿物质、糖分和维生素C的含量则明显高于西瓜。中医学也认为甜瓜具有“消暑热，解烦渴，利小便”的作用。这款香瓜豆浆可止渴清燥，并可消除口臭，夏季烦热口渴者、口鼻生疮者、中暑者尤其适合食用。

桂圆豆浆 安神健脑

材料

黄豆100克，桂圆、清水、白糖或冰糖各适量。

做法

1. 将黄豆清洗干净后，在清水中浸泡6～8小时，泡至发软备用；桂圆去皮、去核。
2. 将浸泡好的黄豆同桂圆一起放入豆浆机的杯体中，添加清水至上下水位线之间，启动机器，煮至豆浆机提示桂圆豆浆做好。
3. 将打出的桂圆豆浆过滤后，按个人口味趁热添加适量白糖或冰糖调味，不宜吃糖的患者，可用蜂蜜代替。不喜甜者也可不加糖。

【养生功效】

桂圆也叫龙眼肉，它的性味甘、温，入心、脾经，《本草纲目》言其“开胃益脾，补虚长智”，有补益心脾、养血安神之功，主要用于心脾虚损、气血不足所致的失眠、健忘、惊悸、怔忡、眩晕等。桂圆虽为滋补之物，但在滋补之中既不滋腻，又不壅气，可以说是滋补良药。中医学认为心主身之血脉，藏神，贫血或心血虚者常有心悸失眠、自汗盗汗等证，这时候饮用桂圆豆浆有良好的补益作用。

贴心提示

购买桂圆时，要注意剥开时果肉应透明无薄膜，无汁液溢出，蒂部不应蘸水，否则易变坏。理论上桂圆有安胎的功效，但妇女怀孕后，大都阴血偏虚，阴虚则生内热。中医学主张胎前宜凉，而桂圆性热，因此，为了避免流产，孕妇应慎食桂圆豆浆。痰火郁结、咳嗽痰黏者不宜食用。

木瓜豆浆 丰胸第一品

材料

青木瓜1个，黄豆50克，清水、白糖或冰糖各适量。

做法

1. 将黄豆清洗干净后，在清水中浸泡6～8小时，泡至发软备用；木瓜去皮后洗干净，并切成小碎丁。
2. 将浸泡好的黄豆和木瓜一起放入豆浆机的杯体中，添加清水至上下水位线之间，启动机器，煮至豆浆机提示木瓜豆浆做好。
3. 将打出的木瓜豆浆过滤后，按个人口味趁热添加适量白糖或冰糖调味，不宜吃糖的患者，可用蜂蜜代替，也可不加糖。

【养生功效】

提到木瓜，很多人都会想到它的丰胸作用。不过，如果是用作丰胸，青木瓜的效果是最好的。青木瓜自古就是第一丰胸佳果，木瓜中丰富的木瓜酶对乳腺发育很有助益。而木瓜酵素中含丰富的丰胸激素及维生素A，能刺激女性激素分泌，并刺激卵巢分泌雌激素，使乳腺畅通，达到丰胸的目的。黄豆中含有丰富的蛋白质和脂质，因此能够促进第二性征的发育。所以木瓜和黄豆制成的豆浆，丰胸功效很不错，适宜那些需要塑造身材的女性饮用。

贴心提示

孕妇、过敏体质人士不宜食用木瓜豆浆。

山楂豆浆 治疗痛经

材料

山楂 50 克，黄豆 50 克，清水、白糖或冰糖各适量。

【养生功效】

山楂又叫山里红，味道酸酸甜甜的，常吃山楂能够开胃消食。山楂的这一作用很多人都熟知，实际上山楂还是女人的好帮手，它对于女性的气滞血瘀型痛经有不错的食疗作用。通常气滞血瘀型痛经者，在月经期的第 1 ~ 2 天或者在经前的 1 ~ 2 天出现小腹疼痛，等到经血排出流畅时，疼痛也随着减轻或者是消失。中医学认为，山楂有活血化瘀的功效，饮用山楂豆浆能够缓解女性因为血行不畅造成的痛经，对月经不调也有一定作用。

做法

1. 将黄豆清洗干净后，在清水中浸泡 6 ~ 8 小时，泡至发软备用；山楂清洗后去核，并切成小碎丁。
2. 将浸泡好的黄豆和山楂一起放入豆浆机的杯体中，添加清水至上下水位线之间，启动机器，煮至豆浆机提示山楂豆浆做好。
3. 将打出的山楂豆浆过滤后，按个人口味趁热添加适量白糖或冰糖调味，不宜吃糖的患者，可用蜂蜜代替。

■ 贴心提示

山楂的颜色深红，所以出现腐烂时常常引不起人们的注意，当山楂出现发软、棕色斑点、露肉、发霉的迹象时，表明山楂已坏，不宜食用。

猕猴桃豆浆 烧烤时的必备饮品

材料

猕猴桃 1 个，黄豆 50 克，清水、白糖或冰糖各适量。

【养生功效】

有的人很喜欢吃烧烤，在吃烧烤后，不妨喝一杯猕猴桃豆浆，有很好的保健作用。因为烧烤食物进入人体后，会在体内进行硝化反应，产生出致癌物质。而猕猴桃中富含的维生素 C 作为一种抗氧化剂，能够有效地抑制这种硝化反应，防止癌症的发生。所以，如果大家禁不住美食的诱惑，吃了烧烤后，可以饮用一杯猕猴桃豆浆，帮助增强人体免疫力。这款豆浆还能防止因为吃烧烤引起的消化不良。

做法

1. 将黄豆清洗干净后，在清水中浸泡 6 ~ 8 小时，泡至发软备用；猕猴桃去皮后，切成碎丁。
2. 将浸泡好的黄豆和猕猴桃一起放入豆浆机的杯体中，添加清水至上下水位线之间，启动机器，煮至豆浆机提示猕猴桃豆浆做好。
3. 将打出的猕猴桃豆浆过滤后，按个人口味趁热添加适量白糖或冰糖调味，不宜吃糖的患者，可用蜂蜜代替。

■ 贴心提示

猕猴桃富含维生素C，而维生素C易与奶制品中的蛋白质凝结成块影响消化吸收，所以饮用猕猴桃豆浆后，不要马上喝牛奶或吃其他乳制品。

蜜柚豆浆 缓解脑血管疾病

材料

柚子小半个，黄豆50克，清水、白糖或冰糖各适量。

做法

1 将黄豆清洗干净后，在清水中浸泡6～8小时，泡至发软备用；柚子去皮、去子后将果肉撕碎。

2 将浸泡好的黄豆和柚子一起放入豆浆机的杯体中，添加清水至上下水位线之间，启动机器，煮至豆浆机提示蜜柚豆浆做好。

3 将打出的蜜柚豆浆过滤后，按个人口味趁热添加适量白糖或冰糖调味，不宜吃糖的患者，可用蜂蜜代替。

■ 贴心提示

在制作蜜柚豆浆时不宜选择太苦的柚子。另外，因柚子中含有一种破坏维生素A的醛类物质，故长期食用柚子的人不妨食用一些鱼肝油，以防体内维生素A缺失。

【养生功效】

柚子有“天然水果罐头”之称。用蜜柚制成的豆浆，对缓解心脑血管疾病有食疗作用。因为柚子含有生理活性物质皮甙、橙皮甙等，可降低血液循环的黏滞度，减少血栓的形成。患有脑血管疾病者，常吃柚子还有助于预防脑中风。这款加入了蜜柚的豆浆，有柚子的酸甜之味和豆浆的醇香，喝起来爽口美味，对心脑血管疾病也有预防作用。

杂果豆浆 集合营养促减肥

材料

黄豆50克，苹果、橙子、木瓜共50克，清水、白糖或冰糖各适量。

做法

1 将黄豆清洗干净后，在清水中浸泡6～8小时，泡至发软备用；苹果、橙子、木瓜清洗后，去皮去籽，并切成小碎丁。

2 将浸泡好的黄豆和苹果、橙子、木瓜一起放入豆浆机的杯体中，添加清水至上下水位线之间，启动机器，煮至豆浆机提示杂果豆浆做好。

3 将打出的杂果豆浆过滤后，按个人口味趁热添加适量白糖或冰糖调味，不宜吃糖的患者，可用蜂蜜代替。

■ 贴心提示

杂果豆浆的原料不局限于此处列出的三种，可根据自己的喜好自由选择。

【养生功效】

苹果热量低，是一种减肥食物；橙子所含的纤维素和果胶物质，可促进肠道蠕动，有利于清肠通便，排除体内有害物质；木瓜中的大量纤维素，也会减少致癌物留在大肠中的时间，具有通便的作用。这三种水果同大豆一起制成的杂果豆浆，能够缓解便秘症状，有减肥的功效。这款杂果豆浆不但集合了各种水果的营养价值，而且口味更为鲜美。

火龙果豆浆 有效抗衰老

材料

火龙果1个，黄豆50克，清水、白糖或冰糖各适量。

做法

1 将黄豆清洗干净后，在清水中浸泡6～8小时，泡至发软备用；火龙果去皮后洗干净，并切成小碎丁。

2 将浸泡好的黄豆和火龙果一起放入豆浆机的杯体中，添加清水至上下水位线之间，启动机器，煮至豆浆机提示火龙果豆浆做好。

3 将打出的火龙果豆浆过滤后，按个人口味趁热添加适量白糖或冰糖调味，不宜吃糖的患者，可用蜂蜜代替。

■ 贴心提示

糖尿病人不宜多食火龙果豆浆。

【养生功效】

火龙果的果实中含有较多的花青素，花青素是一种作用明显的抗氧化剂，能有效防止血管硬化，从而可阻止老年人心脏病发作和血凝块形成引起的脑中风。另外，它还能对抗自由基，有效缓解衰老。火龙果还能预防脑细胞病变，抑制痴呆症的发生。总体而言，火龙果豆浆的抗衰老作用明显，经常饮用还有预防便秘、防老年病变等多种功效。

无花果豆浆 助消化、排毒物

材料

无花果2个，黄豆80克，清水、白糖或冰糖各适量。

做法

1 将黄豆清洗干净后，在清水中浸泡6～8小时，泡至发软备用；无花果洗净，去蒂，切碎。

2 将浸泡好的黄豆和无花果一起放入豆浆机的杯体中，添加清水至上下水位线之间，启动机器，煮至豆浆机提示无花果豆浆做好。

3 将打出的无花果豆浆过滤后，按个人口味趁热添加适量白糖或冰糖或蜂蜜调味。

【养生功效】

中医学认为，无花果味甘、性平，能补脾益胃、润肺利咽、润肠通便。无花果的果实中还含有大量的果胶和维生素，果实吸水膨胀后，能吸附多种化学物质，使肠道各种有害物质被吸附，然后随着排泄物排出体外。所以，饮用无花果豆浆还能起到净化肠道的作用。

■ 贴心提示

由于无花果适应性及抗逆性都比较强，在污染较重的化工区生长的无花果对有毒气体具有一定的吸附作用，所以长在污染源附近的无花果不宜食用，以避免中毒。

哈密瓜豆浆 夏日防晒佳品

材料

哈密瓜50克，黄豆50克，清水、白糖或冰糖各适量。

做法

1. 将黄豆清洗干净后，在清水中浸泡6～8小时，泡至发软备用；哈密瓜去皮去子后清洗干净，并切成小碎丁。
2. 将浸泡好的黄豆和哈密瓜一起放入豆浆机的杯体中，添加清水至上下水位线之间，启动机器，煮至豆浆机提示哈密瓜豆浆做好。
3. 将打出的哈密瓜豆浆过滤后，按个人口味趁热添加适量白糖或冰糖调味，不宜吃糖的患者，可用蜂蜜代替。不喜甜者也可不加糖。

【养生功效】

哈密瓜中含有丰富的抗氧化剂，而这种抗氧化剂能够有效增强人体细胞防晒的能力，从而减少皮肤黑色素的形成。炎炎夏日，紫外线能透过表皮袭击真皮层，让皮肤中的骨胶原和弹性蛋白受到重创，这样长期下去皮肤就会出现松弛、皱纹，导致黑色素沉积和新的黑色素形成，使皮肤缺乏光泽。但是哈密瓜中的抗氧化剂可以帮助你解除这些烦恼。每天喝一杯哈密瓜豆浆，可以补充水溶性维生素C和B族维生素，确保机体保持正常新陈代谢的需要，并且还能防晒。

■ 贴心提示

搬动哈密瓜时应轻拿轻放，不要碰伤瓜皮，一旦瓜皮“受伤”，哈密瓜就很容易变质腐烂，不能储藏；哈密瓜性凉，所以不宜饮用过多，以免引起腹泻，而且患有脚气病、黄疸、腹胀、便溏、寒性哮喘以及产后体虚的人不宜食用。另外，因为哈密瓜含糖较多，糖尿病病人也应慎食。

第6章

另类口感豆浆

咖啡豆浆 提神醒脑的饮品

材料

黄豆 80 克，咖啡豆、清水、白糖或冰糖各适量。

【养生功效】

咖啡是提神的好饮料，也是缓解工作压力时不可缺少的饮品。因为咖啡中含有咖啡因，有刺激中枢神经、提神醒脑、促进肝糖原分解、升高血糖的功能，经常加班、熬夜的人常用它来提神，消除疲劳，恢复体力。对于上班族而言，喝咖啡还能减轻辐射对人体的伤害，在咖啡中加入豆浆代替牛奶，是更加健康的新时尚流行喝法。这款豆浆可缓解疲劳、补充体力，给你一天的好精力。

做法

1. 将黄豆清洗干净后，在清水中浸泡 6 ~ 8 小时，泡至发软备用。
2. 将咖啡豆放入咖啡机中磨好，并冲好备用。
3. 将浸泡好的黄豆放入豆浆机的杯体中，添加清水至上下水位线之间，启动机器，煮至豆浆机提示豆浆做好。
4. 将打出的豆浆过滤后，将冲好的咖啡兑入豆浆中，按个人口味趁热添加适量白糖或冰糖调味，不宜吃糖的患者，可用蜂蜜代替。

■ 贴心提示

孕妇不宜饮用咖啡豆浆，否则会出现恶心、呕吐、头痛、心跳加快等症状。咖啡因还会通过胎盘进入胎儿体内，影响胎儿发育。儿童不宜喝咖啡豆浆。咖啡因可以刺激儿童中枢神经系统，干扰儿童的记忆力，造成儿童注意缺陷障碍。

香草豆浆 独特香味可缓解疼痛

材料

黄豆80克，香草5克，清水、白糖或冰糖各适量。

■ 贴心提示

可以先把香草浸泡，直接用泡好的香草水搅打豆浆。

做法

1 将黄豆清洗干净后，在清水中浸泡6～8小时，泡至发软备用；香草清洗干净。

2 将浸泡好的黄豆和香草一起放入豆浆机的杯体中，添加清水至上下水位线之间，启动机器，煮至豆浆机提示香草豆浆做好。

3 将打出的香草豆浆过滤后，按个人口味趁热添加适量白糖或冰糖调味，不宜吃糖的患者可用蜂蜜代替。不喜甜者也可不加糖。

【养生功效】

夏天很多女孩儿喜欢吃香草味的冰激凌，也有人愿意买香草味的蛋糕吃。香草顾名思义，它最大的特点就是“香”，具有浓郁持久的芳香气味，并且因为能够净化环境，并有防腐、杀菌、驱虫的特殊效能而受到大众的青睐。在醇香的豆浆中加入一些香草，有助于激素分泌、舒缓焦虑及改善失眠，解除疲劳和郁闷心情，使人远离痛苦。

饴糖豆浆 温补脾胃

材料

黄豆100克，饴糖、清水各适量。

■ 贴心提示

这款豆浆空腹服用效果更佳。

做法

1 将黄豆清洗干净后，在清水中浸泡6～8小时，泡至发软备用。

2 将浸泡好的黄豆放入豆浆机的杯体中，添加清水至上下水位线之间，启动机器，煮至豆浆机提示豆浆做好。

3 将打出的豆浆过滤后，按个人口味趁热添加适量饴糖即可。

【养生功效】

饴糖温补脾胃，《伤寒杂病论》中的名方建中汤中就有饴糖。豆浆本身甘甜，有润肺止咳、消火化痰的功效。饴糖配上豆浆，浆香微甜，既养阴又温补，既润肺又健脾，适用于咳喘以及十二指肠溃疡的患者。

牛奶豆浆 动、植物蛋白互补

材料

黄豆50克，牛奶、清水、白糖或冰糖各适量。

做法

1 将黄豆清洗干净后，在清水中浸泡6～8小时，泡至发软备用。

2 将浸泡好的黄豆放入豆浆机的杯体中，添加清水至上下水位线之间，启动机器，煮至豆浆机提示豆浆做好。

3 待煮熟的豆浆冷却后，再往豆浆机中放入适量牛奶，搅打至没有颗粒即可。

4 将打出的牛奶豆浆过滤后，按个人口味趁热添加适量冰糖调味，不宜吃糖的患者，可用蜂蜜代替或不加糖。

■ 贴心提示

高温会破坏牛奶中的营养成分，所以一定要等豆浆煮熟后再加入牛奶。

【养生功效】

牛奶和豆浆都是人们生活中重要的饮品。动物的乳液中都含有动物蛋白质，尤其是牛奶中的动物蛋白含量丰富。而植物蛋白在豆类产品中的含量最丰富，质量也最优，所以豆浆能够为人体补充必要的植物蛋白。蛋白质是组成人体的基本物质，没有蛋白质就没有生命。牛奶和豆浆的搭配，融合了两种优质蛋白，更容易被人体吸收。加入牛奶同时也提升了豆浆的口味。

巧克力豆浆 让人心情愉悦

材料

黄豆100克，巧克力5克，清水适量。

做法

1 将黄豆清洗干净后，在清水中浸泡6～8小时，泡至发软备用。

2 将浸泡好的黄豆放入豆浆机的杯体中，添加清水至上下水位线之间，启动机器，煮至豆浆机提示豆浆做好。

3 将打出的豆浆过滤后，按个人口味趁热添加适量巧克力即可。

■ 贴心提示

儿童不宜食用巧克力豆浆，巧克力中含有使神经系统兴奋的物质，会使儿童不易入睡和哭闹不安。糖尿病患者应少食或不食巧克力豆浆。

【养生功效】

巧克力豆浆可有效缓解压力、使人心情愉悦。巧克力能提高大脑内一种叫塞洛托宁的化学物质的水平。它能给人带来安宁的感觉，更好地消除紧张情绪，起到缓解压力的作用。巧克力对于集中注意力、加强记忆力和提高智力都有作用。饮用巧克力豆浆，能够让人的心情平静下来，产生愉悦感。

松花黑米豆浆 口味独特

材料

黄豆 50 克，黑米 50 克，松花蛋 1 个，水、盐、鸡精各适量。

做法

1. 将黄豆清洗干净后，在清水中浸泡 6 ~ 8 小时，泡至发软备用；黑米略泡，洗净；松花蛋去壳，切成小碎粒。
2. 将浸泡好的黄豆、黑米和松花蛋一起放入豆浆机的杯体中，添加清水至上下水位线之间，启动机器，煮至豆浆机提示松花黑米豆浆做好。
3. 将打出的松花黑米豆浆过滤后，按个人口味趁热添加适量盐、鸡精即可。

【养生功效】

松花蛋中的蛋白质经分解会产生氨和硫化氢，它们使松花蛋具有独特的风味，能刺激消化器官，增进食欲，使营养易于消化吸收，并有中和胃酸、清凉、降压的作用。黑米中含有脂溶性维生素，特别是维生素 E 的含量非常丰富，能够促进人体的能量代谢；黑米中还富含人体必需的微量元素以及膳食纤维，能够为人体提供必要的能量。豆浆中加入了松花蛋和黑米，味道独特，对于喜欢松花蛋的人而言不妨尝试一下。

■ 贴心提示

儿童、脾阳不足、寒湿下痢者以及心血管病、肝肾疾病患者不宜多食松花黑米豆浆。

板栗燕麦豆浆 缓解食欲缺乏

材料

黄豆50克，燕麦50克，板栗5颗，清水、冰糖各适量。

做法

1 将黄豆清洗干净后，在清水中浸泡6～8小时，泡至发软备用；板栗洗净后，切碎待用；燕麦淘洗干净。

2 将浸泡好的黄豆和板栗、燕麦一起放入豆浆机的杯体中，添加清水至上下水位线之间，启动机器，煮至豆浆机提示板栗燕麦豆浆做好。

3 将打出的板栗燕麦豆浆过滤后，按个人口味趁热添加适量冰糖调味，不宜吃糖的患者，可用蜂蜜代替，或不加糖。

【养生功效】

熟板栗有和胃健脾功效，有的女性刚怀孕时常胃口不佳，连平时自己喜欢的食物都不想吃，这时就可以吃点熟板栗能帮助改善肠胃功能。当然我们也可以直接把板栗打成豆浆，加入了营养丰富的燕麦和黄豆后，这款豆浆既能调和肠胃，改善人食欲缺乏的症状，能给人带来一天充沛的精力。

■ 贴心提示

板栗去皮的时候，可以先将板栗一切两瓣，去壳后放入盆内，加开水浸泡后用筷子搅拌几下，栗皮就会脱去。但浸泡时间不宜过长，以免影响生板栗的营养成分。

核桃杏仁豆浆 补脑益智

材料

黄豆50克，核桃仁1颗，杏仁25克，清水、白糖或冰糖各适量。

做法

1 将黄豆清洗干净后，在清水中浸泡6～8小时，泡至发软备用；杏仁洗干净，泡软；核桃仁碾碎。

2 将浸泡好的黄豆和核桃仁、杏仁一起放入豆浆机的杯体中，添加清水至上下水位线之间，启动机器，煮至豆浆机提示核桃杏仁豆浆做好。

3 将打出的核桃杏仁豆浆过滤后，按个人口味趁热添加适量白糖或冰糖调味，不宜吃糖的患者，可用蜂蜜代替，或不加糖。

【养生功效】

核桃性温，味甘，具有补肾固精、温肺定喘、补脑益智、养血益气、润肠通便、排除结石之功效。对于都市中忙碌工作的人群，经常饮用核桃豆浆，还能增加人的抗压能力，并缓解疲劳。杏仁含有丰富的营养元素，它能够降低人体内胆固醇的含量，降低心脏病发病危险；其所含脂肪几乎都是不饱和脂肪酸，能降低胆固醇，预防动脉硬化。这款由核桃和杏仁制作出的豆浆，营养价值极高。

■ 贴心提示

因核桃含有较多的脂肪，一次不宜吃太多，否则会影响消化。

酸奶水果豆浆 别有一番滋味

材料

黄豆80克，苹果、菠萝、猕猴桃各50克，原味酸奶、清水、白糖或冰糖各适量。

做法

1 将黄豆清洗干净后，在清水中浸泡6～8小时，泡至发软备用；苹果、菠萝、猕猴桃去皮去核后洗干净，切成碎丁。

2 将浸泡好的黄豆放入豆浆机的杯体中，添加清水至上下水位线之间，启动机器，煮至豆浆机提示原味豆浆做好。

3 将打出的原味豆浆过滤后倒入碗中，冷却后，加入适量原味酸奶混合，再按个人口味趁热添加适量白糖或冰糖调味，不宜吃糖的患者，可用蜂蜜代替，或不加糖。

4 将切好的苹果、菠萝和猕猴桃放入调好的酸奶豆浆糊里。制作完成。

【养生功效】

酸奶能促进消化液的分泌，增加胃酸，因而能增强人的消化能力，促进食欲；苹果酸味中的苹果酸和柠檬酸能够提高胃液的分泌，也有促进消化的作用；菠萝如果用盐水泡后，味道很甜，它能够分解蛋白质，所以在吃了肉类或者油腻的食品后，吃点菠萝有助于消化；猕猴桃含有优良的膳食纤维和丰富的抗氧化物质，能够起到清热降火、润燥通便的作用。这款由黄豆制成的豆浆中加入了酸奶和水果，令豆浆充满了果味，在饭后饮用能够起到促消化的作用。

贴心提示

酸奶不要加热。酸奶中的活性益生菌，如果加热或用开水稀释，会大量死亡，不仅特有的味道消失了，营养价值也会损失殆尽。

西瓜皮绿豆豆浆 清热、解毒、去火

材料

西瓜皮 50 克，绿豆 150 克，清水、白糖或冰糖各适量。

做法

1. 将绿豆洗净，加入适量白糖或冰糖，用水煮成绿豆泥。去皮留豆沙。
2. 西瓜皮洗净，切成小丁，和绿豆沙一起放入榨汁机中，打成均匀的西瓜皮绿豆豆浆即可。

【养生功效】

西瓜皮同西瓜瓤比起来，营养一点也不逊色。中医学上称西瓜皮为“西瓜翠衣”，是清热解暑、生津止渴的良药。西瓜皮中所含的瓜氨酸能增进大鼠肝脏中的尿素形成，从而具有利尿作用，可用以治疗肾炎性水肿、肝病、黄疸及糖尿病。此外，西瓜皮还有解热、促进伤口愈合以及促进人体皮肤新陈代谢的功效。西瓜皮含糖不多，适于各类人群食用。绿豆有清热、解毒、祛火的功效。这道西瓜皮绿豆豆浆做法简单，清香可口，夏天饮用可以解毒消痛、利尿除湿，还有减肥瘦身等效果。

贴心提示

西瓜皮以外皮青绿色、内皮近白色、无杂质者为佳。因为西瓜皮和绿豆都为寒性，所以脾胃虚寒者不宜多食西瓜皮绿豆豆浆。

绿豆花生豆浆 夏秋两季的解暑佳品

材料

绿豆 80 克，黄豆 10 克，花生 10 克，清水、白糖或冰糖各适量。

做法

1 将绿豆、黄豆、花生清洗干净后，在清水中浸泡 6 ~ 8 小时，泡至发软备用。

2 将浸泡好的绿豆、黄豆、花生一起放入豆浆机的杯体中，添加清水至上下水位线之间，启动机器，煮至豆浆机提示豆浆做好。

3 将打出的绿豆花生豆浆过滤后，按个人口味趁热添加适量白糖或冰糖调味，不宜吃糖的患者，可用蜂蜜代替。

■ 贴心提示

凉性体质者不宜常饮绿豆花生豆浆，否则易引起腹泻。

【养生功效】

绿豆味甘性凉，有清热、解毒、祛火之功效，是中医学常用来解多种食物或药物中毒的一味中药。绿豆清热的功效广为人知。在炎炎夏日，喝上一碗碗冰凉的绿豆汤，烦渴顿减，神清气爽。当然绿豆的清热功能绝不仅限于夏日，只要身体里有“火”了，出现了燥热，如目赤肿痛，牙龈、咽喉痛，都可以适当饮用绿豆汤。绿豆与花生和黄豆一起制成的豆浆，也具有同样的清热功效，并且具有浓郁的花生味，这款豆浆喝起来更加可口。

桂圆花生红豆豆浆 补血安神

材料

桂圆 20 克，花生仁 20 克，红豆 80 克，清水、白糖或冰糖各适量。

做法

1 将红豆清洗干净后，在清水中浸泡 6 ~ 8 小时，泡至发软备用；花生仁略泡；桂圆去核。

2 将浸泡好的红豆、花生仁和桂圆一起放入豆浆机的杯体中，加水至上下水位线之间，启动机器，煮至豆浆机提示桂圆花生红豆豆浆做好。

3 将打出的桂圆花生红豆豆浆过滤后，按个人口味趁热往豆浆中添加适量白糖或冰糖调味，不宜吃糖者，可用蜂蜜代替。不喜甜者也可不加糖。

■ 贴心提示

孕妇应慎食桂圆花生红豆浆。痰火郁结、咳嗽痰黏者，胆管病、胆囊切除者不宜食用桂圆花生红豆豆浆。

【养生功效】

花生的外皮是红色的，根据中医学的五行理论，红色的食物具有养心、补血的功用。桂圆补气功效显著，食用时既可泡茶，也可煲汤，亦能当零食吃。用花生、红豆和桂圆一起做成豆浆，不仅能够养血，而且还有补心的作用，对于因为气血不足引起的失眠、食欲缺乏、健忘的症状都有食疗作用。

花生牛奶豆浆 补血、保护肠胃

材料

花生 80 克，黄豆 20 克，牛奶、清水、白糖或冰糖各适量。

做法

1. 将黄豆清洗干净后，在清水中浸泡 6 ~ 8 小时，泡至发软备用；花生略泡并洗净。
2. 将浸泡好的黄豆和花生一起放入豆浆机的杯体中，添加清水至上下水位线之间，启动机器，煮至豆浆机提示豆浆做好。
3. 将打出的豆浆过滤后，兑入适量牛奶，再按个人口味趁热添加适量白糖或冰糖调味，不宜吃糖的患者，可用蜂蜜代替。

【养生功效】

花生红衣能抑制纤维蛋白的溶解，增加血小板的含量，对各种出血及出血引起的贫血、再生障碍性贫血等疾病有明显效果。重庆的很多火锅店内都会备有花生浆，原因在于人们在吃了辣辣的火锅之后，喝杯花生浆能够保护肠胃黏膜不受损害。花生和牛奶一起做成豆浆，既能补血又能起到保护肠胃的作用。

■ 贴心提示

这款豆浆在制作的时候也可以先将花生和黄豆煮熟，捞出后用榨汁机打碎再兑入牛奶，味道更加浓郁。

第三篇

豆浆保健方——喝出身体好状态

第1章 健脾和胃

西米山药豆浆 健脾补气

材料

西米25克，山药25克，黄豆50克，清水、白糖或冰糖各适量。

做法

1. 将黄豆清洗干净后，在清水中浸泡6～8小时，泡至发软备用；西米淘洗干净，用清水浸泡2小时；山药去皮后切成小丁，下入开水中略焯，捞出后沥干。
2. 将浸泡好的黄豆同西米、山药一起放入豆浆机的杯体中，添加清水至上下水位线之间，启动机器，煮至豆浆机提示西米山药豆浆做好。
3. 将打出的西米山药豆浆过滤后，按个人口味趁热添加适量白糖或冰糖调味，不宜吃糖的患者，可用蜂蜜代替。不喜甜者也可不加糖。

■ 贴心提示

这款豆浆也可以做成西米粥食用，先放相当于西米4～5倍的豆浆煮到沸点，然后将西米倒入煮沸的豆浆中，要不停地搅动西米，煮10～15分钟直到发现西米已变得透明或西米粒内层无任何乳白色圆点，则表明西米已煮熟。

【养生功效】

西米有大小两种，小的那种是经常见到的，大的一般在我们喝的奶茶中见到，是一种很有营养的食物，适量食用可以对人体起到保健的作用。中医学认为西米具有健脾功效，那些脾胃虚弱和消化不良的人适宜使用，另外因为其性味甘温，所以也适宜体质虚弱和产后、病后恢复期的人食用。山药的外貌虽不出众，但是健脾补气的作用却不可忽视。经常吃山药，不仅可以提高人体免疫力，还预防胃炎、胃溃疡的复发，并可以减少患流感等传染病的概率。西米、山药搭配黄豆制成的这款豆浆具有健脾补气的功效。

糯米黄米豆浆 提高食欲

材料

糯米 30 克，黄米 20 克，黄豆 50 克，清水、白糖或冰糖各适量。

■ 贴心提示

这款豆浆中碳水化合物和钠的含量很高，所以糖尿病患者、过于肥胖者以及患有肾脏病、高血脂等慢性病患者不宜过多饮用。

做法

1 将黄豆清洗干净后，在清水中浸泡 6 ~ 8 小时，泡至发软备用；黄米、糯米淘洗干净，浸泡 2 小时。

2 将浸泡好的黄豆、黄米、糯米一起放入豆浆机的杯体中，添加清水至上下水位线之间，启动机器，煮至豆浆机提示糯米黄米豆浆做好。

3 将打出的糯米黄米豆浆过滤后，按个人口味趁热添加适量白糖或冰糖调味，不宜吃糖的患者，可用蜂蜜代替。不喜甜者也可不加糖。

【养生功效】

黄米的主要功效就是健脾胃，消食止泻。糯米的健脾胃作用同样出色，是中国人自古以来常用的滋补品，对脾胃虚寒、食欲不佳、腹胀腹泻有一定的缓解作用，常被用来制作年糕、汤圆、元宵之类的食品。但糯米性黏滞，不易消化，所以平时不宜多食，但用来制作豆浆就避免了这一弱点。用黄米和糯米作为材料，再加上健脾胃功效卓著的黄豆，三者一起打出的豆浆具有明显的健脾和胃功效，而且易于消化，能够增强食欲、预防呕吐。

黄米红枣豆浆 和胃、补血

材料

黄米 25 克，红枣 25 克，黄豆 50 克，清水、白糖或冰糖各适量。

做法

1 将黄豆清洗干净后，在清水中浸泡 6 ~ 8 小时，泡至发软备用；黄米淘洗干净，用清水浸泡 2 小时；红枣洗净并去核后，切碎待用。

2 将浸泡好的黄豆、黄米和红枣一起放入豆浆机的杯体中，添加清水至上下水位线之间，启动机器，煮至豆浆机提示黄米红枣豆浆做好。

3 将打出的黄米红枣豆浆过滤后，按个人口味趁热添加适量白糖或冰糖调味，不宜吃糖的患者，可用蜂蜜代替。不喜甜者也可不加糖。

■ 贴心提示

红枣的糖分含量较高，所以糖尿病患者应当少食或者不食黄米红枣豆浆。

【养生功效】

中医学认为，黄米具有健胃、和胃的功效，能够防止呕吐、泛酸水，适宜体弱多病者用来滋补身体。红枣具有养血安神、健脾和胃的功效，中医学中常用红枣作为滋阴补虚的药材，胃肠道功能不佳、蠕动力弱及消化吸收功能差时，都可以用红枣来调理。黄米、红枣搭配黄豆制作出的这款豆浆具有很好的和胃、补血功效。

红枣高粱豆浆 补脾和胃

材料

高粱25克，红枣25克，黄豆40克，清水、白糖或冰糖各适量。

做法

1 将黄豆清洗干净后，在清水中浸泡6～8小时，泡至发软备用；高粱米淘洗干净，用清水浸泡2小时；红枣洗净并去核后，切碎待用。

2 将浸泡好的黄豆、高粱米和红枣一起放入豆浆机的杯体中，添加清水至上下水位线之间，启动机器，煮至豆浆机提示红枣高粱豆浆做好。

3 将打出的红枣高粱豆浆过滤后，按个人口味趁热添加适量白糖或冰糖调味，不宜吃糖的患者，可用蜂蜜代替。不喜甜者也可不加糖。

■ 贴心提示

因为高粱有收敛固脱的作用，所以大便干燥者不宜过多食用这款豆浆。

【养生功效】

平时人们煮米粥时喜欢放上几颗红枣，实际上用红枣、高粱和黄豆做成的豆浆，也是一个不错的选择。高粱富含蛋白质、脂肪、糖类、B族维生素、烟酸等成分，营养价值很高。中医学认为，高粱有和胃、健脾、消积、温中、涩肠胃等功效，食用高粱对脾胃虚弱、消化不良的人大有好处。高粱中含有一种叫单宁的物质，有收敛固脱的作用，是治疗腹泻的良药。红枣健脾和胃的功效非常显著，它是调养脾胃时经常用到的食材。高粱、红枣和黄豆搭配，是脾胃虚弱者不可多得的食疗方。这款红枣高粱豆浆味道甘甜，除了有和胃健脾的功效外，还可以美容养颜、抗衰老。

红薯山药豆浆 滋养脾胃

材料

红薯25克，山药25克，黄豆50克，清水适量。

做法

1 将黄豆清洗干净后，在清水中浸泡6～8小时，泡至发软备用；红薯、山药去皮后切成小丁，下入开水中略焯，捞出后沥干。

2 将浸泡好的黄豆同红薯、山药一起放入豆浆机的杯体中，添加清水至上下水位线之间，启动机器，煮至豆浆机提示红薯山药豆浆做好。

3 将打出的红薯山药豆浆过滤后即可饮用。

■ 贴心提示

红薯缺少蛋白质和脂质，因此要搭配蔬菜、水果及蛋白质食物一起吃，才不会营养失衡。山药有收涩的作用，所以大便干燥者不宜食用红薯山药豆浆。

【养生功效】

红薯含有大量膳食纤维，能刺激肠道蠕动，通便排毒。山药含有人体需要的多种氨基酸、维生素C和黏液质，具有补脾益胃的作用，是脾胃虚弱者不可或缺的滋补品。山药所含的淀粉酶有助消化、增强食欲的作用。这款红薯山药豆浆具有润肠、滋养脾胃的功效，经常饮用还可增强人体免疫力，尤其适合亚健康人士饮用。

高粱红豆豆浆 健脾胃、助消化

材料

黄豆50克，高粱米30克，红豆20克，清水、白糖或冰糖各适量。

做法

1 将黄豆、红豆清洗干净后，在清水中浸泡6～8小时，泡至发软备用；高粱米淘洗干净，用清水浸泡2小时。

2 将浸泡好的黄豆、红豆和高粱米一起放入豆浆机的杯体中，添加清水至上下水位线之间，启动机器，煮至豆浆机提示高粱红豆豆浆做好。

3 将打出的高粱红豆豆浆过滤后，按个人口味趁热添加适量白糖或冰糖调味，不宜吃糖的患者，可用蜂蜜代替。不喜甜者也可不加糖。

【养生功效】

中医学认为，高粱具有健脾和胃、温中消积的功效。高粱中的单宁有收敛固脱的作用，患有慢性腹泻的患者常食高粱米，有明显的食疗效果。红豆含有皂角苷，可刺激肠道，有良好的利尿作用，能解酒、解毒，对心脏病和肾炎性水肿都有好处。这款豆浆具有健脾温中、助消化等功效。

■ 贴心提示

在使用铁剂和碳酸氢钠治疗疾病时，勿食用高粱红豆豆浆。因为高粱含较多的鞣酸，特别是杂交高粱含鞣酸高达13%，可使含铁制剂变质，不能吸收。

桂圆红枣豆浆 健脾、补血

材料

黄豆100克，桂圆5个，红枣5个，清水、白糖或冰糖各适量。

做法

1 将黄豆清洗干净后，在清水中浸泡6～8小时，泡至发软备用；桂圆去皮、去核；红枣去核，洗净。

2 将浸泡好的黄豆同桂圆、红枣一起放入豆浆机的杯体中，添加清水至上下水位线之间，启动机器，煮至豆浆机提示桂圆红枣豆浆做好。

3 将打出的桂圆红枣豆浆过滤后，按个人口味趁热添加适量白糖或冰糖调味，不宜吃糖的患者，可用蜂蜜代替。不喜甜者也可不加糖。

【养生功效】

桂圆的主要功效是养血益脾、养心补血、宁心安神；红枣是滋补、美容食品，能补中益气、养血生津、健脾养胃；黄豆具有益气养血、健脾宽中、健身宁心、下利大肠、润燥消水的功效。这款豆浆能够益心脾、补气血，对神经衰弱、失眠健忘等症有良好的调理作用。

■ 贴心提示

桂圆不宜多食，否则容易上火。这款豆浆不适合孕妇食用。

杏仁芡实薏苡豆浆 各有侧重养脾胃

材料

黄豆 50 克，杏仁 30 克，薏苡仁 20 克，芡实 10 克，清水、白糖或冰糖各适量。

做法

1. 将黄豆清洗干净后，在清水中浸泡 6 ~ 8 小时，泡至发软备用；杏仁洗净，泡软；薏苡仁淘洗干净，用清水浸泡 2 小时；芡实洗净，沥干水分待用。
2. 将浸泡好的黄豆、杏仁和薏苡仁、芡实一起放入豆浆机的杯体中，添加清水至上下水位线之间，启动机器，煮至豆浆机提示杏仁芡实薏苡豆浆做好。
3. 将打出的杏仁芡实薏苡豆浆过滤后，按个人口味趁热添加适量白糖或冰糖调味，不宜吃糖的患者，可用蜂蜜代替。不喜甜者也可不加糖。

【养生功效】

杏仁可以帮助消化、缓解便秘症状；芡实是健脾补肾的绝佳首选，可治长期腹泻、夜尿频多等症；薏苡仁的主要功效在于健脾祛湿；黄豆则具有益气养血、健脾宽中等功效。虽然这几种食物对于健脾益胃都有神效，但也各有侧重。杏仁可以帮助脾胃消化，清除积食。薏苡仁健脾而清肺，利水而益胃，补中有清，以祛湿浊见长。芡实健脾补肾，止泻止遗，最具收敛固脱之功效。

糯米红枣豆浆 暖胃又补血

材料

糯米 25 克，红枣 25 克，黄豆 50 克，清水、白糖或冰糖各适量。

做法

1. 将黄豆清洗干净后，在清水中浸泡 6 ~ 8 小时，泡至发软备用；糯米淘洗干净，用清水浸泡 2 小时；红枣洗净并去核后，切碎待用。
2. 将浸泡好的黄豆、糯米和红枣一起放入豆浆机的杯体中，添加清水至上下水位线之间，启动机器，煮至豆浆机提示糯米红枣豆浆做好。
3. 将打出的糯米红枣豆浆过滤后，按个人口味趁热添加适量白糖或冰糖调味，不宜吃糖的患者，可用蜂蜜代替。不喜甜者也可不加糖。

【养生功效】

粽子虽然好吃，但是不容易消化，我们不妨用糯米和红枣来制作豆浆，这样不但养生功效不变，而且容易消化，食用起来比粽子别有一番滋味。糯米具有暖温脾胃、补益中气、生津止渴等功效，对胃寒疼痛、食欲不佳、脾虚泄泻、腹胀、体弱乏力等症状都有一定缓解作用。红枣具有补中益气、养血安神、健脾和胃的功效，也是滋补阴虚的良药。糯米和红枣一起制作出的豆浆具有健脾暖胃和补血功效。

红薯青豆豆浆 健脾、减肥

材料

红薯 25 克，青豆 25 克，黄豆 50 克，清水适量。

做法

1 将黄豆、青豆清洗干净后，在清水中浸泡 6 ~ 8 小时，泡至发软备用；红薯去皮后切成小丁，下入开水中略焯，捞出后沥干。

2 将浸泡好的黄豆、青豆同红薯一起放入豆浆机的杯体中，添加清水至上下水位线之间，启动机器，煮至豆浆机提示红薯青豆豆浆做好。

3 将打出的红薯青豆豆浆过滤后即可饮用。

【养生功效】

红薯营养丰富，又易于消化，能够为人体提供大量的热量。红薯同时也是一种理想的减肥食品，因为红薯含有大量膳食纤维，这些膳食纤维在肠道内无法被消化吸收，能刺激肠道，促进肠道蠕动，起到通便排毒的作用，对老年人便秘疗效尤其好。青豆具有健脾宽中、润燥消水的作用。黄豆的最主要功效就是滋补脾胃。因此这款豆浆能够健脾、润燥、利水，还有减肥功效。

■ 贴心提示

红薯最好在午餐时吃，因为我们吃完红薯后，其中所含的钙质需要在人体内经过 4 ~ 5 小时进行吸收，而下午的日光照射正好可以促进钙的吸收。

桂圆山药豆浆 补益心脾

材料

桂圆 25 克，山药 25 克，黄豆 50 克，清水、白糖或冰糖各适量。

做法

1 将黄豆清洗干净后，在清水中浸泡 6 ~ 8 小时，泡至发软备用；桂圆去皮去核；山药去皮后切成小丁，下入开水中略焯，捞出后沥干。

2 将浸泡好的黄豆同桂圆、山药一起放入豆浆机的杯体中，添加清水至上下水位线之间，启动机器，煮至豆浆机提示桂圆山药豆浆做好。

3 将打出的桂圆山药豆浆过滤后，按个人口味趁热添加适量白糖或冰糖调味，不宜吃糖的患者，可用蜂蜜代替。不喜甜者也可不加糖。

【养生功效】

山药口味甘甜，性质滋润平和，中医学认为它能补益脾胃。对于平时脾胃虚弱、肺脾不足或脾肾两虚的体质虚弱者，以及病后脾虚泄泻的人非常适宜。山药蒸着吃、做汤喝、炒菜均可。如果能合理搭配其他食物，能更好地发挥滋补效果。在这里我们就可以将山药搭配上桂圆和黄豆制成豆浆，一起养护脾胃，而且桂圆本身具有补益心脾的功效，还可以让这款豆浆具有补血安神的作用。

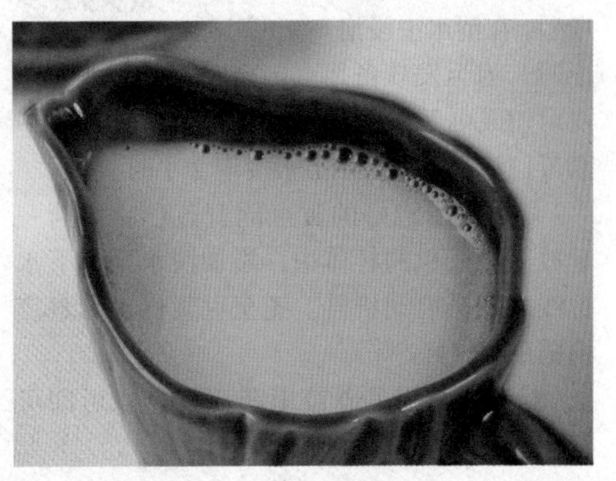

薏苡红豆豆浆 利水消肿、健脾益胃

材料

薏苡仁30克，红豆70克，清水、白糖或冰糖各适量。

做法

1 将红豆清洗干净后，在清水中浸泡6～8小时，泡至发软备用；薏苡仁淘洗干净，用清水浸泡2小时。

2 将浸泡好的红豆和薏苡仁一起放入豆浆机的杯体中，添加清水至上下水位线之间，启动机器，煮至豆浆机提示薏苡红豆豆浆做好。

3 将打出的薏苡红豆豆浆过滤后，按个人口味趁热添加适量白糖或冰糖调味，不宜吃糖的患者，可用蜂蜜代替。不喜甜者也可不加糖。

■ 贴心提示

孕妇、便秘者、尿频者不宜多食薏苡红豆豆浆。体质属虚性者以及肠胃较弱的人不宜多食。饮用薏苡红豆豆浆时不宜同时吃咸味较重的食物，不然会削减其利尿的功效。

【养生功效】

薏苡仁富含多种维生素和矿物质，而且特别容易消化，能够促进新陈代谢，减少肠胃负担，可作为患者或身体虚弱者的补益食品。经常食用薏苡仁对慢性肠炎、消化不良等症有很好的食疗效果。红豆也具有健脾益胃、利尿消肿等功效，可用来治疗小便不利、脾虚水肿、脚气等症。用薏苡仁和红豆搭配制成的豆浆，不但可以利水消肿、健脾益胃，减肥效果也很明显。

薏苡山药豆浆 健脾祛湿

材料

薏苡仁30克，山药30克，黄豆40克，清水适量。

■ 贴心提示

山药切片后立即浸泡在盐水中，可以防止氧化发黑。新鲜山药切开时会有黏液，极易滑刀伤手，可以先用清水加少许醋洗一下，这样可减少黏液。

做法

1 将黄豆清洗干净后，在清水中浸泡6～8小时，泡至发软备用；山药去皮后切成小丁，下入开水中略焯，捞出后沥干；薏苡仁淘洗干净，用清水浸泡2小时。

2 将浸泡好的黄豆同薏苡仁、山药一起放入豆浆机的杯体中，添加清水至上下水位线之间，启动机器，煮至豆浆机提示薏苡山药豆浆做好。

3 将打出的薏苡山药豆浆过滤后即可饮用。

【养生功效】

近年研究指出，山药最富营养的成分在它的黏液中，构成这种黏液的主要成分是甘露聚糖和黏蛋白。甘露聚糖是一种能溶解于水的半纤维素，吸收水分后可膨胀80～100倍，所以，山药吃到胃里体积会变大，使人产生饱腹感。黏蛋白可降低血液胆固醇含量，预防心血管系统的脂质沉积，有利于防止动脉硬化。薏苡仁和山药同用，两者功效相得益彰，互补缺失，具有很好的健脾祛湿功效。

第2章

护心去火

百合红绿豆浆 夏日养心佳酿

材料

绿豆20克，红豆40克，鲜百合20克，清水、白糖或冰糖各适量。

做法

1 将绿豆、红豆清洗干净后，在清水中浸泡6～8小时，泡至发软备用；鲜百合洗干净，分瓣。

2 将浸泡好的绿豆、红豆和鲜百合一起放入豆浆机的杯体中，添加清水至上下水位线之间，启动机器，煮至豆浆机提示百合红绿豆浆做好。

3 将打出的百合红绿豆浆过滤后，按个人口味趁热添加适量白糖或冰糖调味，不宜吃糖的患者，可用蜂蜜代替。不喜甜者也可不加糖。

【养生功效】

红豆养心的功效自古就得到医家的认可，根据五色配五脏的中医学理论，红豆的颜色赤红，红入心，所以李时珍将红豆称之为“心之谷”，强调了红豆的养心作用。从临床上看，红豆既能清心火，也能补心血。它所含有的粗纤维物质丰富，还有助降血脂、降血压、改善心脏活动功能等功效；另外，红豆还富含铁质，能行气补血，非常适合心血不足的女性食用；百合具有宁心、安神的作用，可以用来治疗热病后余热未清、烦躁失眠、心神不宁，以及更年期出现的虚弱乏力、食欲缺乏、失眠、口干舌燥等症状；绿豆看似跟养心没有关系，但实际上夏日对应的是心脏，而绿豆可以清除暑气，所以对炎夏养心也有一定的好处。总之，这款由绿豆、红豆和百合搭配制成的豆浆能够强化心脏功能，改善心悸症状。

■ 贴心提示

这款豆浆很适合夏季养心时使用，如果是冬季饮用，需要少放一点绿豆，因为绿豆本身性凉，不宜在寒冷的冬季多用。

荷叶莲子豆浆 清火又养心

材料

荷叶35克，莲子25克，黄豆50克，清水、白糖或冰糖各适量。

做法

1 将黄豆清洗干净后，在清水中浸泡6～8小时，泡至发软备用；荷叶洗净、切碎；莲子清洗干净后略泡。

2 将浸泡好的黄豆、莲子同荷叶一起放入豆浆机的杯体中，添加清水至上下水位线之间，启动机器，煮至豆浆机提示荷叶莲子豆浆做好。

3 将打出的荷叶莲子豆浆过滤后，按个人口味趁热添加适量白糖或冰糖调味，不宜吃糖的患者，可用蜂蜜代替。

【养生功效】

中医学认为，荷叶“色清色香，不论鲜干，均可药用”，它能清心火，调情志。在这里值得称道的是，荷叶去心火不易造成去火过度的情形。只要不频繁食用，治疗效果大多温和。除了荷叶之外，莲子心也可以去心火，莲实则能补脾胃。这款用荷叶和莲子制作出的豆浆能清心解烦、健脾止泻，祛“五脏之火”，是夏季补养佳品。

红枣枸杞豆浆 养心补血又养颜

材料

红枣30克，枸杞子20克，黄豆50克，清水、白糖或冰糖适量。

做法

1 将黄豆清洗干净后，在清水中浸泡6～8小时，泡至发软备用；红枣洗干净，去核；枸杞洗干净，用清水泡软。

2 将浸泡好的黄豆、枸杞和红枣一起放入豆浆机的杯体中，添加清水至上下水位线之间，启动机器，煮至豆浆机提示红枣枸杞豆浆做好。

3 将打出的红枣枸杞豆浆过滤后，按个人口味趁热添加适量白糖或冰糖调味，不宜吃糖的患者，可用蜂蜜代替。不喜甜者也可不加糖。

【养生功效】

人们常说“要想皮肤好，煮粥放红枣”，不过单吃红枣效果微弱，用红枣搭配枸杞和黄豆一起制成豆浆，效果会比单吃红枣更好。枸杞也属于红色食物，中医学认为红色食物能养心，具有补血养心的作用。红枣枸杞豆浆适合那些贫血、低血压的人食用，尤其是体质偏寒的女性，还能养护心肌，预防心脏病。

小米红枣豆浆 防治夏季突发心脏疾病

材料

小米30克，红枣20克，黄豆50克，清水、白糖或冰糖各适量。

做法

1 将黄豆清洗干净后，在清水中浸泡6～8小时，泡至发软备用；红枣洗干净，去核；小米淘洗干净，用清水浸泡2小时。

2 将浸泡好的黄豆和红枣、小米一起放入豆浆机的杯体中，添加清水至上下水位线之间，启动机器，煮至豆浆机提示小米红枣豆浆做好。

3 将打出的小米红枣豆浆过滤后，按个人口味趁热添加适量白糖或冰糖调味，不宜吃糖的患者，可用蜂蜜代替。不喜甜者也可不加糖。

■ 贴心提示

痰湿偏盛、湿热内盛、气滞者忌食小米红枣豆浆。素体虚寒、小便清长者也不宜多食。

【养生功效】

小米堪称五谷之王，其中铁、维生素、纤维素等含量都比大米高得多，具有安眠、养胃、助消化的作用。红枣中的环磷酸腺苷和环磷鸟苷，具有抑制冠心病的作用，所含维生素P能降低血清胆固醇和三酯甘油，可防治高血压、冠心病和动脉硬化。黄豆不含胆固醇，并可以降低人体胆固醇，减少动脉硬化的发生，预防心脏病。这款豆浆可以防治夏季突发性心脏病。

百合莲子豆浆 清心安神

材料

干百合30克，莲子20克，黄豆50克，清水、白糖或冰糖各适量。

做法

1 将黄豆清洗干净后，在清水中浸泡6～8小时，泡至发软备用；干百合和莲子清洗干净后略泡。

2 将浸泡好的黄豆、百合、莲子一起放入豆浆机的杯体中，添加清水至上下水位线之间，启动机器，煮至豆浆机提示百合莲子豆浆做好。

3 将打出的百合莲子豆浆过滤后，按个人口味趁热添加适量白糖或冰糖调味，不宜吃糖的患者，可用蜂蜜代替。不喜甜者也可不加糖。

■ 贴心提示

百合虽能补气，亦伤肺气，不宜多服。风寒咳嗽、虚寒出血、脾胃不佳者忌食。

【养生功效】

百合可以滋阴清热，理脾健胃；桂圆能够益脾、养心又补血。每天早晨喝上这样一碗用百合、桂圆和黄豆做成的豆浆，能养足胃气，缓解烦闷、燥热的心情。

橘柚豆浆 具有很好的败火作用

材料

黄豆40克，橘子肉50克，柚子肉30克，清水、白糖或冰糖各适量。

做法

1 将黄豆清洗干净后，在清水中浸泡6～8小时，泡至发软备用。

2 将浸泡好的黄豆同橘子肉、柚子肉一起放入豆浆机的杯体中，添加清水至上下水位线之间，启动机器，煮至豆浆机提示橘柚豆浆做好。

3 将打出的橘柚豆浆过滤后，按个人口味趁热添加适量白糖或冰糖调味，不宜吃糖的患者，可用蜂蜜代替。不喜甜者也可不加糖。

■ 贴心提示

橘子虽好，但也不宜多吃，因为橘子含有丰富的胡萝卜素，如果经常食用，可出现高胡萝卜素血症，表现为手、足皮肤泛黄。

【养生功效】

中医学认为，橘子具有润肺、止咳、化痰、健脾、顺气、止渴的药效，是老少皆宜的养生水果，尤其对老年人、急慢性支气管炎以及心血管疾病患者有很好的食疗效果。柚子果肉性寒，味甘、酸，有止咳平喘、清热化痰、健脾消食、解酒除烦的食疗作用。橘子和柚子中含有丰富的纤维素和多种微量元素，二者搭配黄豆制成的这款豆浆，口感清爽怡人，营养丰富，具有良好的败火作用。

薏苡黄瓜豆浆 清热泻火

材料

薏苡仁30克，黄瓜20克，黄豆50克，清水、白糖或蜂蜜适量。

做法

1 将黄豆清洗干净后，在清水中浸泡6～8小时，泡至发软备用；薏苡仁淘洗干净，用清水浸泡2小时；黄瓜削皮、洗净后切成碎丁。

2 将浸泡好的黄豆同薏苡仁、黄瓜一起放入豆浆机的杯体中，添加清水至上下水位线之间，启动机器，煮至豆浆机提示薏苡黄瓜豆浆做好。

3 将打出的薏苡黄瓜豆浆过滤后，按个人口味趁热添加适量白糖或蜂蜜即可饮用。

■ 贴心提示

孕妇、便秘者、尿频者不宜多食薏苡黄瓜豆浆。

【养生功效】

炎热的夏季，清脆的黄瓜是餐桌上出现频率很高的一种蔬菜。黄瓜能够清热利尿，它所含有的黄瓜酸，能够促进人体新陈代谢，排出毒素。不管是生吃还是熟吃，黄瓜都能发挥出它清热的功效。薏苡仁也能帮助身体清热，不过这种清热的方法是通过“利湿”的作用实现的。二者搭配制成的这款豆浆具有清热泻火的功效。

小米蒲公英绿豆豆浆 清热去火

材料

小米 20 克，绿豆 50 克，蒲公英 20 克，清水、白糖或冰糖各适量。

做法

1. 将绿豆清洗干净后，在清水中浸泡 6 ~ 8 小时，泡至发软备用；小米淘洗干净，用清水浸泡 2 小时；蒲公英洗净后加水煎汁，备用。
2. 将浸泡好的绿豆与小米一起放入豆浆机的杯体中，淋入蒲公英煎汁，添加清水至上下水位线之间，启动机器，煮至豆浆机提示小米蒲公英绿豆豆浆做好。
3. 将打出的小米蒲公英绿豆豆浆过滤后，按个人口味趁热添加适量白糖或冰糖调味。

【养生功效】

在很多人眼里，蒲公英就是路边、田野里最常见、最普通的杂草。然而在中医学上蒲公英却有着非凡的药用价值，它具有清热解毒、利湿退黄等功效。平时嗓子肿痛、扁桃体发炎时用些蒲公英，能去火、消肿、止痛。小米是我们常用的一种谷物，中医学认为小米性凉，具有除热的功效，能辅助调养脾胃虚热、烦渴。绿豆更是清热去火的代表。蒲公英、小米搭配绿豆制成的这款豆浆，能清热去火、消肿止渴。

■ 贴心提示

最好能在豆浆中加入冰糖，因为冰糖有去肺火的功效。脾胃功能不好的人忌食小米蒲公英绿豆豆浆。阳虚外寒、脾胃虚弱者也忌食此豆浆。

百合菊花绿豆豆浆 清除多种上火

材料

绿豆50克，鲜百合30克，菊花20克，清水、白糖或冰糖各适量。

做法

1 将绿豆清洗干净后，在清水中浸泡6～8小时，泡至发软备用；菊花洗净；鲜百合洗干净，分瓣。

2 将浸泡好的绿豆同百合、菊花一起放入豆浆机的杯体中，添加清水至上下水位线之间，启动机器，煮至豆浆机提示百合菊花绿豆豆浆做好。

3 将打出的百合菊花绿豆豆浆过滤后，按个人口味趁热添加适量白糖或冰糖调味，不宜吃糖的患者，可用蜂蜜代替。不喜甜者也可不加糖。

【养生功效】

绿豆具有清热去火、止渴利尿和解毒的功效。百合醇甜清香，甘美爽口，有润肺止咳、清心安神的作用。菊花有清热作用，能清肺火，平肝火、胃火。绿豆、百合、菊花三者搭配制成的这款百合菊花绿豆豆浆去火功效极强，适用于多种上火症状。

■ 贴心提示

由于百合、绿豆、菊花均性凉，胃寒的患者宜少食用百合菊花绿豆豆浆。

百合荸荠大米豆浆 润燥泻火

材料

黄豆50克，大米20克，荸荠45克，鲜百合15克，清水、白糖或冰糖适量。

做法

1 将黄豆清洗干净后，在清水中浸泡6～8小时，泡至发软备用；大米淘洗干净，用清水浸泡2小时；荸荠去皮洗净后，切成小丁；鲜百合洗干净，分瓣。

2 将浸泡好的黄豆、大米同荸荠、鲜百合一起放入豆浆机的杯体中，添加清水至上下水位线之间，启动机器，煮至豆浆机提示百合荸荠大米豆浆做好。

3 将打出的百合荸荠大米豆浆过滤后，按个人口味趁热添加适量白糖或冰糖调味，不宜吃糖的患者可用蜂蜜代替。不喜甜者也可不加糖。

【养生功效】

百合是一种非常理想的解秋燥、滋润肺阴的佳品，有润肺止咳、清心安神的功效。中医学认为，荸荠是寒性食物，既可清热泻火，又可补充营养，对于发热初期的患者有非常好的退烧作用，还具有凉血解毒、利尿通便、化湿祛痰、消食除胀等功效。百合润燥清热，荸荠清热泻火，二者搭配大米和黄豆制成的这款豆浆，主要功效为清热泻火、润燥。

金银花绿豆豆浆 疏散风热、消肿

材料

金银花50克，绿豆50克，清水、白糖或冰糖各适量。

做法

1 将绿豆清洗干净后，在清水中浸泡6～8小时，泡至发软备用；金银花清洗干净后泡开。

2 将浸泡好的绿豆和金银花一起放入豆浆机的杯体中，添加清水至上下水位线之间，启动机器，煮至豆浆机提示金银花绿豆豆浆做好。

3 将打出的金银花绿豆豆浆过滤后，按个人口味趁热添加适量白糖或冰糖调味，不宜吃糖的患者，可用蜂蜜代替，也可不加糖。

【养生功效】

金银花具有疏散风热、清热解毒的作用，可用于治疗暑热症、痢疾、急慢性扁桃体炎、牙周炎等病。金银花有很强的解毒消炎作用，对外感风热引起的头痛、发热、烦躁、失眠、口干舌燥等症有一定的疗效。绿豆具有清热解毒、利水消肿等功效。金银花和绿豆搭配制成的豆浆，具有疏散风热、消肿的功效。

■ 贴心提示

脾胃虚寒、气虚疮疡脓清者不宜食用金银花绿豆豆浆。

西芹薏苡绿豆豆浆 清火、利水

材料

绿豆50克，薏苡仁20克，西芹30克，清水、白糖或冰糖适量。

做法

1 将绿豆清洗干净后，在清水中浸泡6～8小时，泡至发软备用；薏苡仁淘洗干净，用清水浸泡2小时；西芹洗净，切段。

2 将浸泡好的绿豆、薏苡仁和西芹一起放入豆浆机的杯体中，添加清水至上下水位线之间，启动机器，煮至豆浆机提示西芹薏苡绿豆豆浆做好。

3 将打出的西芹薏苡绿豆豆浆过滤后，按个人口味趁热添加适量白糖或冰糖调味，不宜吃糖的患者，可用蜂蜜代替。不喜甜者也可不加糖。

【养生功效】

中医学认为，西芹味甘、苦，性凉，归肺、胃、肝经，具有平肝清热、祛风利湿的功效，可用于治疗高血压、眩晕、头痛、面红目赤、血淋、痈肿等症。薏苡仁最善利水，不至耗损真阴之气，凡湿盛在下身者，最宜用之。体内有湿气，如积液、水肿、湿疹、脓肿等与体内浊水有关的问题，都可以食用薏苡仁，但脾胃过于虚寒、四肢怕冷较重的人不太适合。用西芹、薏苡仁搭配绿豆制成的这款豆浆具有清火、利水的功效。

■ 贴心提示

这款豆浆除了清火、利水外，还有美白的功效，不仅可以饮用，还可以外敷，将面膜纸用西芹薏苡绿豆豆浆浸湿后敷在脸上，15分钟后取下，用清水洗净面部就可以了。

黄瓜绿豆豆浆 泻火、解毒

材料

黄瓜20克，绿豆30克，黄豆50克，清水适量。

■ 贴心提示

黄瓜和绿豆均性凉，慢性支气管炎、结肠炎、胃溃疡等属虚寒者宜少食黄瓜绿豆豆浆。

做法

1 将黄豆、绿豆清洗干净后，在清水中浸泡6～8小时，泡至发软备用；黄瓜削皮、洗净后切成碎丁。

2 将浸泡好的黄豆、绿豆和切好的黄瓜丁一起放入豆浆机的杯体中，添加清水至上下水位线之间，启动机器，煮至豆浆机提示黄瓜绿豆豆浆做好。

3 将打出的黄瓜绿豆豆浆过滤后即可饮用。

【养生功效】

黄瓜不管是果肉还是叶蔓，都有清热去火的作用，其果肉的主要功效为清热利尿。绿豆也是消暑的主要食材之一，不管用它做绿豆粥、绿豆汤、绿豆糕都可以。黄瓜不但吃起来味道清香，还具有许多食疗功能。黄瓜、绿豆搭配黄豆制成的这款豆浆具有泻火、解毒的功效，很适合夏天饮用。

第3章 补肝强肝

枸杞青豆豆浆 预防脂肪肝

材料

黄豆50克，青豆50克，枸杞子5～7粒，清水、白糖或冰糖各适量。

做法

1. 将黄豆、青豆清洗干净后，在清水中浸泡6～8小时，泡至发软备用；枸杞子洗干净后，用温水泡开。
2. 将浸泡好的黄豆、青豆和枸杞子一起放入豆浆机的杯体中，添加清水至上下水位线之间，启动机器，煮至豆浆机提示枸杞青豆豆浆做好。
3. 将打出的枸杞青豆豆浆过滤后，按个人口味趁热往豆浆中添加适量白糖或冰糖调味，不宜吃糖的患者，可用蜂蜜代替。

【养生功效】

枸杞是一种药食同源的常用中药，它具有补益肝肾、养血明目、防老抗衰等功效。现代医学研究发现，枸杞子还有护肝及防治脂肪肝的作用。这主要源于枸杞子中含有的甜茶碱成分，它有抑制脂肪在肝细胞内沉积、促进肝细胞再生的作用。枸杞子、青豆、黄豆搭配制成的豆浆，具有清肝、润燥的功效。因此，慢性肝病患者，尤其是脂肪肝患者，不妨经常食用这款豆浆。

贴心提示

枸杞子温热身体的功效很强，正在感冒发烧、身体有炎症、腹泻的人不宜食用这款豆浆。

黑米枸杞豆浆 春季温补肝脏

材料

黑米25克，黄豆50克，枸杞子5～7粒，清水、白糖或冰糖各适量。

做法

1 将黄豆清洗干净后，在清水中浸泡6～8小时，泡至发软备用；黑米淘洗干净后，用清水浸泡2小时；枸杞洗干净后，用温水泡开。

2 将浸泡好的黄豆、黑米、枸杞一起放入豆浆机的杯体中，添加清水至上下水位线之间，启动机器，煮至豆浆机提示黑米枸杞豆浆做好。

3 将打出的黑米枸杞豆浆过滤后，按个人口味趁热添加适量白糖或冰糖调味，不宜吃糖的患者，可用蜂蜜代替。不喜甜者也可不加糖。

【养生功效】

枸杞子不仅富含硒元素，而且含有抗肝癌的成分儿茶酚胺。每日补硒200微克以增加血硒浓度，可以明显降低乙肝感染率和肝脏损伤程度。黑米也有养肝明目、补益脾胃、滋阴补肾的作用。黑米、枸杞搭配黄豆制成的这款豆浆很适合在春天养肝时饮用。

■ 贴心提示

黑米因其外部有一层较坚韧的种皮，所以不容易煮烂，吃未煮烂的黑米，容易引起肠胃紊乱。病后消化能力弱的人不宜吃黑米，可用紫米来代替。

葡萄玉米豆浆 护肝、调肝病

材料

玉米渣30克，鲜葡萄20克，黄豆50克，清水、白糖或冰糖各适量。

做法

1 将黄豆清洗干净后，在清水中浸泡6～8小时，泡至发软备用；玉米渣淘洗干净后，用清水浸泡2小时；葡萄去皮去籽。

2 将浸泡好的黄豆、玉米渣和葡萄一起放入豆浆机的杯体中，添加清水至上下水位线之间，启动机器，煮至豆浆机提示葡萄玉米豆浆做好。

3 将打出的葡萄玉米豆浆过滤后，按个人口味趁热添加适量白糖或冰糖调味，不宜吃糖的患者，可用蜂蜜代替。不喜甜者也可不加糖。

【养生功效】

葡萄对于肝病患者很有益处，此外，葡萄还具有抗炎的作用，能够与细菌病毒中的蛋白质结合，使它们失去致病能力。黄豆中富含不饱和卵磷脂，有防止脂肪肝形成的作用。而玉米含有丰富的膳食纤维和维生素，具有良好的抗癌作用。玉米、葡萄搭配黄豆制成的这款豆浆能够增强肝脏功能，对于预防脂肪肝、肝炎等疾病的形成，也有一定的食疗作用。

五豆红枣豆浆 善补肝阴润五脏

材料

黄豆、黑豆、豌豆、青豆、花生各20克，红枣适量，清水、白糖或冰糖各适量。

做法

1 将黄豆、黑豆、豌豆、青豆清洗干净后，在清水中浸泡6～8小时，泡至发软备用；花生洗干净，略泡；红枣洗干净，去核。

2 将浸泡好的黄豆、黑豆、豌豆、青豆、花生和红枣一起放入豆浆机的杯体中，添加清水至上下水位线之间，启动机器，煮至豆浆机提示五豆红枣豆浆做好。

3 将打出的五豆红枣豆浆过滤后，按个人口味趁热添加适量白糖或冰糖调味，不宜吃糖的患者，可用蜂蜜代替。不喜甜者也可不加糖。

■ 贴心提示

糖尿病患者不宜多食五豆红枣豆浆。

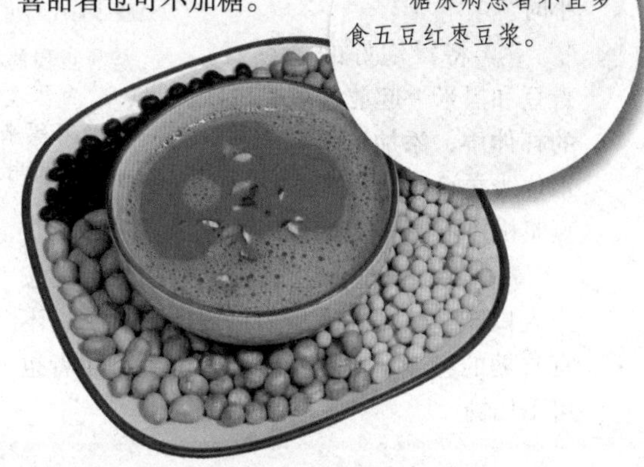

【养生功效】

绿豆有清热解毒、利尿除湿、解酒毒、热毒的作用。黄豆含有丰富的植物蛋白和磷脂，还含有维生素 B_1、维生素 B_2 和烟酸、铁、钙等矿物质，对于肝脏是很有好处的；青豆富含不饱和脂肪酸和大豆磷脂，能够预防脂肪肝；豌豆中富含胡萝卜素，具有很好的抗癌作用。花生富含蛋白质、不饱和脂肪酸，能够降低胆固醇。五豆加工成豆浆后，易于消化，有助于肝细胞的修复。这款豆浆中还加入了善补虚损的红枣，更加适合那些因为肝脏问题影响到消化功能的人食用。

生菜青豆豆浆 清肝养胃

材料

生菜30克，青豆70克，清水适量。

做法

1 将青豆清洗干净后，在清水中浸泡6～8小时，泡至发软备用；生菜洗净后切碎。

2 将浸泡好的青豆和切好的生菜一起放入豆浆机的杯体中，添加清水至上下水位线之间，启动机器，煮至豆浆机提示生菜青豆豆浆做好。

3 将打出的生菜青豆豆浆过滤后即可饮用。

■ 贴心提示

生菜性凉，尿频和胃寒者不宜多饮生菜青豆豆浆。

【养生功效】

生菜能够保护我们的肝脏，促进胆汁形成，防止胆汁瘀积，有效预防胆石症和胆囊炎。另外，生菜可清除血液中的垃圾，具有给血液消毒和利尿作用，帮助肝脏排毒；青色食物补肝，所以青豆对于养肝也有一定的作用。所以，用生菜和青豆制作出的豆浆，具有清肝养胃、预防脂肪肝的养生功效。

青豆黑米豆浆 滋养肝脏

材料

黑米25克，青豆25克，黄豆40克，清水、白糖或冰糖各适量。

做法

1. 将黄豆、青豆清洗干净后，在清水中浸泡6～8小时，泡至发软备用；黑米淘洗干净后，用清水浸泡2小时。
2. 将浸泡好的黄豆、青豆和黑米一起放入豆浆机的杯体中，添加清水至上下水位线之间，启动机器，煮至豆浆机提示青豆黑米豆浆做好。
3. 将打出的青豆黑米豆浆过滤后，按个人口味趁热添加适量白糖或冰糖调味，不宜吃糖的患者，可用蜂蜜代替。不喜甜者也可不加糖。

【养生功效】

中医学认为黑米入肝肾两经，所以常食黑米能够起到滋养肝脏的作用，而且还能够抵抗致癌物质的产生，促进血液循环，改善新陈代谢。青豆也有助于肝脏的养护，中医学认为“青”色对应人体的肝脏部位，青豆有益肝气的循环、代谢，有益消除疲劳、疏导肝郁、防范肝疾。用黑米、青豆和黄豆制作出的豆浆，可以起到养肝、护肝、明目的作用。

■ 贴心提示

脾胃虚弱的小儿、老人、久病体虚人群不宜多食青豆黑米豆浆。腹泻者勿食用。

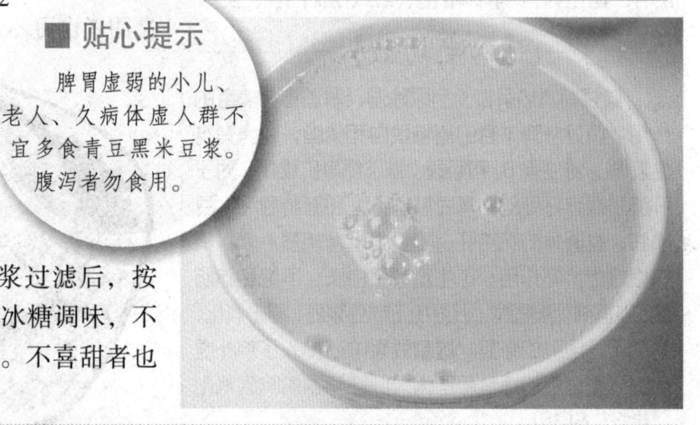

茉莉绿茶豆浆 疏肝解郁

材料

茉莉花10克，绿茶10克，黄豆70克，清水、白糖或冰糖各适量。

做法

1. 将黄豆清洗干净后，在清水中浸泡6～8小时，泡至发软备用；茉莉花和绿茶洗干净备用。
2. 将浸泡好的黄豆和茉莉花、绿茶一起放入豆浆机的杯体中，添加清水至上下水位线之间，启动机器，煮至豆浆机提示茉莉绿茶豆浆做好。
3. 将打出的茉莉绿茶豆浆过滤后，按个人口味趁热添加适量白糖或冰糖调味。

【养生功效】

中医学认为，茉莉花具有理气止痛、开郁辟秽、消肿解毒的功效。绿茶中的茶多酚可增加肝组织中肝脂酶的活性、降低肝脏组织中过氧化脂质含量，对脂肪肝有一定的防治作用。茉莉花、绿茶同黄豆制成的豆浆，味甜清香，十分爽口，还可调理干燥性皮肤，具有美肌、健身提神、防老抗衰的功效。

■ 贴心提示

女性在月经期间不宜饮用茉莉绿茶豆浆，因为女性月经期需要补充大量的铁，而绿茶中的鞣酸会阻碍肠道黏膜对铁分子的吸收。

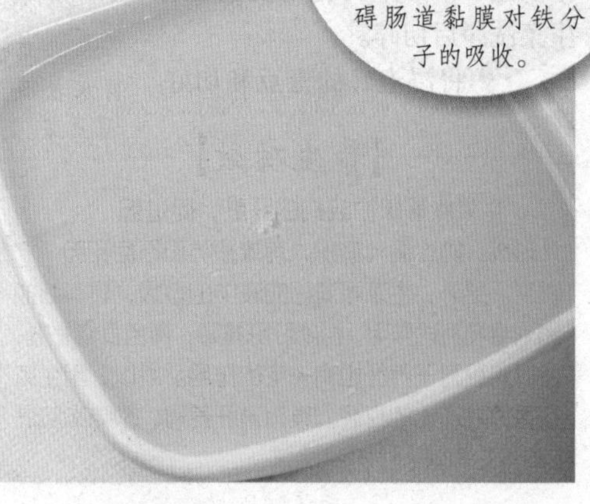

红枣枸杞绿豆豆浆 让肝脏的排毒能力更强

材料

绿豆30克，红枣5枚，枸杞子5克，黄豆50克，清水、白糖或冰糖各适量。

做法

1 将黄豆、绿豆清洗干净后，在清水中浸泡6～8小时，泡至发软备用；红枣洗干净，去核；枸杞洗干净，用清水泡软。

2 将浸泡好的黄豆、绿豆、枸杞子和红枣一起放入豆浆机的杯体中，添加清水至上下水位线之间，启动机器，煮至豆浆机提示红枣枸杞绿豆豆浆做好。

3 将打出的红枣枸杞绿豆豆浆过滤后，按个人口味趁热添加适量白糖或冰糖调味，不宜吃糖的患者，可用蜂蜜代替。不喜甜者也可不加糖。

【养生功效】

红枣内含有三萜类化合物的成分，有抑制肝炎病毒活性的作用。此外，红枣还能提高体内单核吞噬细胞系统的吞噬功能，有保护肝脏、增强免疫力的作用。一些慢性肝病患者的体内蛋白相对偏低，而红枣富含氨基酸，它们有利于蛋白质的合成，可以防止低蛋白症状，达到健脾养肝的目的。对一些慢性肝病患者来说，除了定期在专科医生指导下进行必要的监测外，可以每天多吃一些天然的红枣来保护肝脏。当然，利用红枣搭配其他的食材做成的豆浆也是不错的选择。例如，绿豆能够清肝明目、增强肝脏的解毒能力，枸杞子则能滋补肝肾。它们同红枣搭配制成的这款豆浆具有养护肝脏、增强肝脏解毒能力的作用。

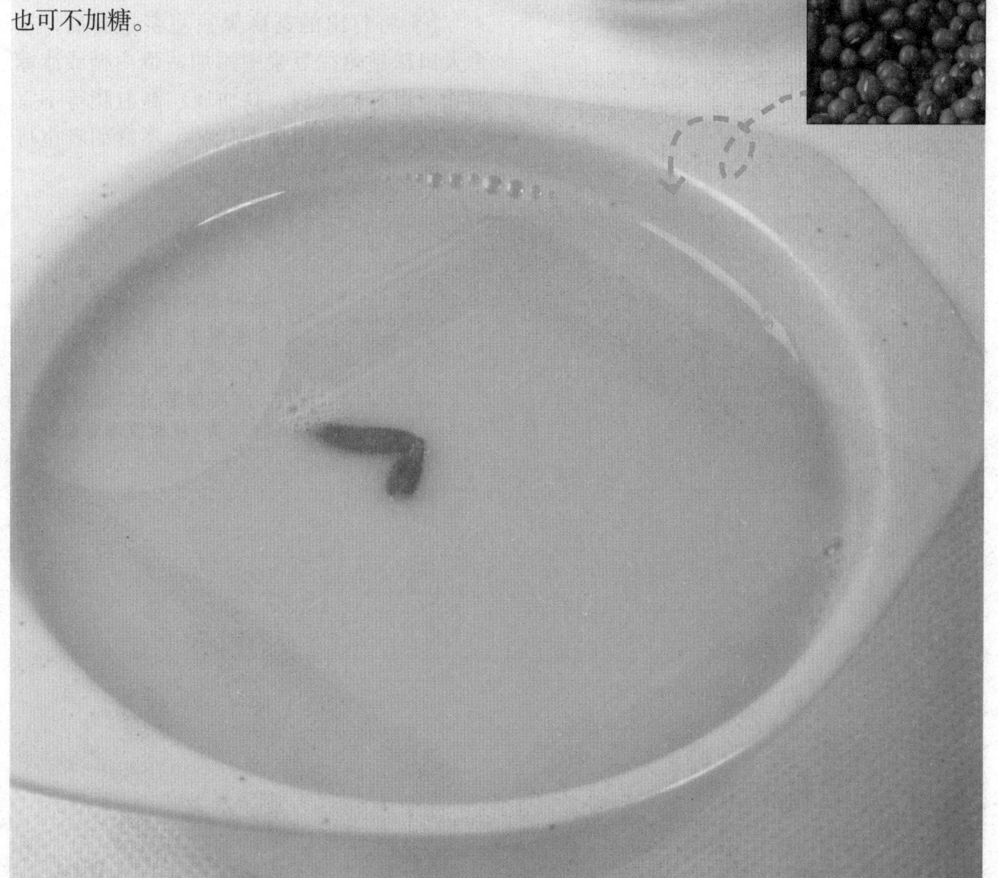

第4章

固肾益精

芝麻黑豆豆浆 补肾益气

材料

芝麻30克，黑豆70克，清水、白糖或冰糖各适量。

【养生功效】

芝麻是补肾的佳品，它性平、味甘，具有补肝肾、润五脏的作用，对于因为肝肾精血不足引起的眩晕、白发、脱发、腰膝酸软、肠燥便秘等都有较好的食疗保健作用。黑豆具有补肾益精、润肤、乌发的作用，经常食用黑豆有延缓衰老的功效。用芝麻和黑豆制作出的这款豆浆，不但能乌发养发，还能补肾益气。

做法

1. 将黑豆清洗干净后，在清水中浸泡6～8小时，泡至发软备用；芝麻淘去沙粒。
2. 将浸泡好的黑豆和洗净的芝麻一起放入豆浆机的杯体中，加水至上下水位线之间，启动机器，煮至豆浆机提示芝麻黑豆豆浆做好。
3. 将打出的芝麻黑豆豆浆过滤后，按个人口味趁热往豆浆中添加适量白糖或冰糖调味，患有糖尿病、高血压、高血脂等不宜吃糖的患者，可用蜂蜜代替。不喜甜者也可不加糖。

■ 贴心提示

黑豆有解药毒的作用，同时也可降低中药药效，所以正在服中药者忌食芝麻黑豆豆浆。芝麻虽好，食用时也有一定的禁忌，患有慢性肠炎、便溏腹泻者忌食。

黑枣花生豆浆 补肾养血

材料

黑枣4枚，花生25克，黄豆70克，清水、白糖或冰糖各适量。

做法

1 将黄豆清洗干净后，在清水中浸泡6～8小时，泡至发软备用；黑枣洗净，去核，切碎；花生去皮。

2 将浸泡好的黄豆和洗净的黑枣、去皮的花生一起放入豆浆机的杯体中，加水至上下水位线之间，启动机器，煮至豆浆机提示黑枣花生豆浆做好。

3 将打出的黑枣花生豆浆过滤后，按个人口味趁热往豆浆中添加适量白糖或冰糖调味，患有糖尿病、高血压、高血脂等不宜吃糖的患者，可用蜂蜜代替。不喜甜者也可不加糖。

■ 贴心提示

优质黑枣枣皮乌亮有光，黑里泛红，干燥而坚实，皮薄皱纹细浅。若手感潮湿，枣皮乌黑暗淡，颗粒不匀，皮纹粗而深陷，顶部有小洞，口感粗糙，味淡薄，有明显酸味或苦味，则为质次黑枣，不要选购。

【养生功效】

有“营养仓库”之称的黑枣性温、味甘，有补中益气、补肾养胃的功能；它还含有蛋白质、糖类、有机酸、维生素和磷、钙、铁等营养成分。花生可增强记忆力，抗衰老，滋润皮肤。黑枣、花生搭配黄豆制作出的这款豆浆，具有补血、养肾的功效，尤其适合女人饮用。

黑米芝麻豆浆 “养肾好手”强肾气

材料

黑芝麻10克，黑米30克，黑豆50克，清水、白糖或冰糖各适量。

做法

1 将黑豆清洗干净后，在清水中浸泡6～8小时，泡至发软备用；芝麻淘去沙粒；黑米清洗干净，并在清水中浸泡2小时。

2 将浸泡好的黑豆和洗净的黑芝麻、黑米一起放入豆浆机的杯体中，加水至上下水位线之间，启动机器，煮至豆浆机提示黑米芝麻豆浆做好。

3 将打出的黑米芝麻豆浆过滤后，按个人口味趁热往豆浆中添加适量白糖或冰糖调味，患有糖尿病、高血压、高血脂等不宜吃糖的患者，可用蜂蜜代替。不喜甜者也可不加糖。

【养生功效】

根据《黄帝内经》中的五色对应五脏原理，肾色为黑色，属冬天。黑色的食品有益肾、抗衰老的作用。黑芝麻属于我们常说的“黑五类”之一，黑米、黑豆也是典型的黑色食物。这三者都有补肾功效，它们一起制作出的豆浆，补肾效果更佳。

桂圆山药核桃黑豆豆浆 益肾补虚

材料

黑豆50克，山药30克，核桃仁20克，桂圆、清水各适量。

做法

1. 将黑豆清洗干净后，在清水中浸泡6～8小时，泡至发软备用；山药去皮后切成小丁，下入开水中略焯，捞出后沥干；桂圆去皮、去核；核桃仁备用。
2. 将浸泡好的黑豆同核桃、山药、桂圆一起放入豆浆机的杯体中，添加清水至上下水位线之间，启动机器，煮至豆浆机提示桂圆山药核桃黑豆豆浆做好。
3. 将打出的桂圆山药核桃黑豆豆浆过滤后即可饮用。

【养生功效】

古人很推崇桂圆的营养价值，有许多本草书都介绍了桂圆的滋养和保健作用。早在汉朝时期，桂圆就已作为药用，它有滋补强体、补心安神、养血壮阳的功效。山药具有补肾固精的作用，对于肾虚导致的遗精、尿频等症有很好的疗效。黑豆具有补肾益精、解毒利尿的功效。核桃自古也是补肾健脑的佳品。桂圆、山药、核桃搭配黑豆制成的这款桂圆山药核桃黑豆豆浆，可益肾补虚、滋养脾胃。

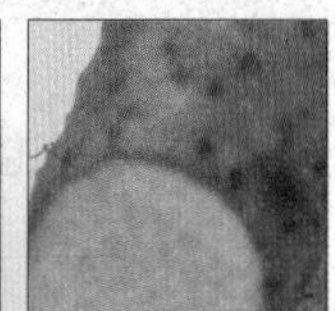

贴心提示

大便干燥者不宜食用桂圆山药核桃黑豆豆浆。孕妇应慎食。

红豆枸杞豆浆 补肾缓解疲劳

材料

红豆15克，枸杞15克，黄豆50克，清水、白糖或冰糖各适量。

做法

① 将黄豆、红豆清洗干净后，在清水中浸泡6～8小时，泡至发软备用；红枣洗干净，去核；枸杞洗干净，用清水泡软。

② 将浸泡好的黄豆、红豆、枸杞和红枣一起放入豆浆机的杯体中，添加清水至上下水位线之间，启动机器，煮至豆浆机提示红豆枸杞豆浆做好。

③ 将打出的红豆枸杞豆浆过滤后，按个人口味趁热添加适量白糖或冰糖调味，不宜吃糖的患者，可用蜂蜜代替。不喜甜者也可不加糖。

■ 贴心提示

枸杞性温，多吃一点没有大碍，但若毫无节制，进食过多也会上火。

【养生功效】

中医学认为，枸杞性味甘平，能够滋补肝肾、益精明目和养血；红豆对于夏天因为心肾功能不好导致的下肢水肿有不错的效果，在夏日食用它还可以为人体补充钾离子，避免夏日的低钾血症。红豆、枸杞搭配黄豆制成的这款豆浆具有养血安神、补肾益气的功效，能够帮助现代人缓解疲劳。

木耳黑米豆浆 滋肾养胃

材料

黑米50克，黄豆50克，木耳20克，清水、白糖或蜂蜜各适量。

■ 贴心提示

新鲜木耳中含有一种叫作“卟啉”的物质，人吃了新鲜木耳后，经阳光照射会发生植物日照性皮炎，使皮肤暴露部分出现红肿、痒痛。所以最好选用经过处理的干木耳。

做法

① 将黄豆清洗干净后，在清水中浸泡6～8小时，泡至发软备用；黑米淘洗干净，用清水浸泡2小时；木耳洗净，用温水泡发。

② 将浸泡好的黄豆、木耳同黑米一起放入豆浆机的杯体中，添加清水至上下水位线之间，启动机器，煮至豆浆机提示木耳黑米豆浆做好。

③ 将打出的木耳黑米豆浆过滤后，按个人口味趁热添加适量白糖，或等豆浆稍凉后加入蜂蜜即可饮用。

【养生功效】

黑米和黑木耳都属于黑色食物，有补肾的功效。具体而言，黑米能滋阴补肾，长期食用可延年益寿，因此，人们还将它称为“长寿米”。黑木耳性味甘平，具有补气补肾的功效，黑木耳所含的发酵和植物碱，还具有促进消化道与泌尿道各种腺体分泌的特性，并协同这些分泌物催化结石，滑润食道，使结石排出。这款豆浆滋肾养胃，有很好的食疗功效。

枸杞黑豆豆浆 补肾益精、乌发

材料

黑豆50克，黄豆50克，枸杞子5～7粒，清水、白糖或冰糖各适量。

做法

1 将黄豆、黑豆清洗干净后，在清水中浸泡6～8小时，泡至发软备用；枸杞洗干净后，用温水泡开。

2 将浸泡好的黄豆、黑豆和枸杞一起放入豆浆机的杯体中，添加清水至上下水位线之间，启动机器，煮至豆浆机提示枸杞黑豆豆浆做好。

3 将打出的枸杞黑豆豆浆过滤后，按个人口味趁热往豆浆中添加适量白糖或冰糖调味，不宜吃糖的患者，可用蜂蜜代替。

【养生功效】

脱发的人可以选“补肾高手”枸杞，经常服用能改善脱发、白发等问题。枸杞的补肾作用还能达到壮阳的效果，英国的一些商家就将枸杞称为“水果伟哥”，这也说明了枸杞补肾益精的作用。黑豆同样也是补肾的佼佼者，它同枸杞、黄豆搭配制成的这款豆浆具有补肾益精、乌发等功效。

■ 贴心提示

在没有时间做豆浆的时候，也可以通过嚼服枸杞的方式达到补肾的目的，一般每天2～3次，每次10克枸杞即可。

黑米核桃黑豆豆浆 改善肾虚症状

材料

黄豆50克，黑豆20克，黑米10克，核桃10克，蜂蜜10克，清水适量。

■ 贴心提示

辨别黑豆真假主要看黑豆上的胚芽口是否为白色。正宗黑豆的胚芽口都是白色的。如果发现胚芽口是黑色的，说明该黑豆是经过染色的豆子，属假黑豆。

做法

1 将黄豆、黑豆清洗干净后，在清水中浸泡6～8小时，泡至发软备用；黑米淘洗干净，用水浸泡2小时；核桃仁准备好。

2 将浸泡好的黄豆、黑豆、黑米和核桃一起放入豆浆机的杯体中，添加清水至上下水位线之间，启动机器，煮至豆浆机提示黑米核桃黑豆豆浆做好。

3 将打出的黑米核桃黑豆豆浆过滤后，趁热添加入蜂蜜即可。

【养生功效】

黑豆和黄豆都能补肾，尤其是黑豆补肾的效果更好。中医学认为黑豆归脾、肾经，具有补肾强身、活血利水、解毒润肤的功效，特别适合肾虚者。核桃、黑米也具有滋阴补肾的作用。三者同黄豆一起打成的豆浆，能够辅助治疗因为肾虚引起的腰酸腿软等不适症状。

紫米核桃黑豆豆浆 温暖怕冷畏寒的肾虚人群

材料

紫米、黑豆、小米、黑芝麻、核桃仁各20克，红枣4颗，清水、白糖或冰糖各适量。

做法

1 将黑豆清洗干净后，在清水中浸泡6～8小时，泡至发软备用；紫米淘洗干净，用清水浸泡2小时；黑芝麻、核桃仁备用；红枣洗净去核，加温水泡开。

2 将浸泡好的黑豆、紫米、黑芝麻、核桃仁等一起放入豆浆机的杯体中，添加清水至上下水位线之间，启动机器，煮至豆浆机提示紫米核桃黑豆豆浆做好。

3 将打出的紫米核桃黑豆豆浆过滤后，按个人口味趁热添加适量白糖或冰糖调味，不宜吃糖的患者，可用蜂蜜代替。

【养生功效】

这款紫米核桃黑豆豆浆适合冬季饮用。冬季是滋补肾脏的最佳时节，在饮食调养方面，以温肾阳、健脾胃为主，少吃咸味食物，而增加一些苦味的食物，以助养心阳。紫米具有滋阴补肾、健脾暖肝的作用。黑豆、黑芝麻、核桃也是人们熟知的补肾“高手”。它们“强强联手”，再加上养脾胃的小米和补气养血的红枣，能够共同发挥出滋养肝肾的作用，尤其适合在冬日手脚冰凉、胃寒怕冷的肾虚人群食用。

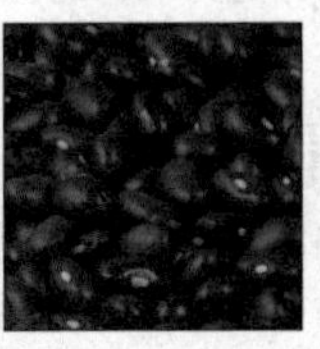

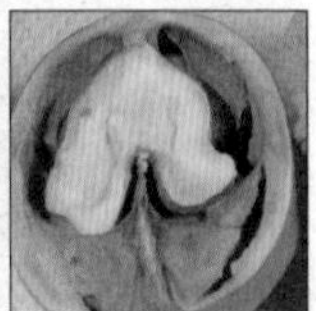

■ 贴心提示

紫米并不是黑米，它属于糯米类，与普通大米的区别是种皮有一层薄薄的紫色物质，故而得名紫米。

第5章

润肺补气

莲子百合绿豆豆浆 清肺热、除肺燥

材料

百合15克，莲子15克，绿豆30克，黄豆30克，清水、白糖或冰糖各适量。

【养生功效】

绿豆能清热，对于肺热和肺燥引起的一些症状能够起到改善作用。莲子也有滋阴润肺的功能；百合尤其是鲜品百合中富含黏液质，具有润燥清热作用，中医用之治疗肺燥或肺热咳嗽等证常能奏效。绿豆、莲子、百合再搭配上营养丰富的黄豆，不仅具有良好的营养滋补之功，而且还对秋季气候干燥引起的多种季节性肺气虚弱、慢性支气管炎有一定的防治作用。

做法

1. 将黄豆、绿豆清洗干净后，在清水中浸泡6 ~ 8小时，泡至发软备用；干百合和莲子清洗干净后略泡。
2. 将浸泡好的黄豆、绿豆、百合、莲子一起放入豆浆机的杯体中，添加清水至上下水位线之间，启动机器，煮至豆浆机提示莲子百合绿豆豆浆做好。
3. 将打出的莲子百合绿豆豆浆过滤后，按个人口味趁热添加适量白糖或冰糖调味，不宜吃糖的患者，可用蜂蜜代替。不喜甜者也可不加糖。

■ 贴心提示

百合鲜品目前市场上有鲜百合和干百合，鲜百合口感比较好，也容易煮烂；干百合煮熟后口感带酸。所以在选用百合的时候，最后选用鲜百合。

木瓜西米豆浆 润肺、化痰

材料

黄豆70克，西米30克，木瓜1块，清水、白糖或冰糖各适量。

做法

① 将黄豆清洗干净后，在清水中浸泡6～8小时，泡至发软备用；西米淘洗干净，用清水浸泡2小时；木瓜去皮去子，切成小块。

■ 贴心提示

木瓜有公母之分。公木瓜为椭圆形，看起来比较笨重，核少肉结实，味甜香；母木瓜身稍长，核多肉松，味稍差。大家在挑选的时候，可以注意下。

② 将浸泡好的黄豆、西米和木瓜一起放入豆浆机的杯体中，添加清水至上下水位线之间，启动机器，煮至豆浆机提示木瓜西米豆浆做好。

③ 将打出的木瓜西米豆浆过滤后，按个人口味趁热添加适量白糖或冰糖调味，不宜吃糖的患者，可用蜂蜜代替。不喜甜者也可不加糖。

【养生功效】

中医学认为，木瓜味甘、性平、微寒，助消化之余还能消暑解渴、润肺止咳。西米除了健脾的功效之外，也有补肺、化痰的作用。中医学认为，肺主皮毛，所以西米的补肺功效还可以让皮肤变得细嫩光环，也正因此西米羹很受女士的喜爱。木瓜、西米搭配黄豆制成的豆浆，味道香浓嫩滑，具有润肺化痰的功效。

百合糯米豆浆 缓解肺热、消除烦躁

材料

百合15克，糯米20克，黄豆50克，清水、白糖或蜂蜜各适量。

■ 贴心提示

因为鲜百合需要冰冻储藏，所以市场里如果是在常温下摆卖，就很容易变质。购买时最好要求卖主在付钱后打开包装让你检查，以便及时退换。

做法

① 将黄豆清洗干净后，在清水中浸泡6～8小时，泡至发软备用；糯米淘洗干净，用水浸泡2小时；百合洗净，略泡，切碎；红枣洗干净，去核。

② 将浸泡好的黄豆、糯米、百合、红枣一起放入豆浆机的杯体中，添加清水至上下水位线之间，启动机器，煮至豆浆机提示百合糯米豆浆做好。

③ 将打出的百合糯米豆浆过滤后，按个人口味趁热添加适量白糖，或等豆浆稍凉后加入蜂蜜即可饮用。

【养生功效】

百合润肺止咳、清心安神，对肺结核、支气管炎、支气管扩张及各种秋燥病症有较好疗效。熟食或煎汤，可治久咳、干咳、咽痛等症。糯米也能养肺，二者搭配同黄豆一起制作出的这款豆浆可以缓解肺热、消除烦躁。

荸荠百合雪梨豆浆 养阴润肺

材料

百合20克，荸荠20克，黄豆50克，雪梨1个，清水、白糖或冰糖各适量。

■ 贴心提示

荸荠百合雪梨豆浆不适合消化能力弱、脾胃虚寒的人饮用。

做法

1 将黄豆清洗干净后，在清水中浸泡6～8小时，泡至发软备用；百合洗净，略泡，切碎；荸荠去皮，洗净，切碎；雪梨洗净，去皮、核，切成小块。

2 将浸泡好的黄豆和荸荠、百合、雪梨一起放入豆浆机的杯体中，添加清水至上下水位线之间，启动机器，煮至豆浆机提示荸荠百合雪梨豆浆做好。

3 将打出的荸荠百合雪梨豆浆过滤后，按个人口味趁热添加适量白糖或冰糖调味，不宜吃糖的患者，可用蜂蜜代替，也可不加糖。

【养生功效】

荸荠在古时多作水果食用，因为它含有的淀粉较多，灾荒的时候人们也会采来充饥。荸荠和梨一样都是甘寒清凉之品，能够养阴润肺。在呼吸道传染病较多的季节，适当吃鲜荸荠和梨还有利于流脑、麻疹、百日咳以及急性咽喉炎的防治。百合也有润肺补肺、止咳止血的功效，能够有效改善肺部的功能。它与荸荠、梨、黄豆一起制成的百合荸荠梨豆浆，能够润肺补肺，对于咳嗽痰多等症有一定的疗效。

糯米莲藕百合豆浆 应对秋燥咳嗽

材料

糯米20克，百合10克，莲藕30克，黄豆40克，清水、白糖或冰糖各适量。

■ 贴心提示

由于百合偏凉性，胃寒的患者宜少食用糯米莲藕百合豆浆。因感冒风寒引起的咳嗽者也不宜饮用这款豆浆。

做法

1 将黄豆清洗干净后，在清水中浸泡6～8小时，泡至发软备用；糯米清洗干净，在清水中浸泡2小时；百合洗净，略泡，切碎；莲藕洗净去皮后，切成碎丁。

2 将浸泡好的黄豆、糯米、百合、莲藕一起放入豆浆机的杯体中，添加清水至上下水位线之间，启动机器，煮至豆浆机提示糯米莲藕百合豆浆做好。

3 将打出的糯米莲藕百合豆浆过滤后，按个人口味趁热添加适量白糖或冰糖即可饮用。

【养生功效】

中医学认为，肺喜润而恶燥，所以在干燥的秋季更要多吃些润肺除燥的食物。莲藕就是不错的选择，用藕做成的汤还能防治咳嗽。另外，百合也是清肺润燥食物中的佼佼者，它们二者加上糯米、黄豆制成的豆浆可以辅助调养秋燥咳嗽、肺热干咳，而且还能缓解因为咳嗽引起的中气不足症状。

黄芪大米豆浆 改善肺气虚、气血不足

材料

黄芪、大米各25克，黄豆50克，清水、白糖或冰糖各适量。

做法

1 将黄豆清洗干净后，在清水中浸泡6～8小时，泡至发软备用；黄芪煎汁备用；大米淘洗干净备用。

2 将浸泡好的黄豆和大米一起放入豆浆机的杯体中，淋入黄芪汁，添加清水至上下水位线之间，启动机器，煮至豆浆机提示黄芪大米豆浆做好。

3 将打出的黄芪大米豆浆过滤后，按个人口味趁热添加适量白糖或冰糖调味，不宜吃糖的患者，可用蜂蜜代替。不喜甜者也可不加糖。

【养生功效】

黄芪可谓是补气的代表中药，中医认为黄芪可以补养五脏六腑之气，凡中医学认为“气虚”“气血不足”的情况，都可以用黄芪治疗。大米能益气、通血脉、补脾、养阴。用黄芪和大米制作出的这款豆浆可改善气虚、气血不足等证。

贴心提示

黄芪煎汁时，可先将黄芪放进砂锅中，加适量清水浸泡半小时，上火烧开后，转成小火继续煎半小时，去渣取汁即可。感冒发烧、胸腹有满闷感者不宜食用这款豆浆。

糯米杏仁豆浆 调养肺燥、咽干

材料

糯米30克，黄豆50克，甜杏仁4颗，清水、白糖或蜂蜜各适量。

做法

❶ 将黄豆清洗干净后，在清水中浸泡6～8小时，泡至发软备用；糯米淘洗干净，用清水浸泡2小时；甜杏仁切成小碎丁。

❷ 将浸泡好的黄豆同糯米、甜杏仁一起放入豆浆机的杯体中，添加清水至上下水位线之间，启动机器，煮至豆浆机提示糯米杏仁豆浆做好。

❸ 将打出的糯米杏仁豆浆过滤后，按个人口味趁热添加适量白糖或冰糖即可饮用。

■ 贴心提示

甜杏仁也可以换成大杏仁，同样有补肺的功效。

【养生功效】

糯米常入药，著名方剂“补肺阿胶汤”中就有糯米的踪影。糯米是一种温和滋补之品，能够补脾胃、益肺气，搭配其他食物对于肺部疾病有不错的效果；杏仁有甜杏仁和苦杏仁之分，苦杏仁能够止咳平喘，甜杏仁则有一定的补肺作用。糯米、杏仁搭配黄豆做成的豆浆，能够益气健脾、补肾润肺，对于用于慢性支气管炎、肺气肿都有食疗作用。

冰糖白果豆浆 补肺益肾、止咳平喘

材料

白果15个，黄豆70克，冰糖20克，清水适量。

做法

❶ 将黄豆清洗干净后，在清水中浸泡6～8小时，泡至发软备用；白果去壳。

❷ 将浸泡好的黄豆和白果果肉一起放入豆浆机的杯体中，添加清水至上下水位线之间，启动机器，煮至豆浆机提示白果豆浆做好。

❸ 将打出的白果豆浆过滤后，趁热添加冰糖即可。

■ 贴心提示

有实邪者忌服冰糖白果豆浆。使用白果切不可过量，白果生食或炒食过量可致中毒，小儿误服中毒尤为常见，症状为发热、呕吐、腹痛、泄泻、惊厥、呼吸困难。成年人以每天吃20～30粒为宜，小儿酌情递减。

【养生功效】

冰糖银耳莲子羹、冰糖燕窝……相信大家对这些糖水并不陌生，因其滋阴养颜的功效显著尤其受广大女性的欢迎。但其实冰糖也是止咳的良药，与食材合理搭配可治多种原因引起的咳嗽。白果就是冰糖止咳时的一个好搭档，冰糖搭配上白果做成豆浆，喝起来又甜又香，还能充分发挥彼此的食疗作用，能够止咳平喘、补肺益肾，对肺燥引起的咳嗽、干咳无痰、咳痰带血等症状都有较好的作用。

大米雪梨黑豆豆浆 缓解老年人咳嗽

材料

黑豆50克，大米30克，雪梨1个，清水、冰糖或蜂蜜各适量。

做法

1. 将黑豆清洗干净后，在清水中浸泡6～8小时，泡至发软备用；大米淘洗干净，用清水浸泡2小时；雪梨洗净，去子，切碎。
2. 将浸泡好的黑豆和大米、雪梨一起放入豆浆机的杯体中，添加清水至上下水位线之间，启动机器，煮至豆浆机提示大米雪梨黑豆豆浆做好。
3. 将打出的大米雪梨黑豆豆浆过滤后，按个人口味趁热添加冰糖或蜂蜜调味。

【养生功效】

冰糖雪梨汤是人们在咳嗽后最常用的食疗方。其实在这个汤的基础上稍加改进，就可以做成一款特别适用于年老者咳嗽时的饮食妙方，那就是在其中加入黑豆和大米，制成豆浆。黑豆看似属于补肾的食物，同咳嗽毫无关系，实际上黑豆的这一补肾作用有助于平喘，其利湿的作用又助于化痰。同雪梨一起搭配，能够共同发挥出清热化痰、止咳平喘的功用。这款豆浆对于肺热引起的肺热咳嗽、痰多、气喘等都有一定疗效，尤其适合老年人慢性支气管炎、有热痰者食用。

■ 贴心提示

雪梨要想切得更碎，可以先用刨丝刀将它擦成细丝后再切。另外，雪梨性凉，不宜多放，加入一个中等大小的即可。

紫米人参红豆豆浆 善补元气

材料

人参10克，红豆15克，紫米20克，黄豆60克，清水、白糖或冰糖各适量。

做法

1. 将黄豆、红豆清洗干净后，在清水中浸泡6～8小时，泡至发软备用；紫米淘洗干净，用清水浸泡2小时；人参煎汁备用。
2. 将浸泡好的黄豆、红豆和紫米一起放入豆浆机的杯体中，淋入人参煎汁，添加清水至上下水位线之间，启动机器，煮至豆浆机提示紫米人参红豆豆浆做好。
3. 将打出的紫米人参红豆豆浆过滤后，按个人口味趁热添加适量白糖或冰糖调味，不宜吃糖的患者，可用蜂蜜代替。不喜甜者也可不加糖。

【养生功效】

人参是举世闻名的珍贵药材，历来在人们心目中占有重要的地位，中医学认为它是能长精力、大补元气的要药，尤其是多年生的野山参药用价值最高。其功重在大补正元之气，以壮生命之本，进而固脱、益损、止渴、安神。所以，中医在治疗虚证的时候喜用人参这味药。紫米含有的多种维生素和矿物质，能够补足人体所需的微量元素，中医学认为它具有补血益气的功效。红豆具有养血的功效，搭配上人参、紫米制成的豆浆，可以大补元气，改善气血不足的现象。

贴心提示

这款豆浆由于加入了人参，滋补性较强。如果不是气虚的人，最好不要服用，平时也要慎用人参当茶饮，避免滥服人参。

第四篇

豆浆养颜方——好身材，好容颜

第1章

养颜润肤豆浆

玫瑰花红豆豆浆 改善暗黄肌肤

材料

玫瑰花5～8朵，红豆90克，清水、白糖或冰糖各适量。

做法

1 将红豆清洗干净后，在清水中浸泡6～8小时，泡至发软备用；玫瑰花瓣仔细清洗干净后备用。

2 将浸泡好的红豆和玫瑰花一起放入豆浆机的杯体中，添加清水至上下水位线之间，启动机器，煮至豆浆机提示玫瑰花红豆豆浆做好。

3 将打出的玫瑰花红豆豆浆过滤后，按个人口味趁热添加适量白糖或冰糖调味，以减少玫瑰花的涩味。

【养生功效】

自古以来，玫瑰花就是女人养颜的佳品。很多人为了养颜，把玫瑰酿成玫瑰花酒，也有的人把玫瑰做茶饮，当作日常保健之用。玫瑰花之所以能够起到养颜的功效，是因为它具有理气活血的作用，能够帮助女性改善暗黄的肌肤，让肌肤变得更有光泽；小小的红豆也是女人养颜的好帮手，红豆能够补血，多吃可以令人气色红润。尤其是对于缺少维生素 B_{12} 引起的贫血，食用红豆更有效。红豆和玫瑰花搭配而成的豆浆有活血化瘀的作用，也可美容养颜、提升肤色。

■ 贴心提示

玫瑰花具有活血化瘀的作用，孕妇不宜饮用这款豆浆，以免流产。

茉莉玫瑰花豆浆 滋润肌肤、补充水分

材料

茉莉花3朵，玫瑰花3朵，黄豆90克，清水、白糖或冰糖各适量。

做法

❶ 将黄豆清洗干净后，在清水中浸泡6～8小时，泡至发软备用；茉莉花瓣、玫瑰花瓣清洗干净后备用。

❷ 将浸泡好的黄豆和茉莉花、玫瑰花一起放入豆浆机的杯体中，添加清水至上下水位线之间，启动机器，煮至豆浆机提示茉莉玫瑰花豆浆做好。

❸ 将打出的茉莉玫瑰花豆浆过滤后，按个人口味趁热添加适量白糖或冰糖调味，不宜吃糖的患者，可用蜂蜜代替。

■ 贴心提示

茉莉花开花时节，可以用新鲜的茉莉花制作这款豆浆，香气更加浓郁。

【养生功效】

每个女子都希望自己能如花朵一样绽放，肌肤细腻、面色红润，这就要求身体的肺经运行通畅。茉莉的花、叶的归经都可归入肺经，如果在日常饮食中，适量摄入茉莉花或含茉莉花有效成分的食品，都能起到一定的美容功效。玫瑰花能够通过活血化瘀的功效令人恢复好气色，它与茉莉花的搭配能够让人的皮肤变得更水嫩、气色更好。

香橙豆浆 美白滋润肌肤

材料

橙子1个，黄豆50克，清水、白糖或冰糖各适量。

做法

❶ 将黄豆清洗干净后，在清水中浸泡6～8小时，泡至发软备用；橙子去皮、去子后撕碎。

❷ 将浸泡好的黄豆和橙子一起放入豆浆机的杯体中，添加清水至上下水位线之间，启动机器，煮至豆浆机提示香橙豆浆做好。

❸ 将打出的香橙豆浆过滤后，按个人口味趁热添加适量白糖或冰糖调味，不宜吃糖的患者，可用蜂蜜代替。

【养生功效】

现代医学认为，橙子含丰富的维生素C，具有防止皮肤老化及皮肤敏感的功效。维生素C还有预防雀斑、美白的功效，那些略带油光、容易受外界物质刺激的敏感肌肤，尤其适合选用含香橙精华成分的护肤品。另外，橙子发出的气味有利于缓解人们的心理压力，不过这仅仅有助于女性克服紧张情绪，对男性的作用却不大。这款豆浆的味道酸甜可口，色泽美艳，经常饮用能起到润泽皮肤的功效。

■ 贴心提示

橙子味美但不要吃得过多，过多食用橙子等柑橘类水果会引起中毒。这款豆浆不适合脾胃虚寒腹泻者及糖尿病患者，贫血患者也不宜多饮。

牡丹豆浆 塑造“国色天香”的美丽佳人

材料

牡丹花球5～8朵，黄豆80克，清水、白糖或冰糖各适量。

做法

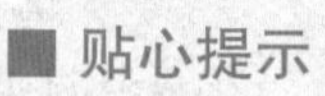

■ 贴心提示

如果不要求口感一定细腻，这款豆浆也可以不过滤。

1 将黄豆清洗干净后，在清水中浸泡6～8小时，泡至发软备用；牡丹花球去蒂后，仔细清洗干净后备用。

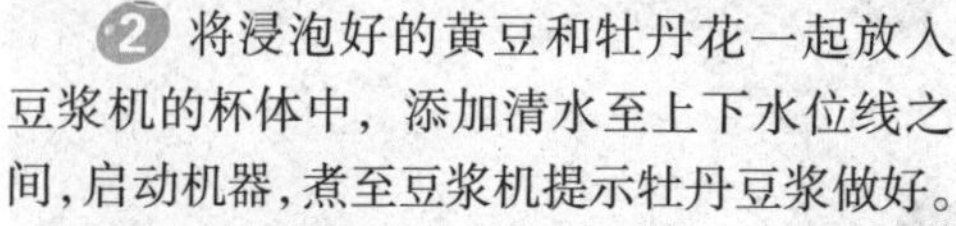

2 将浸泡好的黄豆和牡丹花一起放入豆浆机的杯体中，添加清水至上下水位线之间，启动机器，煮至豆浆机提示牡丹豆浆做好。

3 将打出的牡丹豆浆过滤后，按个人口味趁热添加适量白糖或冰糖调味，也可以用蜂蜜代替。

【养生功效】

从唐代起，牡丹就被喻为“国色天香”，被赋予了“国花”的地位。牡丹不仅具有极高的欣赏价值，它的药用价值也很大，并能帮助女人养颜。中医学认为，牡丹养血和肝、散郁祛瘀，适用于面部黄褐斑、皮肤衰老。经常饮用牡丹花和黄豆制成的豆浆，可以令气血充沛、容颜红润、精神饱满，还可减轻生理疼痛，对改善贫血及养颜美容有益。

红枣莲子豆浆 养血安神、抗衰老

材料

红枣15克，莲子15克，黄豆50克，清水、白糖或冰糖各适量。

做法

■ 贴心提示

糖尿病患者应当少食或者不食红枣莲子豆浆。

1 将黄豆清洗干净后，在清水中浸泡6～8小时，泡至发软备用；红枣洗净，去核，切碎；莲子清洗干净后略泡。

2 将浸泡好的黄豆和红枣、莲子一起放入豆浆机的杯体中，添加清水至上下水位线之间，启动机器，煮至豆浆机提示红枣莲子豆浆做好。

3 将打出的红枣莲子豆浆过滤后，按个人口味趁热添加适量白糖或冰糖调味，不宜吃糖的患者，可用蜂蜜代替。不喜甜者也可不加糖。

【养生功效】

红枣对于促进血液循环很有帮助，中医的处方常配加红枣，主要是红枣有镇静作用。有很多人因为工作压力大，休息不好，造成肌肤暗淡无光。这时就可以用红枣搭配上莲子和黄豆制成豆浆来饮用，因为莲子也有养心安神的功效，对于多梦失眠有一定的作用。饮用红枣莲子豆浆能够养血安神，人休息好了，皮肤看上去自然也更有光彩。

红豆黄豆豆浆 排毒美肤

材料

黄豆30克，红豆60克，蜂蜜10克，清水适量。

■ 贴心提示

这款豆浆在夏季饮用，美肤的效果更佳。

做法

1 将黄豆、红绿豆清洗干净后，在清水中浸泡6～8小时，泡至发软备用。

2 将浸泡好的黄豆和红豆一起放入豆浆机的杯体中，添加清水至上下水位线之间，启动机器，煮至豆浆机提示豆浆做好。

3 将打出的豆浆过滤后，稍凉后添加蜂蜜即可。

【养生功效】

红豆富含铁质，食用后能令人气色变得红润起来，是女性健康美容的良好伙伴。另外，红豆还有利水消肿的作用，能够清热解毒。一个人如果体内毒素过多，皮肤肯定会出现色斑、痤疮等，而红豆具有清热排毒的作用，对于改善肌肤也有好处。加入蜂蜜和黄豆的营养成分后，这款红豆黄豆豆浆不但味道香甜，还能让皮肤也变得红润起来。

薏苡玫瑰豆浆 改善面色暗沉

材料

薏苡仁20克，玫瑰花15朵，黄豆50克，清水、白糖或冰糖各适量。

做法

1 将黄豆清洗干净后，在清水中浸泡6～8小时，泡至发软备用；玫瑰花洗净；薏苡仁淘洗干净，用清水浸泡2小时。

2 将浸泡好的黄豆、薏苡仁和玫瑰花一起放入豆浆机的杯体中，添加清水至上下水位线之间，启动机器，煮至豆浆机提示薏苡玫瑰豆浆做好。

3 将打出的薏苡玫瑰豆浆过滤后，按个人口味趁热添加适量白糖或冰糖调味，不宜吃糖的患者，可用蜂蜜代替。不喜甜者也可不加糖。

【养生功效】

玫瑰花芳香怡人，有理气和血、疏肝解郁、降脂减肥、润肤养颜等作用，能调经止痛、解毒消肿，消除因内分泌功能紊乱造成的面部暗疮。此外，尚含槲皮苷、脂肪油、有机酸等有益美容的物质。薏苡仁健脾益胃、祛风除湿，能改善脾胃两虚而导致的颜面多皱、面色暗沉。薏苡仁中含有的维生素E能保持人体皮肤光泽细腻，对于消除粉刺、色斑，改善肤色，都有一定的效果。所以，这款豆浆有助于消除面部暗疮、皱纹，改善面色暗沉。

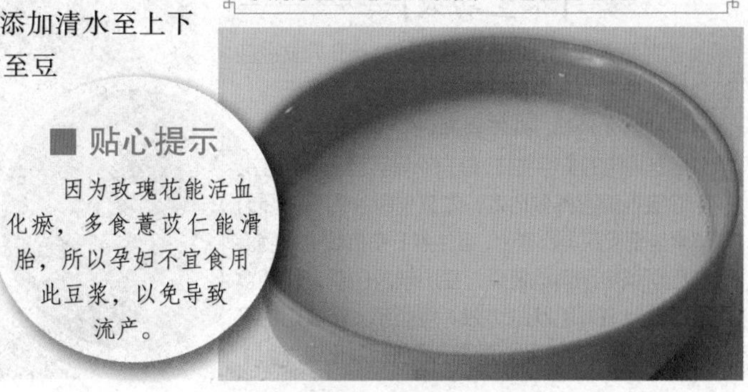

■ 贴心提示

因为玫瑰花能活血化瘀，多食薏苡仁能滑胎，所以孕妇不宜食用此豆浆，以免导致流产。

百合莲藕绿豆豆浆 防止皮肤粗糙

材料

鲜百合5克，莲藕30克，绿豆70克，清水、白糖或蜂蜜各适量。

做法

1. 将绿豆清洗干净后，在清水中浸泡6～8小时，泡至发软备用；百合洗净，略泡，切碎；莲藕去皮，洗净，切碎。
2. 将浸泡好的绿豆同百合、莲藕一起放入豆浆机的杯体中，添加清水至上下水位线之间，启动机器，煮至豆浆机提示百合莲藕绿豆豆浆做好。
3. 将打出的百合莲藕绿豆豆浆过滤后，按个人口味趁热添加适量白糖，或等豆浆稍凉后加入蜂蜜即可饮用。

■ 贴心提示

食用莲藕，要挑选外皮呈黄褐色，肉肥厚而白的，如果发黑，有异味，则不宜食用。藕皮也有平喘止咳的功效，如果有需要也可以不去掉，但是一定要清洗干净。

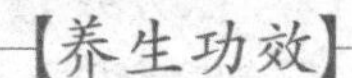

【养生功效】

鲜百合含黏液质及维生素，对皮肤细胞新陈代谢有益，常食百合，有美容作用。煮熟后的莲藕由凉变温，有养胃滋阴，健脾益气养血的功效，是一种很好的食补佳品。绿豆有清热解毒的功效。百合、莲藕和绿豆一起制成的豆浆能防止皮肤粗糙，让你越喝越美丽。

西芹薏苡豆浆 美白淡斑

材料

黄豆50克，薏苡仁20克，西芹30克，清水、白糖或冰糖各适量。

做法

1. 将黄豆清洗干净后，在清水中浸泡6～8小时，泡至发软备用；薏苡仁淘洗干净，用清水浸泡2小时；西芹洗净，切段。
2. 将浸泡好的黄豆、薏苡仁和西芹一起放入豆浆机的杯体中，添加清水至上下水位线之间，启动机器，煮至豆浆机提示西芹薏苡豆浆做好。
3. 将打出的西芹薏苡豆浆过滤后，按个人口味趁热添加适量白糖或冰糖调味，不宜吃糖的患者，可用蜂蜜代替。不喜甜者也可不加糖。

【养生功效】

西芹营养丰富，含铁量较高，能补充妇女经血的损失，食之能避免皮肤苍白、干燥、面色无华，而且可使目光有神，头发黑亮。中医古籍中记载，薏苡仁是极佳的美容食材，具有治疣平痘、淡斑美白、润肤除皱等美容养颜功效，尤其是所含的蛋白质分解酵素能使皮肤角质软化，维生素E有抗氧化作用。薏苡仁可以协助消除斑点，使肌肤较白皙，长期食用可以达到滋润肌肤的功效。用西芹、薏苡仁搭配黄豆制成的这款豆浆能够润白肌肤、淡化斑点。

■ 贴心提示

脾胃虚寒、肠滑不固者，血压偏低者及婚育期男士不宜多食西芹薏苡豆浆。

大米红枣豆浆 天然的养颜方

材料

大米25克，红枣25克，黄豆50克，清水、白糖或冰糖各适量。

做法

1 将黄豆清洗干净后，在清水中浸泡6～8小时，泡至发软备用；大米淘洗干净，用清水浸泡2小时；红枣洗净并去核后，切碎待用。

2 将浸泡好的黄豆、大米和红枣一起放入豆浆机的杯体中，添加清水至上下水位线之间，启动机器，煮至豆浆机提示大米红枣豆浆做好。

3 将打出的大米红枣豆浆过滤后，按个人口味趁热添加适量白糖或冰糖调味，不宜吃糖的患者，可用蜂蜜代替。不喜甜者也可不加糖。

【养生功效】

很多女性为了美容养颜，会去吃一些补充维生素的药。其实，生活中很方便就能购买到的红枣就是一种天然维生素丸。红枣搭配大米、黄豆制成的这款豆浆，有很好的美容养颜功效。

■ 贴心提示

腹胀者不适合饮用这款豆浆，以免生湿积滞，越喝肚子的胀风情况越无法改善。体质燥热的女性，不适合在月经期间饮用这款豆浆，这可能会造成经血过多。

桂花茯苓豆浆 改善肤色

材料

桂花10克，茯苓粉20克，黄豆70克，清水、白糖或冰糖各适量。

做法

1 将黄豆清洗干净后，在清水中浸泡6～8小时，泡至发软备用；桂花清洗干净后备用。

2 将浸泡好的黄豆和桂花一起放入豆浆机的杯体中，加入茯苓粉，添加清水至上下水位线之间，启动机器，煮至豆浆机提示桂花茯苓豆浆做好。

3 将打出的桂花茯苓豆浆过滤后，按个人口味趁热添加适量白糖或冰糖调味，不宜吃糖的患者，可用蜂蜜代替。

【养生功效】

大多数人都比较喜欢桂花的味道，常用桂花泡茶饮。其实桂花远不止有泡茶这一种功效，还可以将桂花、茯苓、黄豆加白糖打磨成桂花茯苓豆浆，味美且开胃，还有利于皮肤的健康与美丽。

■ 贴心提示

桂花的香味强烈，所以在制作豆浆时忌过量饮用。另外，体质偏热、火热内盛者也要谨慎饮用。茯苓粉在中药店可以买到。熬煮的时候要不时搅拌一下，以免粘锅。

糯米黑豆豆浆 滋补又养颜

材料

糯米 30 克，黑豆 70 克，清水、白糖或蜂蜜各适量。

做法

1 将黑豆清洗干净后，在清水中浸泡 6 ~ 8 小时，泡至发软备用；糯米淘洗干净，用清水浸泡 2 小时。

2 将浸泡好的黑豆同糯米一起放入豆浆机的杯体中，添加清水至上下水位线之间，启动机器，煮至豆浆机提示糯米黑豆豆浆做好。

3 将打出的糯米黑豆豆浆过滤后，按个人口味趁热添加适量白糖或冰糖即可饮用。

【养生功效】

中医学认为，糯米能补养人体正气，起到御寒、滋补的作用。古代医书中有记载“糯米粥为温养胃气妙品”，因此患有神经衰弱及病后、产后的人食用糯米粥调养，可达到滋补营养、健脾养胃的功效；古代很多医书都记载了黑豆有养颜明目、乌发嫩肤的作用。因黑豆的蛋白质质量位居豆类之冠，比牛奶、肉类都高，而且容易被人体吸收，保健效果极佳。黑豆与糯米搭配能够滋阴补肾、滋润肌肤、乌发美容、健脾开胃。因此这款豆浆尤其适合爱美的女士。

■ 贴心提示

黑豆的嘌呤含量较高，尿酸过高的人一次不宜食用太多。

第2章

美体减脂豆浆

薏苡红枣豆浆 适宜水肿型肥胖

材料

薏苡仁30克，红枣20克，黄豆50克，清水、白糖或冰糖各适量。

做法

1. 将黄豆清洗干净后，在清水中浸泡6～8小时，泡至发软备用；红枣洗净，去核，切碎；薏苡仁淘洗干净，用清水浸泡2小时。
2. 将浸泡好的黄豆和红枣、薏苡仁一起放入豆浆机的杯体中，添加清水至上下水位线之间，启动机器，煮至豆浆机提示薏苡红枣豆浆做好。
3. 将打出的薏苡红枣豆浆过滤后，按个人口味趁热添加适量白糖或冰糖调味，不宜吃糖的患者，可用蜂蜜代替。不喜甜者也可不加糖。

【养生功效】

薏苡仁像米更像仁，所以也有很多地方叫它薏仁。颗实饱满的薏苡仁清新黏糯，很多人都喜欢吃，但是很少有人知道薏苡仁对于水肿型的肥胖还有一定的减肥作用。中医学上说，薏苡仁能强筋骨、健脾胃、消水肿、去风湿、清肺热等。尤其是薏苡仁利湿的效果很好，运化水湿是脾的主要功能之一，喝进来的水、吃进来的食物，如不能转化为人体可以利用的津液，就会变成“水湿”，体内湿气太重就会影响到脾的负担。所以薏苡仁的这种祛湿作用，能够为脾脏减轻负担，从而达到减肥的目的。红枣最突出的特点是维生素含量高，它能保证减肥时人体营养的补充，让人健康减肥。所以薏苡仁、黄豆和红枣制作出的豆浆适宜水肿型肥胖者食用，在减肥的同时还能补充维生素。

贴心提示

因为红枣的糖分含量较高，所以糖尿病患者应当少食或者不食。凡是痰湿偏盛、湿热内盛、腹部胀满者也应忌食。

西芹绿豆豆浆 膳食纤维助瘦身

材料

西芹 20 克，绿豆 80 克，清水适量。

做法

1. 将绿豆清洗干净后，在清水中浸泡 6 ~ 8 小时，泡至发软备用；西芹择洗干净后，切成碎丁。
2. 将浸泡好的绿豆同西芹丁一起放入豆浆机的杯体中，添加清水至上下水位线之间，启动机器，煮至豆浆机提示西芹绿豆豆浆做好。
3. 将打出的西芹绿豆豆浆过滤后即可饮用。

【养生功效】

清脆之所以具有减肥的功效，源于芹菜中丰厚的粗纤维，能够刮洗肠壁，削减脂肪被小肠吸收。芹菜对心脏不错，而且它还含有充足的钾，能够预防下半身的水肿现象。芹菜搭配绿豆制成的西芹绿豆豆浆，可以借助豆浆中的膳食纤维来帮助瘦身。

■ 贴心提示

芹菜有两种：一种是西芹，一种是唐芹。如果你偏爱味道浓烈的食物，可选择唐芹。

糙米红枣豆浆 有助减肥

材料

糙米 30 克，红枣 20 克，黄豆 50 克，清水、白糖或冰糖各适量。

做法

1. 将黄豆清洗干净后，在清水中浸泡 6 ~ 8 小时，泡至发软备用；红枣洗净，去核，切碎；糙米淘洗干净，用清水浸泡 2 小时。
2. 将浸泡好的黄豆、糙米和红枣一起放入豆浆机的杯体中，添加清水至上下水位线之间，启动机器，煮至豆浆机提示糙米红枣豆浆做好。
3. 将打出的糙米红枣豆浆过滤后，按个人口味趁热添加适量白糖或冰糖调味，不宜吃糖的患者，可用蜂蜜代替。不喜甜者也可不加糖。

■ 贴心提示

因为红枣的糖分含量较高，所以糖尿病患者应当少食或者不食。

【养生功效】

糙米中的锌、铬、锰、钒等微量元素有利于提高胰岛素的敏感性，对糖耐量受损的人很有帮助。红枣性平，味甘，具有补中益气、养血安神、健脾和胃之功效，是滋补阴虚的良药。干枣含糖量很高，对促进小儿生长和智力发育很有好处；所含维生素 P 能降低血清胆固醇和甘油三酯，有利于防治高血压、动脉硬化、冠心病和中风。用糙米和红枣制作出的豆浆有减肥功效。

西芹荞麦豆浆 不易发胖

材料

西芹20克，荞麦30克，黄豆50克，清水、白糖或冰糖各适量。

做法

1 将黄豆清洗干净后，在清水中浸泡6～8小时，泡至发软备用；西芹择洗干净后，切成碎丁；荞麦淘洗干净，用清水浸泡2小时。

2 将浸泡好的黄豆、荞麦和西芹一起放入豆浆机的杯体中，添加清水至上下水位线之间，启动机器，煮至豆浆机提示西芹荞麦豆浆做好。

3 将打出的西芹荞麦豆浆过滤后，按个人口味趁热添加适量白糖或冰糖调味，不宜吃糖的患者，可用蜂蜜代替。不喜甜者也可不加糖。

【养生功效】

荞麦是一种粗粮，几乎所有的粗粮都有减肥的功效。而且，荞麦还具有清理肠道沉积废物的作用，因此民间称之为“净肠草”。西芹的膳食纤维丰富，二者搭配能够缩短体内废物在肠道内堆积的时间，尽快将它们排出体外。体内的“垃圾”处理系统运转正常，身体就不容易发胖。另外，西芹和荞麦本身热量低，脂肪少，即便多食也不容易发胖。它们搭配黄豆而成的西芹荞麦豆浆，是一款不容易让人发胖的饮品，其中也富含丰富的营养物质，不至于让减肥者出现营养不良的情况。

■ 贴心提示

由于芹菜有清热的特殊功效，故消化不良者和肠胃功能较差者，宜常饮西芹荞麦豆浆。

荷叶绿豆豆浆 安全减肥

材料

荷叶20克，绿豆30克，黄豆50克，清水适量。

做法

1 将黄豆、绿豆清洗干净后，在清水中浸泡6～8小时，泡至发软备用；荷叶择洗干净后，切成碎丁。

2 将浸泡好的黄豆、绿豆同切碎的荷叶一起放入豆浆机的杯体中，添加清水至上下水位线之间，启动机器，煮至豆浆机提示荷叶绿豆豆浆做好。

3 将打出的荷叶绿豆豆浆过滤后即可饮用。

■ 贴心提示

荷叶性寒，从这个方面来说，荷叶绿豆豆浆并不适合体质虚弱或寒性体质的肥胖者，否则会导致腹泻，如果过量饮用，就会严重腹泻甚至脱水。

【养生功效】

荷叶之所以被奉为减肥瘦身的良药，主要是因为荷叶有利尿、通便的功效。利尿可以帮助排除体内多余的水分，消除水肿，通便可以清理肠胃，排除体内毒素。但无论是利尿还是通便，减去的都只是体内的水分，而不是脂肪，所以对于减肥者来说，荷叶能起到一定的辅助作用。利用荷叶和绿豆、黄豆做成的豆浆，是一种安全、绿色的减肥佳品。

桑叶绿豆豆浆 利水消肿

材料

桑叶20克，绿豆30克，黄豆50克，清水适量。

■ 贴心提示

桑叶绿豆豆浆适合肝燥者食用。桑叶性寒，有疏风散热、润肺止咳的功效，因此，风寒感冒有口淡、鼻塞、流清涕、咳嗽的人不宜食用这款豆浆。

做法

1 将黄豆、绿豆清洗干净后，在清水中浸泡6～8小时，泡至发软备用；桑叶择洗干净后，切成碎丁。

2 将浸泡好的黄豆、绿豆同切碎的桑叶一起放入豆浆机的杯体中，添加清水至上下水位线之间，启动机器，煮至豆浆机提示桑叶绿豆豆浆做好。

3 将打出的桑叶绿豆豆浆过滤后即可饮用。

【养生功效】

将桑叶泡茶喝具有减肥的功效。因为桑叶有利水的作用，不仅可以促进排尿，还可使积在细胞中的多余水分排走，能够消肿。桑叶还可以将血液中过剩的中性脂肪和胆固醇排清，即清血功能。正因如此，它既可以减肥，又可以改善因为肥胖引起的脂血症。桑叶和绿豆、黄豆制成的豆浆，能够利水消肿，起到减肥的作用，还能防止心肌梗死、脑出血。

银耳红豆豆浆 减肥养颜两不误

材料

银耳 30 克，红豆 20 克，黄豆 50 克，清水适量。

做法

1 将黄豆、红豆清洗干净后，在清水中浸泡 6 ~ 8 小时，泡至发软备用；银耳用清水泡发，洗净，切碎。

2 将浸泡好的黄豆、红豆同银耳一起放入豆浆机的杯体中，添加清水至上下水位线之间，启动机器，煮至豆浆机提示银耳红豆豆浆做好。

3 将打出的银耳红豆豆浆过滤后即可饮用。

【养生功效】

根据中医学理论，红豆性平味甘酸，可通小肠，具有健脾利水、清利温热、和血排脓、解毒消肿的功效，所以凡是脾虚不适、腹水胀满、皮肤水肿等疾病，都可以酌量进食，经常食用还能减肥消肿。银耳是一种含粗纤维的减肥食品，它同红豆、黄豆制成的豆浆，一方面适合肥胖者减肥食用，另一方面还具有美容养颜的功效。这款豆浆尤其适合爱美的肥胖女性饮用。

贴心提示

质量好的银耳，耳花大而松散，耳肉肥厚，色泽呈白色或略带微黄，蒂头无黑斑或杂质，朵形较圆整，大而美观。如果银耳色泽呈暗黄，朵形不全，呈残状，蒂间不干净，属于质量差的。

第3章 护发乌发豆浆

核桃蜂蜜豆浆 让头发黑亮起来

材料

核桃仁2～3个，黄豆80克，蜂蜜10克、清水适量。

做法

1. 将黄豆清洗干净后，在清水中浸泡6～8小时，泡至发软。核桃仁备用，可碾碎。
2. 将浸泡好的黄豆和核桃仁一起放入豆浆机的杯体中，并加水至上下水位线之间，启动机器，煮至豆浆机提示豆浆做好。
3. 将打出的豆浆过滤后，待稍凉往豆浆中添加蜂蜜即可。

【养生功效】

因精神紧张、压力大造成的脱发，可以试试补肾生发的蜂蜜核桃豆浆，最好在早晨喝，因为早晨通常是空腹，能够充分吸收利用，发挥核桃的养发作用。因为"发者血之余"，脑力工作者常因用脑过度，耗伤心血而出现脱发情况。常吃核桃能够改善脑循环，增强脑力。血旺则发黑，而且核桃中富含多种维生素，所以适合因为肾阳虚引起的头发早白，脱发等现象。核桃同黄豆制成的豆浆，搭配上蜂蜜，能够缓解因压力过大导致的脱发、白发病症，经常饮用有乌发的功效。

■ 贴心提示

挑选核桃时需注意，质量差的核桃仁碎泛油，黏手，色黑褐，有哈喇味，不能食用。如果把整个核桃放在水里，无仁核桃不会下沉，优质核桃则沉入水中。

核桃黑豆豆浆 补肾、乌发、防脱发

材料

黑豆 80 克，核桃仁 1 ~ 2 颗，清水、白糖或冰糖各适量。

做法

1 将黑豆清洗干净后，在清水中浸泡 6 ~ 8 小时，泡至发软备用；核桃仁碾碎。

2 将浸泡好的黑豆和碾碎的核桃仁一起放入豆浆机的杯体中，添加清水至上下水位线之间，启动机器，煮至豆浆机提示核桃黑豆豆浆做好。

3 将打出的核桃黑豆豆浆过滤后，按个人口味趁热添加适量白糖或冰糖调味，不宜吃糖的患者，可用蜂蜜代替。不喜甜者也可不加糖。

【养生功效】

核桃仁含有亚麻油酸及钙、磷、铁，经常食用可润肌肤、乌须发，并具有防治头发过早变白和脱落的功能。自古以来，黑豆就是一种常用的补肾佳品，具有补肾益精和润肤、乌发的作用，核桃搭配黑豆制成的这款豆浆具有补肾功效，可以乌发、防脱发。

■ 贴心提示

黑豆不适宜生吃，尤其是肠胃不好的人，生吃会出现胀气现象。

芝麻核桃豆浆 防治头发早白、脱落

材料

黄豆 70 克，黑芝麻 20 克，核桃仁 1 ~ 2 颗，清水、白糖或冰糖各适量。

做法

1 将黄豆清洗干净后，在清水中浸泡 6 ~ 8 小时，泡至发软备用；黑芝麻淘去沙粒；核桃仁碾碎。

2 将浸泡好的黄豆和黑芝麻、核桃仁一起放入豆浆机的杯体中，添加清水至上下水位线之间，启动机器，煮至豆浆机提示芝麻核桃豆浆做好。

3 将打出的芝麻核桃豆浆过滤后，按个人口味趁热添加适量白糖或冰糖调味，不宜吃糖的患者，可用蜂蜜代替。不喜甜者也可不加糖。

【养生功效】

黑芝麻性味甘平，有滋肝益肾、补血生津等功效；核桃也有滋血养发的作用，黄豆可以防止头发干枯。因此黑芝麻、核桃搭配黄豆制成的这款豆浆，可以防治头发早白和脱落。

■ 贴心提示

不要剥掉核桃仁表面的褐色薄皮，因为这样会损失一部分营养。

芝麻黑米黑豆豆浆 改善孩子的头发稀疏问题

材料

黄豆50克，黑芝麻10克，黑米20克，黑豆20克，清水、白糖或冰糖各适量。

做法

1 将黄豆、黑豆清洗干净后，在清水中浸泡6～8小时，泡至发软备用；黑芝麻淘去沙粒；黑米淘洗干净，用清水浸泡2小时。

2 将浸泡好的黄豆、黑豆、黑米和黑芝麻一起放入豆浆机的杯体中，添加清水至上下水位线之间，启动机器，煮至豆浆机提示芝麻黑米黑豆豆浆做好。

3 将打出的芝麻黑米黑豆豆浆过滤后，按个人口味趁热添加适量白糖或冰糖调味，不宜吃糖的患者，可用蜂蜜代替。不喜甜者也可不加糖。

■ 贴心提示

脾胃虚弱的小儿不宜食用这款豆浆。

【养生功效】

中医学认为，“黑色入通于肾”，黑色食品都有补肾功效。黑米、黑豆、黑芝麻都属于黑色食品，他们可以帮助孩子提升肾中阳气，搭配上黄豆后制成的豆浆更是能够滋阴补虚，而且容易消化，能改善孩子头发稀疏的状况。

芝麻蜂蜜豆浆 适于中老年人的头发问题

材料

黑芝麻30克，黄豆60克，蜂蜜10克，清水适量。

做法

1 将黄豆清洗干净后，在清水中浸泡6～8小时，泡至发软备用；芝麻淘去沙粒。

2 将浸泡好的黄豆和黑芝麻一起放入豆浆机的杯体中，添加清水至上下水位线之间，启动机器，煮至豆浆机提示芝麻蜂蜜豆浆做好。

3 将打出的芝麻蜂蜜豆浆过滤后，待稍凉添加蜂蜜即可。

■ 贴心提示

芝麻虽好，食用时也有一定的禁忌，那些有慢性肠炎，阳痿，遗精者，以及白带异常的人不宜食用芝麻蜂蜜豆浆。

【养生功效】

黑芝麻中的维生素E有助于头皮内的血液循环，促进头发的生长，并对头发起滋润作用，防止头发干燥和发脆。芝麻中富含的优质蛋白质、不饱和脂肪酸、钙等营养物质均可养护头发，防止脱发和白发，使头发保持乌黑亮丽。黑芝麻富含油脂，中医认为用等量的黑芝麻、蜂蜜拌匀后，蒸熟食用，能够治疗早年白发，或发枯易落。这款芝麻蜂蜜豆浆特别适合因肝肾不足引起的头发早白、脱发症状，尤其适合中老年人食用。

芝麻花生黑豆豆浆 改善脱发、须发早白

材料

黑豆50克，花生30克，黑芝麻20克，清水、白糖或冰糖各适量。

■ 贴心提示

花生仁不要去除红衣，因为它能补血、养血、止血。

做法

1 将黑豆清洗干净后，在清水中浸泡6～8小时，泡至发软备用；芝麻淘去沙粒；花生去皮。

2 将浸泡好的黑豆和花生、芝麻一起放入豆浆机的杯体中，添加清水至上下水位线之间，启动机器，煮至豆浆机提示芝麻花生黑豆豆浆做好。

3 将打出的芝麻花生黑豆豆浆过滤后，按个人口味趁热添加适量白糖或冰糖调味，不宜吃糖的患者，可用蜂蜜代替。不喜甜者也可不加糖。

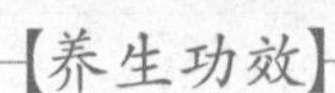

【养生功效】

人们都知道，如果头发看起来不好，应该多吃黑芝麻之类的食物，其实这些东西在很大程度上就是用来强壮补肾的。黑豆、花生和黑芝麻都有助于补肾益精，它们共同作用可使肾精充盛，令头发变得更有光泽。这款豆浆能改善脱发、须发早白和非遗传性白发。

核桃黑米豆浆 滋阴补肾、护发乌发

材料

黄豆50克，黑米30克，核桃仁1～2颗，清水、白糖或冰糖各适量。

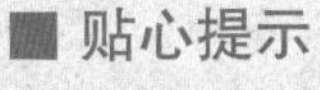

■ 贴心提示

真假黑米的辨别：正宗黑米只是表面米皮为黑色，剥去米皮，米心是白色，米粒颜色有深有浅，而染色黑米颜色基本一致。

做法

1 将黄豆清洗干净后，在清水中浸泡6～8小时，泡至发软备用；黑米淘洗干净，用清水浸泡2小时；核桃仁碾碎。

2 将浸泡好的黄豆和黑米、核桃仁一起放入豆浆机的杯体中，添加清水至上下水位线之间，启动机器，煮至豆浆机提示核桃黑米豆浆做好。

3 将打出的核桃黑米豆浆过滤后，按个人口味趁热添加适量白糖或冰糖调味，不宜吃糖的患者，可用蜂蜜代替。不喜甜者也可不加糖。

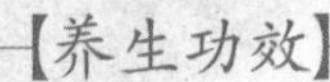

【养生功效】

中医学认为“发为血之余”，肝主藏血，肾主藏精，精生于血。也就是白发和脱发等头发上的一系列问题，同肝血不足或者肾精不足有关系。核桃和黑米都是滋补肝肾的佳品，所以将它们搭配起来能达到养发护发的目的。黄豆能够补气养血，加上核桃和黑米的共同作用，这款豆浆可以通过滋阴补肾达到护发、乌发的目的。

糯米芝麻黑豆豆浆 补虚、补血、改善须发早白

材料

糯米30克，黑芝麻20克，黑豆50克，清水、白糖或冰糖各适量。

【养生功效】

糯米是一种滋补食品，它能够滋阴补益，对于尿频、盗汗均有较好的疗效。另外，糯米有补肾的作用，与黑芝麻和黑豆搭配效果最好，可以使头发乌黑发亮。这款用糯米、黑芝麻搭配黑豆制成的豆浆，能够补虚、补血，可以改善因肝肾不足、气血亏损所致的须发早白。

做法

1. 将黑豆清洗干净后，在清水中浸泡6～8小时，泡至发软备用；黑芝麻淘去沙粒；糯米淘洗干净，用清水浸泡2小时。
2. 将浸泡好的黑豆、糯米和黑芝麻一起放入豆浆机的杯体中，添加清水至上下水位线之间，启动机器，煮至豆浆机提示糯米芝麻黑豆豆浆做好。
3. 将打出的糯米芝麻黑豆豆浆过滤后，按个人口味趁热添加适量白糖或冰糖调味，不宜吃糖的患者，可用蜂蜜代替。不喜甜者也可不加糖。

■ 贴心提示

由于糯米极柔黏，难以消化，脾胃虚弱者不宜多食这款豆浆；老人、小孩或患者应慎食。

第4章 抗衰防老豆浆

茯苓米香豆浆 抗击衰老

材 料

黄豆60克，粳米25克，茯苓粉15克，清水、白糖或冰糖各适量。

做 法

1. 将黄豆清洗干净后，在清水中浸泡6～8小时，泡至发软备用；粳米淘洗干净，用清水浸泡2小时。
2. 将浸泡好的黄豆、粳米和茯苓粉一起放入豆浆机的杯体中，添加清水至上下水位线之间，启动机器，煮至豆浆机提示茯苓米香豆浆做好。
3. 将打出的茯苓米香豆浆过滤后，按个人口味趁热添加适量白糖或冰糖调味，不宜吃糖的患者，可用蜂蜜代替。不喜甜者也可不加糖。

【养生功效】

茯苓具有延缓衰老的功效，历代医学家都很重视茯苓的这一功效，也出现了很多以茯苓为原料制成的风味小吃。有营养学家对慈禧太后的长寿补益药方进行了分析，发现她常用的补益中药共64种，使用率最高的一味中药就是茯苓。近年来药理研究还证明，茯苓中富含的茯苓多糖能增强人体免疫功能，可以提高人体的抗病能力，起到防病、延缓衰老的作用。黄豆可以补充蛋白质，粳米可以补充碳水化合物。二者搭配茯苓制成的豆浆，不但可以健脾利湿、补充人体所需营养，还能延缓衰老，减轻岁月给肌肤带来的影响。

■ 贴心提示

茯苓粉在中药店可以买到。熬煮的时候要不时搅拌一下，以免粘锅。

杏仁芝麻糯米豆浆 延缓衰老

材料

糯米20克，熟芝麻10克，杏仁10克，黄豆50克，清水、白糖或蜂蜜各适量。

■ 贴心提示

家里面没有芝麻或者杏仁的，也可以用芝麻粉和杏仁粉代替；产妇、幼儿、患者，特别是糖尿病患者不宜食用杏仁芝麻糯米豆浆。

做法

1 将黄豆清洗干净后，在清水中浸泡6～8小时，泡至发软备用；糯米清洗干净，并在清水中浸泡2小时；芝麻和杏仁分别碾碎。

2 将浸泡好的黄豆、糯米、芝麻、杏仁一起放入豆浆机的杯体中，添加清水至上下水位线之间，启动机器，煮至豆浆机提示杏仁芝麻糯米豆浆做好。

3 将打出的杏仁芝麻糯米豆浆过滤后，按个人口味趁热添加适量白糖，或等豆浆稍凉后加入蜂蜜即可饮用。

【养生功效】

芝麻被称为抗衰防老的“仙家食品”，常吃芝麻，能清除细胞内衰老物质“自由基”，延缓细胞的衰老，保持机体青春活力。杏仁中含有丰富的维生素E，维生素E已被证实是一种强抗氧化物质，可以降低很多慢性病的发病率，还能增强机体免疫力，延缓衰老。糯米可以温补人的脾胃，帮助吸收。糯米搭配芝麻和杏仁制成的豆浆，能够减缓衰老，预防多种慢性病。

三黑豆浆 抗氧化、抗衰老

材料

黑豆50克，黑米30克，黑芝麻20克，清水、白糖或冰糖各适量。

■ 贴心提示

黑芝麻用火焙一下，可以去除芝麻本身的涩味，磨成浆后口感比较好。

做法

1 将黑豆清洗干净后，在清水中浸泡6～8小时，泡至发软备用；黑米淘洗干净，用清水浸泡2小时；黑芝麻淘洗干净，用平底锅焙出香味待用。

2 将浸泡好的黑豆、黑米和黑芝麻一起放入豆浆机的杯体中，添加清水至上下水位线之间，启动机器，煮至豆浆机提示三黑豆浆做好。

3 将打出的三黑豆浆过滤后，按个人口味趁热添加适量白糖或冰糖调味，不宜吃糖的患者，可用蜂蜜代替。不喜甜者也可不加糖。

【养生功效】

黑豆含有丰富的维生素，其中维生素E的含量比肉类高5～7倍。黑豆皮以及黑米外部皮层含有花青素，能清除体内自由基，滋阴养颜美容，增加肠胃蠕动。黑芝麻含有的多种人体必需氨基酸，能加速人体的代谢功能。黑豆、黑米和黑芝麻三者搭配制成的这款豆浆，富含维生素、硒、铁、钙等物质，具有抗击衰老的功效。

黑豆胡萝卜豆浆 抗氧化、防衰老

材料

胡萝卜 1/3 根，黑豆 30 克，黄豆 30 克，清水、白糖或冰糖各适量。

做法

① 将黑豆和黄豆清洗干净后，在清水中浸泡 6 ~ 8 小时，泡至发软备用；胡萝卜去皮后切成小丁，下入开水中略焯，捞出后沥干。

② 将浸泡好的黑豆、黄豆同胡萝卜丁一起放入豆浆机的杯体中，添加清水至上下水位线之间，启动机器，煮至豆浆机提示黑豆胡萝卜豆浆做好。

③ 将打出的黑豆胡萝卜豆浆过滤后，按个人口味趁热往豆浆中添加适量白糖或冰糖调味，不宜吃糖的患者可用蜂蜜代替。不喜甜者也可不加糖。

【养生功效】

胡萝卜素是胡萝卜中最主要的成分，每百克胡萝卜含 13.5 ~ 17.25 毫克的胡萝卜素，远比其他蔬菜多。胡萝卜素进入人体被吸收后，可转化成维生素 A，加强免疫力，抗癌防病。另外，维生素 A 能够保持人体上皮组织的一般机能，使其分泌出糖蛋白，用以保持肌肤湿润细嫩，因而常常食用胡萝卜可保持人的年轻形象；黑豆含有锌、硒等微量元素，对延缓人的衰老和降低血液黏稠度等有益。所以，胡萝卜、黑豆和黄豆制成的这款豆浆能抗氧化，防衰老。

胡萝卜黑豆核桃豆浆 对抗自由基

材料

胡萝卜 1/3 根，黑豆 50 克，核桃仁 2 个，清水、白糖或冰糖各适量。

做法

① 将黑豆清洗干净后，在清水中浸泡 6 ~ 8 小时，泡至发软备用；胡萝卜去皮后切成小丁，下入开水中略焯，捞出后沥干；核桃仁碾碎。

② 将浸泡好的黑豆同胡萝卜丁、核桃一起放入豆浆机的杯体中，添加清水至上下水位线之间，启动机器，煮至豆浆机提示胡萝卜黑豆核桃豆浆做好。

③ 将打出的胡萝卜黑豆核桃豆浆过滤后，按个人口味趁热往豆浆中添加适量白糖或冰糖调味，不宜吃糖的患者可用蜂蜜代替。

【养生功效】

黑豆具有补肾益精和润肤、乌发的作用。黑豆还具有利水、祛风、活血、解毒的作用；胡萝卜中富含胡萝卜素，它在进入人体被吸收后，能够转化成维生素 A，经常食用能增强免疫力，抗癌防病。核桃有助于胡萝卜中营养的吸收。这款豆浆能对抗自由基，延缓衰老。

贴心提示

想要怀孕的女性不宜多饮这款豆浆。另外，糖尿病患者也要少饮胡萝卜黑豆核桃豆浆。

核桃小麦红枣豆浆 提高免疫力

材料

小麦仁30克，核桃仁2个，红枣5个，黄豆40克，清水、白糖或冰糖各适量。

做法

1 将黄豆清洗干净后，在清水中浸泡6～8小时，泡至发软；小麦仁清洗干净，在清水中浸泡2小时；红枣洗净，去核，切碎。核桃仁碾碎；

2 将浸泡好的黄豆和小麦仁、核桃仁、红枣一起放入豆浆机的杯体中，并加水至上下水位线之间，启动机器，煮至豆浆机提示核桃小麦红枣豆浆做好。

3 将打出的核桃小麦红枣豆浆过滤后，按个人口味趁热往豆浆中添加适量白糖或冰糖调味，不宜吃糖的患者可用蜂蜜代替。不喜甜者也可不加糖。

【养生功效】

小麦仁中富含膳食纤维，可帮助人体排便，降低心血管疾病、呼吸道疾病等疾病的死亡危险，延年益寿；核桃中富含维生素E，维生素E能保护脑细胞免受自由基的袭击，有增强免疫力和抗炎的功效。红枣有“天然维生素丸”的美誉，它能保证人体营养的补充，提高机体免疫力。中医学也认为红枣能够滋补养血、健脾益气，经常食用能够起到延年益寿的功效。黄豆可补益气血，因此这款豆浆能够增强身体的免疫力，延缓衰老。

松仁开心果豆浆 适用于老年心血管病患者

材料

松仁25克，开心果25克，黄豆50克，清水、白糖或冰糖各适量。

■ 贴心提示

脾虚腹泻以及多痰患者不宜食用松仁。由于这款豆浆的油脂含量丰富，胆功能严重不良者应慎饮。

做法

1 将黄豆清洗干净后，在清水中浸泡6～8小时，泡至发软；松仁、开心果仁碾碎。

2 将浸泡好的黄豆和松仁、开心果一起放入豆浆机的杯体中，并加水至上下水位线之间，启动机器，煮至豆浆机提示松仁开心果豆浆做好。

3 将打出的松仁开心果豆浆过滤后，按个人口味趁热往豆浆中添加适量白糖或冰糖调味，不宜吃糖的患者可用蜂蜜代替。不喜甜者也可不加糖。

【养生功效】

松仁性温味甘，具有养阴、息风、润肺、滑肠等功效，能治疗风痹、头眩等症。开心果富含精氨酸，它不仅可以缓解动脉硬化的发生，有助于降低血脂，还能降低心脏病发作危险。这款豆浆适合老年人食用，能够有效预防心血管疾病。

紫薯红豆豆浆 清除自由基、抗老化

材料

紫薯 50 克，红豆 50 克，清水适量。

做法

1. 将红豆清洗干净后，在清水中浸泡 6 ~ 8 小时，泡至发软备用；紫薯去皮、洗净，之后切成小碎丁。
2. 将浸泡好的红豆和切好的紫薯丁一起放入豆浆机的杯体中，添加清水至上下水位线之间，启动机器，煮至豆浆机提示紫薯红豆豆浆做好。
3. 将打出的紫薯红豆豆浆过滤后即可饮用。

【养生功效】

紫薯富含花青素，花青素是纯天然的抗衰老的营养补充剂，是当今人类发现的最有效的抗氧化剂，它的抗氧化性能比维生素 E 高出 50 倍，比维生素 C 高出 20 倍。花青素可营养皮肤，增强皮肤免疫力，应对各种过敏性症状。它不但能防止皮肤皱纹的过早生成，还可维持正常的细胞连接、血管的稳定、增强微细血管循环、提高微血管和静脉的流动，进而达到异常皮肤的迅速愈合。红豆中富含铁质，经常食用能使人气色红润，多吃红豆还能补血、促进血液循环、强化体力、增强抵抗力。

■ 贴心提示

紫薯含有一种氧化酶，这种酶容易在人的胃肠道里产生大量二氧化碳气体，如吃得过多，会使人腹胀、呃逆。紫薯的含糖量较高，吃多了可刺激胃酸大量分泌，使人感到胃灼热。

第5章

排毒清肠豆浆

生菜绿豆豆浆 排毒、去火

材 料

生菜30克，绿豆20克，黄豆50克，清水适量。

做 法

1. 将黄豆、绿豆清洗干净后，在清水中浸泡6～8小时，泡至发软备用；生菜洗净后切碎。
2. 将浸泡好的黄豆、绿豆和切好的生菜一起放入豆浆机的杯体中，添加清水至上下水位线之间，启动机器，煮至豆浆机提示生菜绿豆豆浆做好。
3. 将打出的生菜绿豆豆浆过滤后即可饮用。

【养生功效】

香脆可口的生菜也是一款排毒功效很强的食材，生菜中有大量的纤维素，多吃生菜有利于把肠道中的废物排出体外。如果在少吃其他食物的基础上多吃生菜，就可以逐渐降低血液中的胆固醇。另外，生菜还可以清除因为假期多食大鱼大肉导致的体内火气，绿豆也具有清热解毒、止渴利尿等功效。生菜、绿豆和黄豆搭配制作的豆浆具有排毒、去火的养生功用。

■ 贴心提示

生菜容易残留农药，认真冲洗后，最好用清水泡一泡，避免发生毒副作用。另外，生菜和绿豆均性凉，患有尿频和胃寒的人不宜多饮生菜绿豆豆浆。

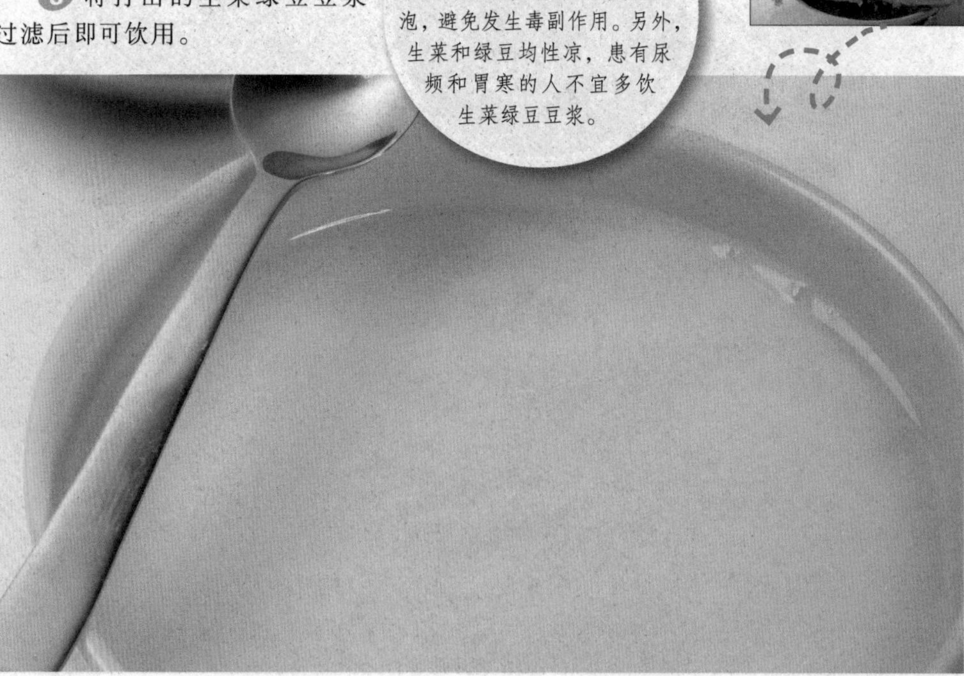

莴笋绿豆豆浆 改善排泄系统

材料

莴笋30克，绿豆50克，黄豆20克，清水适量。

做法

1 将黄豆、绿豆清洗干净后，在清水中浸泡6～8小时，泡至发软备用；莴笋洗净后切成小段，下入开水中焯烫，捞出沥干。

2 将浸泡好的黄豆、绿豆和莴笋一起放入豆浆机的杯体中，添加清水至上下水位线之间，启动机器，煮至豆浆机提示莴笋绿豆豆浆做好。

3 将打出的莴笋绿豆豆浆过滤后即可食用。

【养生功效】

莴笋含钾量较高，有利于排尿，对高血压和心脏病患者极为有益，莴笋中还含有大量的植物纤维素，能够促进肠壁蠕动，帮助大便排泄，对各种原因引起的便秘有辅助作用；绿豆可以通过利尿、清热的办法，化解并排出心脏的毒素，但吃绿豆时要用液体的形式，如绿豆浆或绿豆汤，绿豆糕的效果会差一些；黄豆具有通便、排毒功效。莴笋搭配绿豆和黄豆制成的这款豆浆，能够有效改善排泄系统，有利于人体排出毒素。

■ 贴心提示

将买来的莴笋放入盛有凉水的器皿内，水淹至莴笋主干1/3处，这样放置多日仍可保持新鲜。脾胃虚寒者和产后妇女不宜多食这款豆浆。

芦笋绿豆豆浆 排毒抗癌

材料

芦笋30克，绿豆50克，黄豆20克，清水适量。

做法

1 将黄豆、绿豆清洗干净后，在清水中浸泡6～8小时，泡至发软备用；芦笋洗净后切成小段，下入开水中焯烫，捞出沥干。

【养生功效】

芦笋中含有丰富的硒元素，硒是抗癌元素之王，是谷胱甘肽过氧化物酶的组成部分，能阻止致癌物质过氧化物和自由基的形成，防止造成基因突变，刺激环腺苷的积累，抑制癌细胞中脱氧核糖核酸的合成，阻止癌细胞分裂与生长，刺激机体免疫功能，促进抗体的形成，提高对癌的抵抗力。芦笋抗癌的奥秘还在于它富含组织蛋白中的酰胺酶，这是一种使细胞生长正常的物质，加之所含叶酸、核酸的强化作用，能有效控制癌细胞生长。绿豆具有清热解毒功效。芦笋搭配绿豆、黄豆制成的这款豆浆具有排毒抗癌的功效。

2 将浸泡好的黄豆、绿豆和芦笋一起放入豆浆机的杯体中，添加清水至上下水位线之间，启动机器，煮至豆浆机提示莴笋绿豆豆浆做好。

3 将打出的芦笋绿豆豆浆过滤后即可食用。

糯米莲藕豆浆 通便又排毒

材料

糯米 30 克，莲藕 20 克，黄豆 50 克，清水适量。

做法

1. 将黄豆清洗干净后，在清水中浸泡 6 ~ 8 小时，泡至发软备用；糙米淘洗干净，用清水浸泡 2 小时；莲藕去皮后切成小丁，下入开水中略焯，捞出后沥干。
2. 将浸泡好的黄豆同糯米、莲藕丁一起放入豆浆机的杯体中，添加清水至上下水位线之间，启动机器，煮至豆浆机提示糯米莲藕豆浆做好。
3. 将打出的糯米莲藕豆浆过滤后即可饮用。

【养生功效】

莲藕中含有黏液蛋白和膳食纤维，能与人体内胆酸盐，食物中的胆固醇及甘油三酯结合，使其从粪便中排出，从而减少脂类的吸收。糯米也是排毒的佳品，糯米中含有蛋白质、脂肪、糖类、钙、磷、铁、维生素等营养成分，有补中益气、养胃健脾、止泻、解毒疗疮等功效。不过糯米不好消化，因此不宜过量食用。黄豆具有通便、排毒的作用。莲藕、糯米和黄豆一起制成的豆浆，能够通便、排毒，帮助排除身体内的废物，增加机体的抗病能力。

■ 贴心提示

没切过的莲藕可在室温中放置一周的时间，但因莲藕容易变黑，切面的部分容易腐烂，所以切过的莲藕要在切口处覆以保鲜膜，冷藏保鲜一个星期左右。

海带豆浆 排出重金属元素

材料

海带 20 克，黄豆 70 克，清水、白糖或冰糖适量。

■ 贴心提示

海带豆浆不宜与茶水一同饮用，以免影响海带中铁的吸收。

做法

1. 将黄豆清洗干净后，在清水中浸泡 6 ~ 8 小时，泡至发软备用；海带水发泡后洗净，切碎。
2. 将浸泡好的黄豆和海带一起放入豆浆机的杯体中，添加清水至上下水位线之间，启动机器，煮至豆浆机提示海带豆浆做好。
3. 将打出的海带豆浆过滤后，按个人口味趁热添加适量白糖或冰糖调味，不宜吃糖的患者，可用蜂蜜代替。不喜甜者也可不加糖。

【养生功效】

海带中的碘质和海藻酸能促进铅的排出，海带中的褐藻酸能减慢肠道吸收放射性元素锶的速度，使锶排出体外，具有预防白血病的作用。黄豆也有排毒作用，它能解酒毒、增强肝脏的解毒功能。经常用计算机、电器、手机的现代人，可以在平时多饮用海带豆浆，能获得双倍排毒的效果。

红薯绿豆豆浆 解毒、促进排便

材料

绿豆 30 克，红薯 30 克，黄豆 40 克，清水、白糖或冰糖适量。

做法

❶ 将黄豆、绿豆清洗干净后，在清水中浸泡 6 ~ 8 小时，泡至发软备用；红薯去皮、洗净，切碎。

❷ 将浸泡好的黄豆、绿豆和红薯一起放入豆浆机的杯体中，添加清水至上下水位线之间，启动机器，煮至豆浆机提示红薯绿豆豆浆做好。

❸ 将打出的红薯绿豆豆浆过滤后，按个人口味趁热添加适量白糖或冰糖调味，不宜吃糖的患者，可用蜂蜜代替。不喜甜者也可不加糖。

■ 贴心提示

这款豆浆不可与柿子同食，否则容易出现胃疼、胃胀等不适感。

【养生功效】

绿豆对吃进身体的农药有特效，能把它们带出体外。另外，绿豆还能防治食物中毒；红薯中含有大量的膳食纤维，吃红薯能够刺激肠道，增强其蠕动性，达到通便排毒的目的，尤其是对于老年性的便秘有不错的疗效。综合绿豆和红薯的排毒功效，这款红薯绿豆豆浆能够辅助化解农药中毒、铅中毒等，并且能够促进排便，消除体内废气。

糙米燕麦豆浆 食物纤维促排毒

材料

燕麦片 30 克，糙米 20 克，黄豆 50 克，清水、白糖或冰糖各适量。

做法

❶ 将黄豆清洗干净后，在清水中浸泡 6 ~ 8 小时，泡至发软备用；糙米淘洗干净，用清水浸泡 2 小时；燕麦片备用。

❷ 将浸泡好的黄豆、糙米和燕麦片一起放入豆浆机的杯体中，添加清水至上下水位线之间，启动机器，煮至豆浆机提示糙米燕麦豆浆做好。

❸ 将打出的糙米燕麦豆浆过滤后，按个人口味趁热添加适量白糖或冰糖调味，不宜吃糖的患者，可用蜂蜜代替。不喜甜者也可不加糖。

【养生功效】

燕麦、大豆和糙米中都含有大量的膳食纤维，经常食用会令大便通畅，体内废物等毒素也会随之排出。另外，糙米具有分解农药等放射性物质的功效，从而可有效防止体内吸收有害物质，达到防癌的作用。这款豆浆不但能够促进肠蠕动，达到排毒减肥的目的，同时也可以分解农药等放射物质，避免人体吸收有害物质。

■ 贴心提示

搅打豆浆前最好先将糙米用水充分浸泡，因为糙米的米质比较硬，浸泡后能打得细碎一些，易于营养的吸收。

第6章

补气养血豆浆

红枣紫米豆浆 养血安神

材料

红枣10克，紫米30克，黄豆60克，清水、白糖或蜂蜜各适量。

做法

1 将黄豆清洗干净后，在清水中浸泡6～8小时，泡至发软备用；红枣洗干净，去核；紫米淘洗干净，用清水浸泡2小时。

2 将浸泡好的黄豆同紫米、红枣一起放入豆浆机的杯体中，添加清水至上下水位线之间，启动机器，煮至豆浆机提示红枣紫米豆浆做好。

3 将打出的红枣紫米豆浆过滤后，按个人口味趁热添加适量白糖或冰糖即可饮用。

【养生功效】

红枣具有养血安神的功效，是滋补阴虚的良药，用红枣熬制的水对因经血过多而引起贫血的女性有帮助，可改善怕冷、苍白和手脚冰冷的现象。而且红枣性质平和，无论在月经前或后，都可饮用，有极高的抗衰老和养颜作用。紫米也叫作“血糯米”，从它的名字上也能看出紫米有养血的功效。用红枣和紫米制作的这款豆浆有养血安神的功效。

■ 贴心提示

因为红枣的糖分含量较高，糖尿病患者应当少食或者不食。凡是痰湿偏盛、湿热内盛、腹部胀满者也忌食红枣紫米豆浆。

黄芪糯米豆浆 改善气虚、气血不足

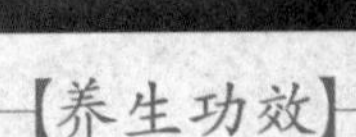

材料

黄芪 25 克，糯米 50 克，黄豆 50 克，清水、白糖或冰糖各适量。

做法

❶ 将黄豆清洗干净后，在清水中浸泡 6 ~ 8 小时，泡至发软备用；黄芪煎汁备用；糯米淘洗干净备用。

❷ 将浸泡好的黄豆和糯米一起放入豆浆机的杯体中，淋入黄芪汁，添加清水至上下水位线之间，启动机器，煮至豆浆机提示黄芪糯米豆浆做好。

❸ 将打出的黄芪糯米豆浆过滤后，按个人口味趁热添加适量白糖或冰糖调味，不宜吃糖的患者，可用蜂蜜代替。不喜甜者也可不加糖。

■ 贴心提示

糯米能够御寒，这道豆浆适合在冬季食用。另外，有感冒发热、胸腹有满闷感的人不宜饮用黄芪糯米豆浆。

【养生功效】

黄芪既能补气，又能生血，气血足，能够鼓舞人体正气，提高身体的抵抗力。糯米能缓解气虚所导致的盗汗及过度劳累后出现的气虚乏力等症状。用黄芪和糯米制作出的这款豆浆能够改善气虚造成的不适感，还能缓解气血不足的症状。

花生红枣豆浆 养血、补血可助孕

材料

黄豆 60 克，红枣 15 克，花生 15 克，清水、白糖或冰糖各适量。

做法

❶ 将黄豆清洗干净后，在清水中浸泡 6 ~ 8 小时，泡至发软备用；红枣洗干净，去核；花生仁洗净。

❷ 将浸泡好的黄豆和红枣、花生一起放入豆浆机的杯体中，添加清水至上下水位线之间，启动机器，煮至豆浆机提示花生红枣豆浆做好。

❸ 将打出的花生红枣豆浆过滤后，按个人口味趁热添加适量白糖或冰糖调味，不宜吃糖的患者，可用蜂蜜代替。不喜甜者也可不加糖。

■ 贴心提示

肠胃虚弱的人在饮用这款豆浆时，不宜同时吃黄瓜和螃蟹，否则会造成腹泻。

【养生功效】

红枣和花生都是药食同源的食物，能生血补血。现代女性大多因生活工作压力大而致情志不畅，使得气滞血瘀、月经不调，最终降低了受孕的概率，多吃花生和红枣是比较合适的。这款利用红枣、花生和豆浆制成的豆浆，既能养血、补血，又能止血，最宜用于身体虚弱的出血患者，那些体质比较消瘦、怕冷的人也很适用。

黑芝麻枸杞豆浆 防治缺铁性贫血

材料

枸杞子25克，黑芝麻25克，黄豆50克，清水、白糖或冰糖各适量。

做法

1 将黄豆清洗干净后，在清水中浸泡6～8小时，泡至发软备用；芝麻淘去沙粒；枸杞洗干净，用清水泡软。

2 将浸泡好的黄豆、枸杞和黑芝麻一起放入豆浆机的杯体中，添加清水至上下水位线之间，启动机器，煮至豆浆机提示黑芝麻枸杞豆浆做好。

3 将打出的黑芝麻枸杞豆浆过滤后，按个人口味趁热添加适量白糖或冰糖调味，不宜吃糖的患者，可用蜂蜜代替。不喜甜者也可不加糖。

■ 贴心提示

如果黑芝麻保存不当，外表容易出现油腻潮湿的现象，这时最好不要再食用，以免对人体造成伤害。

【养生功效】

每100克芝麻中含铁量是菠菜的3倍，能够辅助治疗缺铁性贫血，芝麻中富含的芝麻油有很好的凝血作用，对治疗血小板的作用已经得到广泛承认。芝麻还有补肾的作用，由于脾肾亏虚导致的贫血也可通过食用芝麻得到缓解。枸杞子和黄豆中的铁元素含量也很高，加上黑芝麻一起磨成的豆浆，因为富含铁元素，对防治缺铁性贫血有一定帮助，还可改善气喘、头晕、疲乏、脸色苍白等不适应症状。

山药莲子枸杞豆浆 通利气血

材料

山药30克，莲子10克，枸杞10克，黄豆50克，清水、白糖或冰糖各适量。

做法

1 将黄豆清洗干净后，在清水中浸泡6～8小时，泡至发软备用；山药去皮后切成小丁，下入开水中灼烫，捞出沥干；莲子洗净后略泡。

2 将浸泡好的黄豆、莲子、枸杞和山药一起放入豆浆机的杯体中，添加清水至上下水位线之间，启动机器，煮至豆浆机提示山药莲子枸杞豆浆做好。

3 将打出的山药莲子枸杞豆浆过滤后，按个人口味趁热添加适量白糖或冰糖调味。

【养生功效】

山药性味平和，不寒不燥；莲子善于补五脏不足，通利十二经脉气血，使气血畅而不腐；枸杞子主要的功用是滋阴益肾，服用枸杞能通过滋阴增液来间接益气，气又能生血，所以说长期服用枸杞子也能达到益气养血的功用。

红枣枸杞紫米豆浆 补气养血、补肾

材料

红枣 20 克，枸杞子 10 克，紫米 20 克，黄豆 50 克，清水、白糖或蜂蜜各适量。

做法

1 将黄豆清洗干净后，在清水中浸泡 6～8 小时，泡至发软备用；红枣洗干净，去核；枸杞洗干净，用清水泡软；紫米淘洗干净，用清水浸泡 2 小时。

2 将浸泡好的黄豆同紫米、红枣、枸杞一起放入豆浆机的杯体中，添加清水至上下水位线之间，启动机器，煮至豆浆机提示红枣枸杞紫米豆浆做好。

3 将打出的红枣枸杞紫米豆浆过滤后，按个人口味趁热添加适量白糖或冰糖即可饮用。

贴心提示

枸杞子生吃的味道也很不错，但不能吃太多，否则容易上火。

【养生功效】

红枣是补血最常用的食物，不管是生吃还是泡酒喝，效果都不错。中医学认为枸杞能补肝血，又认为"久视伤肝血"，经常对着电脑用眼过度伤肝血的人，最宜食用枸杞。《本草纲目》记载，紫米也有滋阴补肾、明目活血等作用。因此这款豆浆有补气养血、补肾的功效，适合电脑族经常饮用。

二花大米豆浆 缓解痛经

材料

凤仙花 10 克，月季花 10 克，大米 30 克，黄豆 50 克，清水、红糖各适量。

做法

1 将黄豆清洗干净后，在清水中浸泡 6～8 小时，泡至发软备用；凤仙花瓣仔细清洗干净后备用；月季花瓣清洗干净后备用；大米淘洗干净，用清水浸泡 2 小时。

2 将浸泡好的黄豆、大米和凤仙花、月季花一起放入豆浆机的杯体中，添加清水至上下水位线之间，启动机器，煮至豆浆机提示二花大米豆浆做好。

3 将打出的二花大米豆浆过滤后，按个人口味趁热添加适量红糖调味即可。

贴心提示

凤仙花与急性子，同属凤仙花科植物凤仙花，一为花、一为种子，但其功效有别，且凤仙花无毒，而急性子有毒。

【养生功效】

凤仙花性温味甘，是一剂温和的止痛良药，可用于治疗妇女闭经腹痛的病症；月季味甘、性温，入肝经，有活血调经和消肿解毒的功效。由于月季花的祛瘀、行气、止痛作用明显，故常被用于治疗月经不调、痛经等病症。这款豆浆，对缓解女性痛经有很好的食疗功效。

桂圆红豆豆浆 改善心血不足

材料

桂圆30克，红豆50克，清水、白糖或冰糖各适量。

做法

1 将红豆清洗干净后，在清水中浸泡6～8小时，泡至发软备用；桂圆肉切碎。

2 将浸泡好的红豆和桂圆一起放入豆浆机的杯体中，添加清水至上下水位线之间，启动机器，煮至豆浆机提示桂圆红豆豆浆做好。

3 将打出的桂圆红豆豆浆过滤后，按个人口味趁热添加适量白糖或冰糖调味。不宜吃糖的患者，可用蜂蜜代替。

【养生功效】

心血不足的人可以饮用桂圆红豆浆。桂圆有益脾胃、补气血、宁心神的功用。用桂圆打出的豆浆，能补血养气，对体虚失眠健忘或因思虑过度引起的神经衰弱、失眠惊悸，或更年期妇女失眠、心烦、出汗，均有疗效。红豆既能清心火，也能补心血，其粗纤维物质丰富，临床上有降血脂、降血压、改善心脏活动功能等功效。这款豆浆能补脾、养血，改善心血不足及贫血头晕等症状。

■ 贴心提示

购买桂圆时应挑选干爽的成品，购买回来之后，放入密封性能好的保鲜盒、保险袋里，存放在阴凉通风的地方，必要时可放入冰箱冷藏保存。

黑豆玫瑰花油菜豆浆 活血化瘀、疏肝解郁

材料

黑豆、油菜各20克，黄豆50克，玫瑰花10克，清水、白糖或冰糖各适量。

做法

1 将黄豆、黑豆清洗干净后，在清水中浸泡6～8小时，泡至发软备用；油菜择洗干净，切碎；玫瑰花洗净，用水泡开。

2 将浸泡好的黄豆、黑豆、玫瑰花和油菜一起放入豆浆机的杯体中，添加清水至上下水位线之间，启动机器，煮至豆浆机提示黑豆玫瑰花油菜豆浆做好。

3 将打出的黑豆玫瑰花油菜豆浆过滤后，按个人口味趁热添加适量白糖或冰糖调味。不宜吃糖的患者，可用蜂蜜代替。

【养生功效】

玫瑰花被认为是女人之花，这是因为玫瑰花的药性非常温和，能够温养人的心肝血脉，抒发体内郁气，起到镇静、安抚、抗抑郁的功效，在美颜护肤、调理肝脏及脾胃方面也有很好的功效。对于女性来说，多吃玫瑰花球，有利于气血运行，可以让自己的脸色同花瓣一样变得红润起来。油菜有促进血液循环、散血消肿的作用。孕妇产后瘀血腹痛、丹毒、肿痛脓疮可通过食用油菜来辅助治疗。黑豆具有滋阴补肾的作用。玫瑰花、油菜搭配黑豆和黄豆制成的这款豆浆，具有活血化瘀、疏肝解郁的养生功效。

大米山楂豆浆 消食活血

材料

山楂30克，大米20克，黄豆50克，清水、白糖或冰糖各适量。

做法

1 将黄豆清洗干净后，在清水中浸泡6～8小时，泡至发软备用；山楂清洗后去核，并切成小碎丁；大米淘洗干净，用清水浸泡2小时。

2 将浸泡好的黄豆、大米和山楂一起放入豆浆机的杯体中，添加清水至上下水位线之间，启动机器，煮至豆浆机提示大米山楂豆浆做好。

3 将打出的大米山楂豆浆过滤后，按个人口味趁热添加适量白糖或冰糖调味，不宜吃糖的患者，可用蜂蜜代替。

【养生功效】

山楂是常用的消食药，但经过多年的临床实践后，人们发现山楂还有活血化瘀的作用，它能够扩张血管，增加冠状动脉流量，降低血压，降低血清胆固醇。活血化瘀能解决不少疑难之症，但是患者也可能因为耗血伤血出现一系列的副作用。山楂能够“化瘀血而不伤新血”，药性平和，既能消食也能活血；大米也是补气血的，因为米都能补脾，而脾胃为气血生化之源，所以当人因为气血不足疲乏无力时，食用大米效果最好。中医学上说“稀饭为世间第一补人之物”。这款由山楂、大米、黄豆搭配的豆浆具有消食活血的作用，若是因为血瘀引起的痛经患者可以饮用，同时这款豆浆也适合月经不调者。

■ 贴心提示

经前3～5天开始服用，每日早晚各饮用150毫升，直至经后3天停止服用，此为1个疗程，连续服用3个疗程即可见效。

人参红豆糯米豆浆 补气、补血

材料

人参10克，红豆20克，糯米15克，黄豆80克，清水、白糖或冰糖就适量。

做法

1 将黄豆、红豆清洗干净后，在清水中浸泡6～8小时，泡至发软备用；糯米淘洗干净，用清水浸泡2小时；人参煎汁备用。

2 将浸泡好的黄豆、红豆和糯米一起放入豆浆机的杯体中，淋入人参煎汁，添加清水至上下水位线之间，启动机器，煮至豆浆机提示人参红豆糯米豆浆做好。

3 将打出的人参红豆糯米豆浆过滤后，按个人口味趁热添加适量白糖或冰糖调味，不宜吃糖的患者，可用蜂蜜代替。不喜甜者也可不加糖。

【养生功效】

人参自古以来就是补虚损的名贵补品，具有大补元气、安神增智的功效。中国人吃人参还是比较多的，如用人参来泡茶泡酒。利用人参泡酒或者制成豆浆，最大的作用就是补元气。《神农本草经》将人参排在上品，它能够补五脏之气，久服能轻身延年；红豆有补血的作用，糯米可以养护脾胃，还能缓解因为气虚导致的身体乏力等症。用人参、红豆、糯米和黄豆制成的豆浆，具有补气补血的作用，尤其适合年老体衰身体虚弱的人食用。

贴心提示

由于人参较贵重，故要加强保存，如要防霉、防虫蛀、防变质。平时宜放阴凉干燥处保存；或将其放入装有石灰的木箱或器具中，将口封严。

第五篇

不同人群豆浆——一杯豆浆养全家

第1章

上班族

芦笋香瓜豆浆 活化大脑功能

材料

芦笋30克，香瓜1个，黄豆50克，清水、白糖或冰糖各适量。

做法

1. 将黄豆清洗干净后，在清水中浸泡6～8小时，泡至发软备用；芦笋洗净后切成小段，下入开水中焯烫，捞出沥干；香瓜去皮去瓤后洗干净，并切成小碎丁。
2. 将浸泡好的黄豆和芦笋、香瓜一起放入豆浆机的杯体中，添加清水至上下水位线之间，启动机器，煮至豆浆机提示芦笋香瓜豆浆做好。
3. 将打出的芦笋香瓜豆浆过滤后，按个人口味趁热添加适量白糖或冰糖调味，不宜吃糖的患者，可用蜂蜜代替，也可不加糖。

【养生功效】

芦笋有鲜美芳香的风味，膳食纤维柔软可口，能增进食欲，帮助消化。在西方，芦笋被誉为“十大名菜之一”，是一种高档而名贵的蔬菜。芦笋中氨基酸含量高且比例适当。经常食用芦笋还能够开发大脑功能。香瓜含有苹果酸、葡萄糖、氨基酸、甜菜茄、维生素C等丰富营养。香瓜含有大量的碳水化合物及柠檬酸、胡萝卜素和B族维生素、维生素C等，且水分充沛，可消暑清热、生津解渴、除烦等。芦笋、香瓜搭配黄豆制成的这款豆浆，可以活化大脑功能，补充营养，适合上班族饮用。

■ 贴心提示

挑选白色的香瓜应该选瓜比较小的，瓜大头的部分没有脐，但是有一点绿的。这种是一棵瓜的第一个叶子结的，比较好挑，因为长得小。

绿茶绿豆豆浆 消除辐射对脏器功能的影响

材料

黄豆50克，绿豆20克，绿茶10克，清水、白糖或冰糖适量。

做法

1 将黄豆、绿豆清洗干净后，在清水中浸泡6～8小时，泡至发软备用；绿茶倒入杯中，加入开水沏成茶水。

2 将浸泡好的黄豆和绿豆一起放入豆浆机的杯体中，倒入茶水，再添加清水至上下水位线之间，启动机器，煮至豆浆机提示绿茶绿豆豆浆做好。

3 将打出的绿茶绿豆豆浆过滤后，按个人口味趁热添加适量白糖或冰糖调味。

■ 贴心提示

服药前后1小时不要饮用此豆浆。女性在月经期间不宜饮用。

【养生功效】

绿茶中的茶多酚是水溶性物质，用它洗脸能清除面部的油腻，收敛毛孔，具有消毒、灭菌、抗皮肤老化、减少日光中的紫外线辐射对皮肤的损伤等功效。经常饮用绿茶能够修复受损肝脏。黄豆和绿豆中所含的成分能够对抗辐射。这款豆浆可以消除辐射对脏器及造血功能的影响。

玫瑰花红豆豆浆 改善暗黄肌肤

材料

玫瑰花5～8朵，红豆90克，清水、白糖或冰糖各适量。

做法

1 将红豆清洗干净后，在清水中浸泡6～8小时，泡至发软备用；玫瑰花瓣仔细清洗干净后备用。

2 将浸泡好的红豆和玫瑰花一起放入豆浆机的杯体中，添加清水至上下水位线之间，启动机器，煮至豆浆机提示玫瑰花红豆豆浆做好。

3 将打出的玫瑰花红豆豆浆过滤后，按个人口味趁热添加适量白糖或冰糖调味，以减少玫瑰花的涩味。不宜吃糖的患者，可用蜂蜜代替。

■ 贴心提示

玫瑰花具有活血化瘀的作用，孕妇不宜饮用这款豆浆，以免导致流产。

【养生功效】

自古以来，玫瑰花就是女人养颜的佳品。玫瑰花之所以能够起到养颜的功效，是因为它具有理气活血的作用，能够帮助女性改善暗黄的肌肤，让肌肤变得更有光泽。小小的红豆也是女人养颜的好帮手，红豆能够补血，多吃可以令人气色红润，尤其是对于缺少维生素B_{12}引起的贫血，食用红豆更有效。红豆和玫瑰花搭配而成的豆浆，有活血化瘀的作用，具有美容养颜、提升肤色的功效。

南瓜牛奶豆浆 补充体能、提高工作效率

材料

南瓜 50 克，黄豆 50 克，牛奶 250 毫升，清水、白糖或冰糖各适量。

做法

1 将黄豆清洗干净后，在清水中浸泡 6 ~ 8 小时，泡至发软备用；南瓜去皮，洗净后切成小碎丁。

2 将浸泡好的黄豆同南瓜丁一起放入豆浆机的杯体中，添加清水至上下水位线之间，启动机器，煮至豆浆机提示豆浆做好。

3 将打出的豆浆过滤后，兑入牛奶，再按个人口味趁热添加适量白糖或冰糖调味即可。

【养生功效】

南瓜中含有多种对人体有益的成分，包括多糖、氨基酸、活性蛋白类、胡萝卜素及多种微量元素。南瓜中的多糖是一种非特异性免疫增强剂，能提高机体免疫功能，促进细胞因子生成，通过活化补体等途径对免疫系统发挥多方面的调节功能。牛奶富含蛋白质、脂肪和多种维生素，能够迅速为人体提供营养和能量。这款豆浆能够迅速补充体能，帮助上班族提高工作效率。

海带绿豆豆浆 不让免疫功能受损

材料

绿豆 30 克，黄豆 50 克，海带 10 克，清水、白糖或冰糖各适量。

做法

1 将黄豆、绿豆清洗干净后，在清水中浸泡 6 ~ 8 小时，泡至发软备用；海带用水泡发后洗净，切碎。

2 将浸泡好的黄豆、绿豆和海带一起放入豆浆机的杯体中，添加清水至上下水位线之间，启动机器，煮至豆浆机提示海带绿豆豆浆做好。

3 将打出的海带绿豆豆浆过滤后，按个人口味趁热添加适量白糖或冰糖调味，不宜吃糖的患者，可用蜂蜜代替。不喜甜者也可不加糖。

■ 贴心提示

这款豆浆可连渣一起饮用，这样可以更好地吸收绿豆和海带的营养。

【养生功效】

试验表明，酸性体质的人免疫力比一般人要弱。那么，哪些食物最能改善体内的酸性环境呢？海带是碱性食物之王，多吃海带能很好地纠正酸性体质。所以平时感到劳累、疲乏、浑身酸痛的时候，不妨吃些海带。黄豆有增强肝脏解毒功能的作用。绿豆则具有一定的抗辐射作用。三者一起制作出的豆浆，能对抗磁辐射，修复免疫功能。

薏苡木瓜花粉绿豆豆浆 对抗辐射的不利影响

材料

木瓜50克，绿豆40克，薏苡仁20克，油菜花粉20克，清水、白糖或冰糖各适量。

做法

1 将绿豆清洗干净后，在清水中浸泡6～8小时，泡至发软备用；木瓜去皮、去籽，洗净，切成小丁；薏苡仁淘洗干净，在清水中浸泡2小时。

2 将浸泡好的绿豆、薏苡仁和木瓜一起放入豆浆机的杯体中，添加清水至上下水位线之间，启动机器，煮至豆浆机提示豆浆做好。

3 将打出的豆浆过滤后，加入油菜花粉，再按个人口味趁热添加适量白糖或冰糖调味，不宜吃糖的患者，可用蜂蜜代替。不喜甜者也可不加糖。

贴心提示

在放入油菜花粉时，切记不要在豆浆还滚烫的时候加入，以免高温破坏掉花粉的营养。

【养生功效】

木瓜含有丰富的维生素C、B族维生素及钙、磷、铁等矿物质，以及大量的胡萝卜素、蛋白质、木瓜酵素、有机酸、柠檬酶等。常吃木瓜，可以平肝和胃、软化血管、抗菌消炎、抗衰老、抗辐射。薏苡仁和绿豆均有消炎杀菌的功效。这款豆浆能够有效对抗电磁辐射对人体的不利影响。

核桃大米豆浆 缓解疲劳、增强抗压能力

材料

黄豆50克，大米50克，核桃仁2个，清水、白糖或冰糖各适量。

做法

1 将黄豆清洗干净后，在清水中浸泡6～8小时，泡至发软备用；大米洗净后，在水中浸泡2小时。核桃仁备用，可碾碎。

2 将浸泡好的黄豆和核桃、大米一起放入豆浆机的杯体中，添加清水至上下水位线之间，启动机器，煮至豆浆机提示核桃大米豆浆做好。

3 将打出的核桃大米豆浆过滤后，按个人口味趁热添加适量白糖或冰糖调味，不宜吃糖的患者，可用蜂蜜代替。不喜甜者也可不加糖。

【养生功效】

核桃性温、味甘、无毒，有健胃、补血、润肺、养神等功效，是食疗佳品。核桃中含有大量脂肪和蛋白质，且极易被人体吸收。它所含的蛋白质中含有对人体极为重要的赖氨酸，对大脑神经的营养极为有益。大米味甘、性平，能够补中益气、健脾强胃。通常午餐食用大米能够保证下午精力充沛。对于都市白领而言，经常饮用核桃大米豆浆，能缓解疲劳，增强抗压能力。

无花果绿豆豆浆 有很强的抗辐射功效

材料

绿豆 30 克，黄豆 50 克，无花果 20 克，清水、白糖或冰糖各适量。

做法

1 将黄豆、绿豆清洗干净后，在清水中浸泡 6 ~ 8 小时，泡至发软备用；无花果洗净，去蒂，切碎。

2 将浸泡好的黄豆、绿豆和无花果一起放入豆浆机的杯体中，添加清水至上下水位线之间，启动机器，煮至豆浆机提示无花果绿豆豆浆做好。

3 将打出的无花果绿豆豆浆过滤后，按个人口味趁热添加适量白糖或冰糖调味，不宜吃糖的患者，可用蜂蜜代替。不喜甜者也可不加糖。

■ 贴心提示

脂肪肝患者、脑血管意外患者、腹泻者、正常血钾性周期性麻痹等患者不适宜食用无花果绿豆豆浆。

【养生功效】

无花果含有丰富的氨基酸，目前已经发现 18 种。不仅因为它含有人体必需的 8 种氨基酸而表现出较高的利用价值，且尤以天门冬氨酸含量最高，在对抗白血病和恢复体力、消除疲劳上有很好的作用。无花果还有很好的抗辐射作用。

黄豆、绿豆和无花果均有一定的抗辐射作用，三者一起制作出的豆浆，是理想的抗辐射食品。

薄荷豆浆 疏风散热、提神醒脑

材料

薄荷 5 克，黄豆 80 克，蜂蜜 10 克，清水适量。

做法

1 将黄豆清洗干净后，在清水中浸泡 6 ~ 8 小时，泡至发软备用；薄荷叶清洗干净后备用。

2 将浸泡好的黄豆和薄荷叶一起放入豆浆机的杯体中，添加清水至上下水位线之间，启动机器，煮至豆浆机提示豆浆做好。

3 将打出的豆浆过滤后，加入蜂蜜调味即可。

■ 贴心提示

体虚多汗者不宜饮用。产后妇女不宜饮用薄荷豆浆，否则会使乳汁减少。

【养生功效】

薄荷具有双重功效：热的时候能清凉、冷时则可温暖身躯，因此它治疗感冒的功效绝佳，对呼吸道产生的症状很好，对于干咳、气喘、支气管炎、肺炎、肺结核具有一定的疗效。对消化道的疾病也十分有益，有消除胀气、缓解胃痛及胃灼热的作用；此外，可减轻疼痛，对偏头痛也有效，还能帮助退烧。蜂蜜是一种滋补佳品，对于上班族来讲，经常饮用大有裨益。

此豆浆有提神醒脑、疏风散热、抗疲劳的作用，对舒缓感冒伤风、偏头痛有很好的辅助疗效。

香草黑米黑豆豆浆 健脾利湿、提神醒脑

材料

黑豆 70 克，黑米 20 克，香草 20 克，清水、白糖或冰糖各适量。

做法

1 将黄豆清洗干净后，在清水中浸泡 6 ~ 8 小时，泡至发软备用；香草清洗干净。黑米淘洗干净，用清水浸泡 2 小时。

2 将浸泡好的黄豆、黑米和香草一起放入豆浆机的杯体中，添加清水至上下水位线之间，启动机器，煮至豆浆机提示香草黑米黑豆豆浆做好。

3 将打出的香草黑米黑豆豆浆过滤后，按个人口味趁热添加适量白糖或冰糖调味，不宜吃糖的患者，可用蜂蜜代替。不喜甜者也可不加糖。

【养生功效】

香草含黄酮苷、生物碱、酚类、甾体、氨基酸、有机酸、鞣质；其中有一种抗菌有效成分，暂称兰香草素钠，利用芳香植物的根茎叶进行泡浴，不但能洁净身体，滋润皮肤，而且可以消除肌肉酸痛，安定神经，促进血液循环，缓和原因不明的失眠、冷虚证、肩酸、腰痛、食欲缺乏、便秘等症状。香草所散发出的愉悦芳香更能让人心情舒畅，消除疲劳，提高人体的自身免疫力，对生活节奏紧张的都市人来说无疑是一种缓解压力的好方法。黄豆补肝肾、健脾胃。黑豆和黑米均有健胃健脾的功效。香草、黑豆搭配黑米制成的豆浆，健脾利湿，提神醒脑。

■ 贴心提示

正宗的黑米只有表面米皮是黑色的，米心是白色的，而且米粒的颜色有深有浅，入水后会掉色。那些经过染色的黑米颜色基本一致，一般用手搓会掉色。大家在购买的时候，一定要注意区分。

第2章

准妈妈

红腰豆南瓜豆浆 补血、增强免疫力

材料

红腰豆60克，南瓜1块，黄豆30克，清水、白糖或冰糖各适量。

做法

1 将黄豆清洗干净后，在清水中浸泡6～8小时，泡至发软备用；红腰豆洗净，碾碎；南瓜洗净，去瓤，切成小块。

2 将浸泡好的黄豆和红腰豆、南瓜一起放入豆浆机的杯体中，添加清水至上下水位线之间，启动机器，煮至豆浆机提示红腰豆南瓜豆浆做好。

3 将打出的红腰豆南瓜豆浆过滤后，按个人口味趁热添加适量白糖或冰糖调味，不宜吃糖的患者，可用蜂蜜代替。不喜甜者也可不加糖。

【养生功效】

红腰豆原产于南美洲，是干豆中营养最丰富的一种，含丰富的维生素A、B族维生素、维生素C及维生素E，也含丰富的铁质和钾等矿物质。红腰豆有补血、增强免疫力、帮助细胞修补及防衰老等功效。这款豆浆具有补血、增强免疫力的功效，特别适合孕妇食用。

■ 贴心提示

红腰豆含有一种叫植物雪球凝集素的天然植物毒素，一定要彻底煮熟才可以食用。

银耳百合黑豆豆浆 缓解妊娠反应

材料

黑豆 50 克，鲜百合 20 克，银耳 20 克，清水、白糖或冰糖各适量。

做法

1 将黑豆清洗干净后，在清水中浸泡 6 ~ 8 小时，泡至发软备用；百合洗干净，分成小瓣；银耳泡发洗干净，撕碎。

2 将浸泡好的黑豆和百合、银耳一起放入豆浆机的杯体中，添加清水至上下水位线之间，启动机器，煮至豆浆机提示银耳百合黑豆豆浆做好。

3 将打出的银耳百合黑豆豆浆过滤后，按个人口味趁热添加适量白糖或冰糖调味，不宜吃糖的患者，可用蜂蜜代替。不喜甜者也可不加糖。

【养生功效】

百合除含有淀粉、蛋白质、脂肪及钙、磷、铁、维生素 B_1、维生素 B_2、维生素 C 等营养素外，对孕妇非常有益。银耳俗称穷人的燕窝，它含有丰富的维生素 D，对于人体的生长发育很有帮助，尤其适宜孕妇饮用。黑豆能够健脾利湿、安神养心，能够缓解孕妇的焦虑和不安情绪。这款豆浆综合了百合、银耳和黑豆的功效，能够滋阴润肺、清心安神，对于缓解孕期妊娠反应和焦虑性失眠有不错的效果。

豌豆小米豆浆 对胎儿和准妈妈都有益

材料

黄豆 40 克，豌豆 30 克，小米 20 克，清水、白糖或冰糖各适量。

做法

1 将黄豆清洗干净后，在清水中浸泡 6 ~ 8 小时，泡至发软备用；小米清洗干净，在清水中浸泡 2 小时；豌豆洗净备用。

2 将浸泡好的黄豆、豌豆和小米一起放入豆浆机的杯体中，添加清水至上下水位线之间，启动机器，煮至豆浆机提示豌豆小米豆浆做好。

3 将打出的豌豆小米豆浆过滤后，按个人口味趁热添加适量白糖或冰糖调味。

【养生功效】

小米所含的氨基酸有消炎杀菌的功效，还能够预防早期流产。豌豆中所含的优质蛋白质可以提高机体的抗病能力。孕妇常食豌豆对于胎儿的头部和骨骼发育有良好的影响。豌豆、黄豆搭配上小米做成的豆浆，对于促进胎儿中枢神经系统发育有很好的帮助，另外它有健脾补虚的功效，还能增强准妈妈的体质。

■ 贴心提示

豌豆圆身的又称蜜糖豆或蜜豆，扁身的称为青豆或荷兰豆。豌豆的豆荚在许多地区中可以作为蔬菜烹制。

红薯香蕉杏仁豆浆 确保孕妈妈的营养均衡

材料

红薯30克，香蕉1根，杏仁10克，黄豆50克，清水适量。

做法

1 将黄豆清洗干净后，在清水中浸泡6～8小时，泡至发软备用；红薯去皮、洗净，之后切成小碎丁；香蕉去皮后，切成碎丁；杏仁洗净后泡软。

2 将浸泡好的黄豆、杏仁和切好的红薯丁、香蕉一起放入豆浆机的杯体中，添加清水至上下水位线之间，启动机器，煮至豆浆机提示红薯香蕉杏仁豆浆做好。

3 将打出的红薯香蕉杏仁豆浆过滤后即可饮用。

■ 贴心提示

红薯一定要蒸熟煮透再吃，因为红薯中的淀粉颗粒不经高温破坏，难以消化。

【养生功效】

红薯含有丰富的淀粉、膳食纤维、维生素A、B族维生素、维生素C、维生素E以及钾、铁、铜、硒、钙等10余种微量元素和亚油酸等，营养价值很高。香蕉属高热量水果，营养价值颇高，除了含有丰富的碳水化合物、蛋白质、脂肪外，还含多种微量元素和维生素。其中维生素A能促进生长，增强对疾病的抵抗力，是维持正常的生殖力和视力所必需的；维生素B_1能抗脚气病，促进食欲、助消化，保护神经系统；核黄素能促进人体正常生长和发育。杏仁富含脂肪、糖类、蛋白质、胡萝卜素、B族维生素、维生素C、维生素P以及矿物质等营养成分。这款豆浆能补充人体所需的几乎所有营养物质，确保孕妈妈的营养均衡。

芦笋生姜豆浆 补充叶酸

材料

芦笋30克，生姜20克，黄豆50克，清水适量。

做法

1 将黄豆清洗干净后，在清水中浸泡6～8小时，泡至发软备用；芦笋洗净后切成小段，下入开水中焯烫，捞出沥干；生姜切成小块，用压蒜器挤出姜汁待用。

2 将浸泡好的黄豆和芦笋一起放入豆浆机的杯体中，倒入姜汁，添加清水至上下水位线之间，启动机器，煮至豆浆机提示芦笋生姜豆浆做好。

3 将打出的芦笋生姜豆浆过滤后即可食用。

■ 贴心提示

芦笋中的叶酸很容易被破坏，所以若用来补充叶酸应避免高温烹煮，最佳的食用方法是用微波炉小功率加热。

【养生功效】

芦笋含有丰富的叶酸，是孕妇补充叶酸的重要来源。生姜可刺激唾液、胃液和消化液的分泌，刺激胃肠蠕动，同时防恶心、止呕吐。这款豆浆可很好地为准妈妈补充所需的叶酸，并可缓解恶心呕吐。

西芹黑米豆浆 补钙、补血

材料

西芹 20 克，黑米 30 克，黄豆 50 克，清水、白糖或冰糖各适量。

做法

1. 将黄豆清洗干净后，在清水中浸泡 6 ~ 8 小时，泡至发软备用；西芹择洗干净后，切成碎丁；黑米淘洗干净，用清水浸泡 2 小时。
2. 将浸泡好的黄豆、黑米和西芹一起放入豆浆机的杯体中，添加清水至上下水位线之间，启动机器，煮至豆浆机提示西芹黑米豆浆做好。
3. 将打出的西芹黑米豆浆过滤后，按个人口味趁热添加适量白糖或冰糖调味。

【养生功效】

西芹中含有蛋白质、碳水化合物、脂肪、粗纤维、胡萝卜素、维生素、有机酸等，并且西芹含铁量较高。西芹的钙含量较高，可以补"脚骨力"，同时含有丰富的钾，可减少身体的水分积聚。常吃西芹还能够补钙。黑米最适于孕妇、产妇等补血之用，所以被称为"月米""补血米"等。总之，这款豆浆最大的功效就是补钙和补血，能帮准妈妈保持体力。

贴心提示

黑米必须熬煮至烂熟方可食用，因为黑米外部是一层较坚韧的种皮，如不煮烂很难被胃酸和消化酶分解消化，容易引起消化不良与急性胃肠炎。

第3章

新妈妈

莲藕红豆豆浆 去除产妇体内瘀血

材料

莲藕30克，红豆20克，黄豆50克，清水适量。

做法

1 将黄豆、红豆清洗干净后，在清水中浸泡6～8小时，泡至发软备用；莲藕去皮后切成小丁，下入开水中略焯，捞出后沥干。

2 将浸泡好的黄豆、红豆同莲藕丁一起放入豆浆机的杯体中，添加清水至上下水位线之间，启动机器，煮至豆浆机提示莲藕红豆豆浆做好。

3 将打出的莲藕红豆豆浆过滤后即可饮用。

【养生功效】

莲藕含有多种营养及天冬碱、蛋白质氨基酸、葫芦巴碱、蔗糖、葡萄糖等，能够活血化瘀，帮助清除产妇体内瘀血。鲜藕含有20%的糖类物质和丰富的钙、磷、铁及多种维生素。鲜藕既可单独做菜，也可做其他菜的配料，如藕肉丸子、藕香肠、虾茸藕饺、炸脆藕丝、鲜藕炖排骨、凉拌藕片等，都是佐酒下饭、脍炙人口的家常菜肴。莲藕也可制成藕原汁、藕蜜汁、藕生姜汁、藕葡萄汁、藕梨子汁等清凉消暑的饮料。莲藕还可加工成藕粉、蜜饯和糖片，是老幼妇孺及病患者的良好补品，还具有药用价值，生食能凉血行瘀、安神健脑、清热润肺。

红豆有补血功效，可促进血液循环、强化体力，增强抵抗力。莲藕、红豆和黄豆一起制成的豆浆，能够暖宫，消解腹内积存的瘀血。

■ 贴心提示

在挑选莲藕的时候，一定要注意，发黑、有异味的藕不宜食用。应该挑选外皮呈黄褐色，肉肥厚而又白的，不要选用那些伤、烂，有锈斑、断节或者是干缩变色的藕。

红枣红豆豆浆 促进乳汁分泌

材料

黄豆 50 克，红豆 25 克，红枣 5 枚，清水、白糖或冰糖各适量。

做法

1. 将黄豆、红豆清洗干净后，在清水中浸泡 6 ~ 8 小时，泡至发软备用；红枣去核，洗净，切碎。
2. 将浸泡好的黄豆、红豆和红枣一起放入豆浆机的杯体中，添加清水至上下水位线之间，启动机器，煮至豆浆机提示红枣红豆豆浆做好。
3. 将打出的红枣红豆豆浆过滤后，按个人口味趁热添加适量白糖或冰糖调味，不宜吃糖的患者，可用蜂蜜代替。不喜甜者也可不加糖。

【养生功效】

红豆是补血佳品，孕妇和产妇应当多吃红豆。红枣中含量丰富的环磷酸腺苷、儿茶酸具有独特的防癌降压功效，故红枣是极佳的营养滋补品。红枣、红豆和黄豆制成的这款豆浆能够补益气血，对于新妈妈产后恢复体力和促进乳汁分泌有一定的食疗功效。

■ 贴心提示

服用退烧药时不宜饮用这款豆浆，因为退烧药与红枣容易形成不溶性复合体，减少身体对药物的吸收。

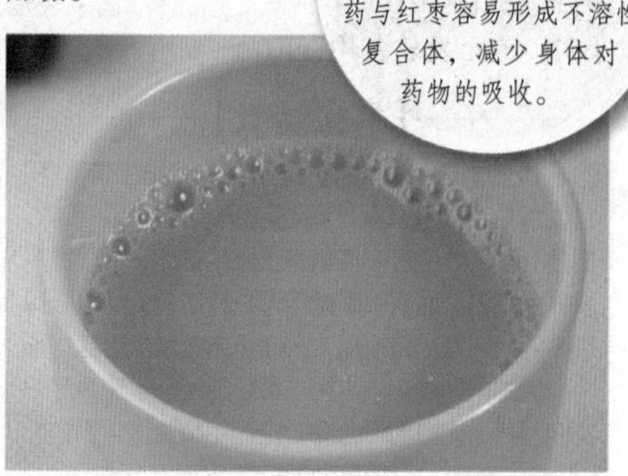

南瓜芝麻豆浆 让新妈妈恢复体力

材料

黄豆 50 克，南瓜 30 克，黑芝麻 20 克，清水、白糖或冰糖各适量。

做法

1. 将黄豆清洗干净后，在清水中浸泡 6 ~ 8 小时，泡至发软备用；黑芝麻淘去沙粒；南瓜去皮，洗净后切成小碎丁。
2. 将浸泡好的黄豆、切好的南瓜和淘净的黑芝麻一起放入豆浆机的杯体中，添加清水至上下水位线之间，启动机器，煮至豆浆机提示南瓜芝麻豆浆做好。
3. 将打出的南瓜芝麻豆浆过滤后，按个人口味趁热添加适量白糖或冰糖调味，不宜吃糖的患者，可用蜂蜜代替。不喜甜者也可不加糖。

【养生功效】

南瓜中高钙、高钾、低钠，因此，南瓜特别适合新妈妈食用。黑芝麻含有的铁和维生素 E 是预防贫血、活化脑细胞、消除血管胆固醇的重要成分。用南瓜和黑芝麻制成的这款豆浆，能迅速补充能量，护养产妇身体。

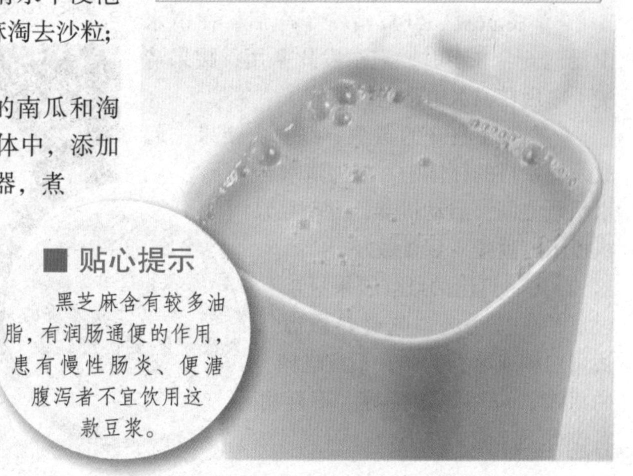

■ 贴心提示

黑芝麻含有较多油脂，有润肠通便的作用，患有慢性肠炎、便溏腹泻者不宜饮用这款豆浆。

山药牛奶豆浆 改善产后少乳现象

材料

山药30克，黄豆50克，牛奶250毫升，清水、糖或者冰糖各适量。

■ 贴心提示

山药质地细腻，味道香甜，不过，山药皮中所含的皂角素或黏液里含的植物碱，容易导致皮肤过敏，所以最好用削皮的方式，并且削完山药的手不要乱碰，马上多洗几遍手，要不然就会抓哪儿哪儿痒；处理山药时应避免直接接触。

做法

1 将黄豆清洗干净后，在清水中浸泡6～8小时，泡至发软备用；山药去皮后切成小丁，下入开水中灼烫，捞出沥干；牛奶备用。

2 将浸泡好的黄豆同煮熟的山药丁一起放入豆浆机的杯体中，添加清水至上下水位线之间，启动机器，煮至豆浆机提示豆浆做好。

3 将打出的豆浆过滤，待凉至温热后兑入牛奶，再按个人口味趁热添加适量白糖或冰糖调味。

【养生功效】

山药富含胡萝卜素、维生素B_1、维生素B_2和维生素C、淀粉酶以及糖胺聚糖等营养物质。其中，胡萝卜素、维生素C等具有抗氧化功能，并可提高人体免疫力。而糖胺聚糖与无机盐结合，可增强骨质，对心血管大有裨益，高血压患者常吃山药可预防血管的早期硬化。牛奶、黄豆则能够迅速为产妇补充营养，促进乳汁分泌。山药、黄豆、牛奶搭配制成的这款豆浆能帮孕妇改善产后少乳现象。

红豆腰果豆浆 促进母乳分泌

材料

红豆20克，腰果30克，黄豆50克，清水、白糖或冰糖各适量。

做法

1 将黄豆、红豆清洗干净后，在清水中浸泡6～8小时，泡至发软备用；腰果清洗干净后在温水中略泡，碾碎。

2 将浸泡好的黄豆、红豆、腰果一起放入豆浆机的杯体中，添加清水至上下水位线之间，启动机器，煮至豆浆机提示红豆腰果豆浆做好。

3 将打出的红豆腰果豆浆过滤后，按个人口味趁热添加适量白糖或冰糖调味，不宜吃糖的患者，可用蜂蜜代替。不喜甜者也可不加糖。

【养生功效】

腰果所含的维生素A能够使产妇抗衰老，保养肌肤。乳汁不足的新妈妈就可以多食腰果，因为腰果有催乳的作用。红豆历来都是女性的滋补佳品，不仅有利湿的作用，还有催乳的作用。这款豆浆能够促进新妈妈的母乳分泌。

■ 贴心提示

腰果中含有多种致敏原，所以过敏体质的人最好不要饮用这款豆浆。

山药红薯米豆浆 帮助新妈妈恢复体形

材料

红薯20克，山药15克，黄豆20克，大米、小米、燕麦片各10克，清水、白糖或冰糖各适量。

【养生功效】

现代科研证实，红薯含有蛋白质、脂肪、膳食纤维、胡萝卜素、维生素A、B族维生素、维生素C、维生素E以及钾、铁、铜、硒、钙等10余种微量元素，有很高的营养价值。每100克鲜红薯仅含0.2克脂肪，产生99千卡热能，是上好的低脂、低热食品。再者，红薯所含的大量膳食纤维等在肠道内无法被消化吸收，从而刺激肠道，增强蠕动，促进大便的排泄，对老年性便秘有较好的疗效，还能有效地阻止糖类变为脂肪，有利于瘦身减肥。

山药具有补益脾胃、生津益肺的作用，有利于产后的新妈妈滋补元气。大米、小米均有补中益气的功效。燕麦则能够为产妇增强免疫力，同时燕麦还有养颜美体的功效。红薯、山药、大米、小米、燕麦制成的这款豆浆，有利于产后新妈妈滋补身体、恢复体形，并使皮肤白嫩细腻。

做法

1. 将黄豆清洗干净后，在清水中浸泡6～8小时，泡至发软备用；红薯去皮，洗净，切成小块；山药去皮后切成小丁，下入开水中灼烫，捞出沥干；将大米、小米、燕麦洗净浸泡两小时。
2. 将浸泡好的黄豆、大米、小米、燕麦和红薯、山药一起放入豆浆机的杯体中，添加清水至上下水位线之间，启动机器，煮至豆浆机提示山药红薯米豆浆做好。
3. 将打出的山药红薯米豆浆过滤后，按个人口味趁热添加适量白糖或冰糖调味，不宜吃糖的患者，可用蜂蜜代替。不喜甜者也可不加糖。

■ 贴心提示

红薯中的紫茉莉苷成分具有防止便秘的功效，这种物质靠近红薯表皮，因而，榨汁时不要去掉红薯皮。另外，红薯和柿子不宜在短时间内同时食用。

第4章 宝宝

芝麻燕麦豆浆 适合小宝宝的快速成长

材料

黑芝麻20克，燕麦20克，黄豆50克，清水、白糖或冰糖各适量。

做法

1 将黄豆清洗干净后，在清水中浸泡6～8小时，泡至发软备用；燕麦淘洗干净，用清水浸泡2小时；黑芝麻淘去沙粒。

2 将浸泡好的黄豆、燕麦和黑芝麻一起放入豆浆机的杯体中，添加清水至上下水位线之间，启动机器，煮至豆浆机提示芝麻燕麦豆浆做好。

3 将打出的芝麻燕麦豆浆过滤后，按个人口味趁热添加适量白糖或冰糖调味，不喜甜者也可不加糖。

【养生功效】

黑芝麻中的维生素 B_2 有助于头皮内的血液循环，促进头发的生长，并对头发起滋润作用，防止头发干燥和发脆。黑芝麻含有头发生长所需的必需脂肪酸、含硫氨基酸与多种微量矿物质，富含的优质蛋白质、不饱和脂肪酸、钙等营养物质均可养护头发，防止脱发和白发，使头发保持乌黑亮丽。此外，黑芝麻还含有大量的亚油酸、棕榈酸、花生酸等不饱和脂肪酸和卵磷酸，能溶解凝固在血管壁上的胆固醇。而芝麻中的卵磷脂不仅有润肤之效，还能预防脱发和生白发；它还含有维生素 B_1 和丰富的维生素E，这些都是人体所必需的生发营养素。黑芝麻的含铁量丰富，生长发育的儿童食用后，能够预防缺铁性贫血。黄豆的含钙量较高，对预防小儿佝偻病较为有效。所以，这款由黑芝麻、燕麦和黄豆组成的豆浆，适合成长中的小宝宝食用，能够预防小儿佝偻病和缺铁性贫血。

贴心提示

黑芝麻含有较多油脂，有润肠通便的作用，加上燕麦富含膳食纤维，便溏腹泻的宝宝不宜饮用这款豆浆。

燕麦核桃豆浆 促进儿童的大脑发育

材料

黄豆80克，燕麦20克，核桃仁4颗，清水、白糖或冰糖各适量。

做法

1 将黄豆清洗干净后，在清水中浸泡6～8小时，泡至发软备用；燕麦淘洗干净，用清水浸泡2小时；核桃仁碾碎。

2 将浸泡好的黄豆、燕麦和核桃仁一起放入豆浆机的杯体中，添加清水至上下水位线之间，启动机器，煮至豆浆机提示燕麦核桃豆浆做好。

3 将打出的燕麦核桃豆浆过滤后，按个人口味趁热添加适量白糖或冰糖调味，不喜甜者也可不加糖。

【养生功效】

核桃中的脂肪和蛋白质是大脑最好的营养物质，还含有钙、磷、铁、胡萝卜素、核黄素等营养物质，能够促进大脑发育，并且缓解脑力疲劳。

研究人员认为，燕麦有大量的蛋白、纤维和大量碳水化合物，相比那些低纤维、高碳水化合物的谷物早餐，燕麦能提供更长、更持续的能量。由核桃、燕麦、黄豆做成的豆浆可促进宝宝大脑发育。

■ 贴心提示

肠道敏感的人不宜吃太多的燕麦，以免引起胀气、胃痛或腹泻。

红豆胡萝卜豆浆 增强儿童的免疫力

材料

胡萝卜1/3根，红豆20克，黄豆50克，清水、冰糖各适量。

做法

1 将黄豆、红豆清洗干净后，在清水中浸泡6～8小时，泡至发软备用；胡萝卜去皮后切成小丁，下入开水中略焯，捞出后沥干。

2 将浸泡好的黄豆、红豆同胡萝卜丁一起放入豆浆机的杯体中，添加清水至上下水位线之间，启动机器，煮至豆浆机提示红豆胡萝卜豆浆做好。

3 将打出的红豆胡萝卜豆浆过滤后，趁热加入冰糖，待冰糖融化后即可饮用。

【养生功效】

胡萝卜含有多种微量元素，可增强机体免疫力，抑制癌细胞的生长。β－胡萝卜素在进入人体后可以转变为维生素A，在促进宝宝的生长发育上有较好的功效。这款豆浆具有促进宝宝生长发育、抵抗传染病、增强免疫力的功效。

■ 贴心提示

这款豆浆在给宝宝饮用时最好别往里添加白糖，原因在于白糖需要在胃内经过消化酶转化为葡萄糖后才能被人体吸收，这对于消化功能比较弱的宝宝不利。

牛奶绿豆豆浆 适合1岁半幼儿

材料

绿豆80克，牛奶250毫升，清水、白糖或冰糖各适量。

做法

1 将绿豆清洗干净后，在清水中浸泡6～8小时，泡至发软，放入高压锅煮约30分钟，煮成豆沙，盛出待用。

2 将绿豆沙放入豆浆机的杯体中，兑入牛奶，添加清水至上下水位线之间，启动机器，煮至豆浆机提示豆浆做好。

3 将打出的豆浆过滤后，按个人口味趁热添加适量白糖或冰糖调味。

【养生功效】

绿豆能帮助排泄体内毒素，促进机体的正常代谢。许多人在进食油腻、煎炸、热性的食物之后，很容易出现皮肤痒、暗疮、痱子等症状，这是由于湿毒溢于肌肤所致。绿豆则具有强力解毒功效，可以解除多种毒素。现代医学研究证明，绿豆可以降低胆固醇，又有保肝和抗过敏作用。牛奶的营养成分很高，其中的矿物质种类也非常丰富，除了我们所熟知的钙以外，磷、铁、锌、铜、锰、钼的含量都很多。最难得的是，牛奶是人体钙的最佳来源，而且钙磷比例非常适当，利于钙的吸收。种类复杂，至少有100多种，主要成分有水、脂肪、磷脂、蛋白质、乳糖、无机盐等。这款牛奶绿豆豆浆适合1岁半幼儿饮用，妈妈可以每天为宝宝做1～2杯，帮宝宝补充营养，让宝宝健康成长。

■ 贴心提示

买来的牛奶（没有煮过或微波炉加热过的）迅速倒入干净的透明玻璃杯中，然后慢慢倾斜玻璃杯，如果有薄薄的奶膜留在杯子内壁，且不挂杯，容易用水冲下来，那就是原料新鲜的牛奶。这样的牛奶是在短时间内就送到加工厂，而且细菌总数很低。

红枣香橙豆浆 给大脑增添活力

材料

红枣10克，橙子1个，黄豆70克，清水、白糖或冰糖各适量。

做法

1 将黄豆清洗干净后，在清水中浸泡6～8小时，泡至发软备用；红枣洗净，去核，切碎；橙子去皮、去子后撕碎。

2 将浸泡好的黄豆和红枣、橙子一起放入豆浆机的杯体中，添加清水至上下水位线之间，启动机器，煮至豆浆机提示红枣香橙豆浆做好。

3 将打出的红枣香橙豆浆过滤后，按个人口味趁热添加适量白糖或冰糖调味，不宜吃糖的患者，可用蜂蜜代替。

【养生功效】

枣中富含钙和铁，正在生长发育高峰的青少年容易发生贫血，大枣对他们会有十分理想的食疗作用，其效果通常是药物不能比拟的。枣还可以抗过敏、除腥臭怪味、宁心安神、益智健脑、增强食欲、增强大脑活力。橙子含橙皮苷、柠檬酸、苹果酸、琥珀酸、糖类、果胶和维生素等，又含挥发油，挥发油中含萜、醛、酮、酚、醇、酯、酸及香豆精类等成分70余种，它们能够为身体补充营养。橙子酸酸甜甜的味道有利于增长食欲。用红枣、香橙、黄豆制成的豆浆对于增强大脑活力，提高免疫力很有帮助。

■ 贴心提示

橙子在剥皮的时候，可以像削苹果一样削皮，这样就不会有橙子汁溢出来了。也可以将橙子置于桌上，用手掌旋转搓揉，将橙子的各部位都揉到后，即可剥皮。

核桃杏仁绿豆豆浆 提高学习效率

材料

黄豆50克，绿豆20克，核桃仁4颗，杏仁20克，清水、白糖或冰糖各适量。

做法

1 将黄豆、绿豆清洗干净后，在清水中浸泡6～8小时，泡至发软备用；杏仁洗干净，泡软。

2 将浸泡好的黄豆、绿豆和核桃仁、杏仁一起放入豆浆机的杯体中，添加清水至上下水位线之间，启动机器，煮至豆浆机提示核桃杏仁绿豆豆浆做好。

3 将打出的核桃杏仁绿豆豆浆过滤后，按个人口味趁热添加适量白糖或冰糖调味，不宜吃糖的患者，可用蜂蜜代替，或不加糖。

【养生功效】

核桃含有锌、锰、铬等人体不可缺少的微量元素，对脑神经补益最大，是益智、健脑、强身的佳品。杏仁含磷、铁、钙及不饱和脂肪酸，是维持人体健康的重要营养要素，每日饮用可迅速补充营养。绿豆、黄豆能够增强细胞活性。这款豆浆含有丰富的多不饱和脂肪酸，在进入人体后可生成DHA，有增强记忆力和判断力的功效，提高学生的学习效率。

■ 贴心提示

中国南方产的杏仁又称“南杏”，味略甜，具有润肺、止咳、滑肠等功效。北杏则带苦味，多作药用，具有润肺、平喘的功效，对于咳嗽、咳痰、气喘等呼吸道症状疗效显著。

核桃杏仁露 健脑益智

材料

杏仁50克，核桃50克，清水、白糖或冰糖各适量。

做法

1 将核桃仁碾碎待用；杏仁洗净，用清水泡至发软待用。

2 将浸泡好的杏仁和碾碎的核桃仁一起放入豆浆机的杯体中，添加清水至上下水位线之间，启动机器，煮至豆浆机提示核桃杏仁露做好。

3 将打出的核桃杏仁露过滤后，按个人口味趁热添加适量白糖或冰糖调味，不宜吃糖的患者，可用蜂蜜代替。不喜甜者也可不加糖。

■ 贴心提示

核桃性热，多食生痰动火，肺炎、支气管扩张等患者不宜饮用这款豆浆。

【养生功效】

核桃中含有丰富的磷脂，磷脂是细胞结构的主要成分之一，充足的磷脂能增强细胞活力。食用甜杏仁可以及时补充蛋白质、微量元素和维生素。甜杏仁中所含的脂肪是健康人士所必需的，是一种对心脏有益的高不饱和脂肪。此款豆浆营养价值极高，尤其适合长时间用脑的学生和办公室职员饮用。

蜂蜜薄荷绿豆豆浆 提神醒脑

材料

薄荷5克，绿豆20克，黄豆50克，蜂蜜10克，清水适量。

【养生功效】

薄荷性凉味辛，有宣散风热、清头目、透疹之功，它还具有兴奋大脑、促进血液循环、发汗、消炎镇痛、止痒解毒和疏散风热的作用。薄荷入茶饮，可以健胃祛风、祛痰、利胆、抗痉挛，改善感冒发烧、咽喉、肿痛，并消除头痛、牙痛、恶心感，及皮肤瘙痒、腹部胀气、腹泻、消化不良、便秘等症状，且可缓和头痛，促进新陈代谢，对于呼吸道的发炎症状有治疗作用；还可降低血压、滋补心脏。其清凉香气，还可平缓紧张愤怒的情绪，能提振精神、使身心欢愉、帮助入眠。

绿豆有清热解毒之功，如遇有机磷农药中毒、铅中毒、酒精中毒（醉酒）或吃错药等情况，在医院抢救前都可以先灌下一碗绿豆汤进行紧急处理，经常在有毒环境下工作或接触有毒物质的人，应经常食用绿豆来解毒保健。经常食用绿豆可以补充营养，增强体力。

黄豆能够迅速补充机体能量，抵抗疲劳。用薄荷、蜂蜜、绿豆、黄豆制成的豆浆在健脑提神方面有显著效果。

做法

1. 将黄豆、绿豆清洗干净后，在清水中浸泡6～8小时，泡至发软备用；薄荷叶清洗干净后备用。
2. 将浸泡好的黄豆、绿豆和薄荷叶一起放入豆浆机的杯体中，添加清水至上下水位线之间，启动机器，煮至豆浆机提示蜂蜜薄荷绿豆豆浆做好。
3. 将打出的豆浆过滤，待豆浆凉至温热时加入蜂蜜调味即可。

■ 贴心提示

绿豆皮中的类黄酮，和金属离子反应之后，可能形成颜色较深的复合物。这种反应虽然没有毒性物质产生，却可能会干扰绿豆的抗氧化作用，也妨碍金属离子的吸收。因此，煮绿豆汤时，用铁锅最不合适，而用砂锅最为理想。

黑豆红豆绿豆豆浆 赶走学生的体虚乏力

材料

黑豆 50 克，红豆 30 克，绿豆 20 克，清水、白糖或冰糖各适量。

做法

1. 将黑豆、红豆、绿豆清洗干净后，在清水中浸泡 6 ~ 8 小时，泡至发软备用。
2. 将浸泡好的黑豆、红豆、绿豆一起放入豆浆机的杯体中，添加清水至上下水位线之间，启动机器，煮至豆浆机提示黑豆红豆绿豆豆浆做好。
3. 将打出的黑豆红豆绿豆豆浆过滤后，按个人口味趁热添加适量白糖或冰糖调味，不宜吃糖的患者，可用蜂蜜代替。不喜甜者也可不加糖。

【养生功效】

红豆有很好的养心功效，可以清热祛湿、清心除烦、补血安神；黑豆能够滋补肝肾，而肝肾的健康对改善学生视力有很大的帮助；绿豆是学生在夏令饮食中的上品，盛夏酷暑，喝点用绿豆做成的饮品，既甘凉可口，又防暑消热。这款豆浆能缓解学习压力大出现的体虚乏力状况，还能清心除烦。

■ 贴心提示

红豆和绿豆都有利尿的作用，因此尿频的人不宜过多饮用这款豆浆。

荞麦红枣豆浆 有助于孩子的成长

材料

荞麦 30 克，红枣 20 克，黄豆 50 克，清水、白糖或冰糖各适量。

做法

1. 将黄豆清洗干净后，在清水中浸泡 6 ~ 8 小时，泡至发软备用；红枣洗净，去核，切碎；荞麦淘洗干净，用清水浸泡 2 小时。
2. 将浸泡好的黄豆、荞麦和红枣一起放入豆浆机的杯体中，添加清水至上下水位线之间，启动机器，煮至豆浆机提示荞麦红枣豆浆做好。
3. 将打出的荞麦红枣豆浆过滤后，按个人口味趁热添加适量白糖或冰糖调味，不宜吃糖的患者，可用蜂蜜代替。不喜甜者也可不加糖。

■ 贴心提示

这款豆浆并不适合早餐和晚餐，它不容易消化，易让胃部受损，每次也不应食用过多。

【养生功效】

荞麦打成豆浆后，不管是营养价值还是口感都很棒。荞麦的蛋白质比大米和面粉都高，且饱含赖氨酸和精氨酸，有助于孩子的成长。红枣是很好的营养品，富含维生素，在国外的一项临床研究显示：连续吃大枣的病人，健康恢复比单纯吃维生素药剂快 3 倍以上。因此，大枣就有了“天然维生素丸”的美誉。利用荞麦和大枣做成的豆浆，能够给成长中的学生补充身体必备的营养，有助于他们的健康成长。

榛子杏仁豆浆 恢复学生的体能

材料

黄豆60克，杏仁20克，榛子仁20克，清水、白糖或冰糖各适量。

■ 贴心提示

剥榛子有一种不费力气的方法，可将易拉罐环上的铁片弯折几下，去掉不要，剩下的小圆圈插到榛子的开口里，就像钥匙开门一样轻轻一转，榛子壳就齐齐地裂开了。

做法

1 将黄豆清洗干净后，在清水中浸泡6～8小时，泡至发软备用；杏仁、榛子仁碾碎备用。

2 将浸泡好的黄豆和杏仁、榛子仁一起放入豆浆机的杯体中，添加清水至上下水位线之间，启动机器，煮至豆浆机提示榛子杏仁豆浆做好。

3 将打出的榛子杏仁豆浆过滤后，按个人口味趁热添加适量白糖或冰糖调味，不宜吃糖的患者，可用蜂蜜代替。不喜甜者也可不加糖。

【养生功效】

坚果是优秀的能量补充剂和止痛药。榛子本身富含油脂（大多为不饱和脂肪酸），使所含的脂溶性维生素更易为人体所吸收，对体弱、易饥饿的人都有很好的补养作用；杏仁中含有丰富的蛋白质、钙和铁等多种营养物质，对于维持人体的生长发育以及神经系统运行非常重要；黄豆富含蛋白质、钙、铁及多种维生素，而胆固醇的含量较低，对恢复体能有益。杏仁、榛子和黄豆一起搭配制成的豆浆，适宜学习了一天的学生补充体能，也能起到抗疲劳的功效。

腰果小米豆浆 增强免疫力

材料

腰果20克，小米30克，黄豆50克，清水、白糖或冰糖各适量。

做法

1 将黄豆清洗干净后，在清水中浸泡6～8小时，泡至发软备用；腰果清洗干净后在温水中略泡，碾碎；小米淘洗干净，用清水浸泡2小时。

2 将浸泡好的黄豆、腰果、小米一起放入豆浆机的杯体中，添加清水至上下水位线之间，启动机器，煮至豆浆机提示腰果小米豆浆做好。

3 将打出的腰果小米豆浆过滤后，按个人口味趁热添加适量白糖或冰糖调味。

【养生功效】

腰果富含脂肪、蛋白质、碳水化合物、维生素、矿物质等，具有抗衰老、抗氧化、抗肿瘤和防御心血管疾病的功能。小米含有丰富的维生素，能够利尿、补血、益气。这款豆浆能够提高人体免疫力。

蜂蜜黄豆绿豆豆浆 给学生补充营养

材料

黄豆50克，绿豆50克，蜂蜜、清水各适量。

做法

① 将黄豆、绿豆清洗干净后，在清水中浸泡6～8小时，泡至发软备用。

② 将浸泡好的黄豆和绿豆一起放入豆浆机的杯体中，添加清水至上下水位线之间，启动机器，煮至豆浆机提示豆浆做好。

③ 将打出的豆浆过滤后，按个人口味趁热添加适量蜂蜜调味即可。

【养生功效】

蜂蜜是一种营养丰富的天然滋养食品，也是最常用的滋补品之一。据分析，蜂蜜含多种无机盐和维生素、矿物质、果糖、葡萄糖、氧化酶、还原酶有机酸和有益人体健康的微量元素，具有滋养润燥、排毒解毒的功效。蜂蜜能改善血液的成分，促进心脑血管功能，因此经常服用对于心血管疾病患者很有好处。食用蜂蜜能迅速补充体力，消除疲劳，增强对疾病的抵抗力。在所有的天然食品中，大脑神经元所需要的能量在蜂蜜中含量最高。蜂蜜中的果糖、葡萄糖可以很快被身体吸收利用，改善血液的营养状况。绿豆有清热解暑，止渴利尿，解一切食物中毒等功效。黄豆、绿豆、蜂蜜一起制成豆浆，能给正在上学的学生补充水分、蛋白质、淀粉、维生素、钾、镁膳食纤维等多种营养物质，还有开胃的功效。

■ 贴心提示

蜂蜜不要太早加入，要等豆浆温热时再加进去。太早加入会因为高温破坏蜂蜜中的维生素和酶类，并且影响原有的口感和风味。

第6章

更年期女性

桂圆糯米豆浆 改善潮热等更年期症状

材料

黄豆50克，桂圆30克，糯米20克，清水、白糖或冰糖各适量。

做法

1. 将黄豆清洗干净后，在清水中浸泡6～8小时，泡至发软备用；桂圆去皮去核；糯米淘洗干净，用清水浸泡2小时。
2. 将浸泡好的黄豆同桂圆、糯米一起放入豆浆机的杯体中，添加清水至上下水位线之间，启动机器，煮至豆浆机提示桂圆糯米豆浆做好。
3. 将打出的桂圆糯米豆浆过滤后，按个人口味趁热添加适量白糖或冰糖调味，不宜吃糖的患者，可用蜂蜜代替。不喜甜者也可不加糖。

【养生功效】

桂圆亦称龙眼，性温味甘，益心脾，补气血，具有良好的滋养补益作用，可用于心脾虚损、气血不足所致的失眠、健忘、惊悸、眩晕等症。糯米性温，属于滋补品，含有蛋白质、脂肪、糖类、钙、磷、铁、B族维生素及淀粉等营养成分，有滋补气血、健脾暖胃、止汗止渴等作用，适用于脾胃虚寒所致的反胃、泄泻和气虚引起的汗虚、气短无力等证。黄豆中含有一种特殊的植物雌激素“黄豆苷原”，可调节女性内分泌，改善心态和身体素质，延缓衰老，美容养颜。桂圆和糯米搭配黄豆制成的这款豆浆，补心安神，可改善失眠、烦躁、潮热等更年期症状。

■ 贴心提示

糯米中所含淀粉为支链淀粉，在肠胃中难以消化水解，所以有肺热所致的发热、咳嗽，痰黄黏稠和湿热作祟所致的黄疸、淋证、胃部胀满、午后发热等症状者忌食桂圆糯米豆浆。脾胃虚弱所致的消化不良者也应慎食。

燕麦红枣豆浆 养血安神

材料

黄豆50克，红枣30克，燕麦20克，清水、白糖或冰糖各适量。

做法

① 将黄豆清洗干净后，在清水中浸泡6～8小时，泡至发软备用；红枣洗干净后，用温水泡开；燕麦淘洗干净，用清水浸泡2小时。

② 将浸泡好的黄豆、燕麦、红枣一起放入豆浆机的杯体中，添加清水至上下水位线之间，启动机器，煮至豆浆机提示燕麦红枣豆浆做好。

③ 将打出的燕麦红枣豆浆过滤后，按个人口味趁热添加适量白糖或冰糖调味，不宜吃糖的患者，可用蜂蜜代替。不喜甜者也可不加糖。

■ 贴心提示

一些女性在月经期间会出现眼肿或脚肿的现象，这是湿重的表现，此时不宜食用燕麦红枣豆浆，因为红枣味甜，多吃容易生痰生湿，水湿积于体内，水肿的情况就会更严重。

【养生功效】

燕麦具有较高的营养价值，能益脾养心、敛汗，还可以改善血液循环，缓解生活工作带来的压力。红枣为补养佳品，食疗药膳中常加入红枣补养身体、滋润气血。红枣中富含钙和铁，这两种元素对防治骨质疏松、产后贫血有重要作用，更年期女性容易发生贫血，多吃红枣对贫血有十分理想的食疗作用。这款燕麦红枣豆浆可补脾和胃、益气生津、养血安神，有效缓解烦躁郁闷、哭泣不安、心神不宁等更年期症状。

红枣黑豆豆浆 适合更年期女性饮用

材料

黑豆80克，黄豆30克，红枣10个，清水、白糖或冰糖各适量。

做法

① 将黑豆、黄豆清洗干净后，在清水中浸泡6～8小时，泡至发软备用；红枣洗干净后，用温水泡开。

② 将浸泡好的黑豆、黄豆和红枣一起放入豆浆机的杯体中，加水至上下水位线之间，启动机器，煮至豆浆机提示红枣黑豆豆浆做好。

③ 将打出的红枣黑豆豆浆过滤后，按个人口味趁热往豆浆中添加适量白糖或冰糖调味。

■ 贴心提示

凡是痰湿偏盛、湿热内盛、腹部胀满者忌食红枣黑豆豆浆。慢性肾病患者在肾衰竭时不宜食用此款豆浆，因为黑豆会加重肾脏负担。

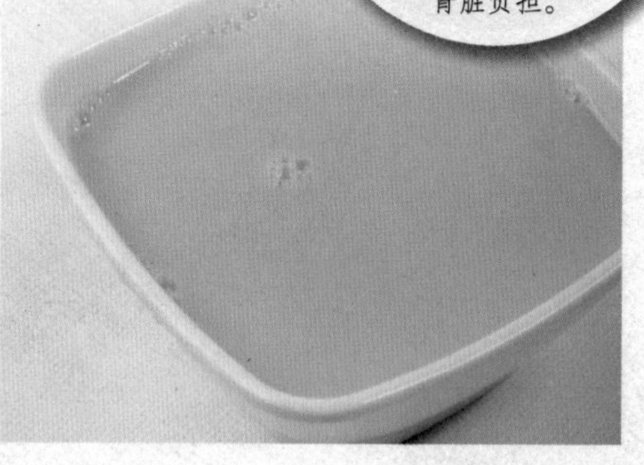

【养生功效】

红枣中丰富的营养物质能够促进体内的血液循环；其充足的维生素C能够促进身体发育、增强体力、减轻疲劳。红枣含维生素E，有抗氧化、抗衰老等作用。红枣对妇女的美容养颜以及更年期的潮热出汗、情绪不稳也有调补和控制作用。黑豆是补肾佳品，肾虚的人应多食黑豆。黄豆能够安神养心。这款豆浆特别适合更年期的女性和骨质疏松的人饮用。

莲藕雪梨豆浆 安抚焦躁情绪

材料

莲藕30克，雪梨1个，黄豆50克，清水适量。

做法

1. 将黄豆清洗干净后，在清水中浸泡6～8小时，泡至发软备用；莲藕去皮后切成小丁，下入开水中略焯，捞出后沥干；雪梨清洗后，去皮去核，并切成小碎丁。
2. 将浸泡好的黄豆同莲藕丁、雪梨一起放入豆浆机的杯体中，添加清水至上下水位线之间，启动机器，煮至豆浆机提示莲藕雪梨豆浆做好。
3. 将打出的莲藕雪梨豆浆过滤后即可饮用。

【养生功效】

中医学中称莲藕："主补中养神，益气力。"藕的营养价值很高，富含维生素、矿物质、植物蛋白质以及淀粉，能够补益气血，增强免疫力。莲藕还有调节心脏、血压，改善末梢血液循环的功用，可用于促进新陈代谢和防止皮肤粗糙。莲藕的清热凉血作用也很不错，可用来治疗热证，对于热病口渴、出血、咯血、下血者尤为有益。营养专家提示，更年期的女性吃莲藕可以静心。雪梨性凉味甘、酸，具有生津、润燥、清热、化痰、解酒的作用。雪梨含有丰富的B族维生素，能够增强心肌活力，缓解周身疲劳，降低血压；雪梨含有多种糖类物质、维生素，容易被人体所吸收，从而起到保护肝脏的作用；雪梨能够清热镇静、防止动脉粥样硬化。黄豆有补虚润燥、清肺化痰的功效。莲藕、雪梨搭配黄豆制成的这款豆浆，清热安神，可帮助消除更年期的暴躁、焦虑不安和失眠症状。

贴心提示

雪梨性偏寒，助湿，多吃会伤脾胃，故脾胃虚寒、畏冷食者应少食莲藕雪梨豆浆。

三红豆浆 补血补气、养心安神

材料

红豆50克，红枣20克，枸杞子30克，清水、白糖或冰糖各适量。

做法

1. 将红豆清洗干净后，在清水中浸泡6～8小时，泡至发软备用；红枣、枸杞子洗干净后，用温水泡开。
2. 将浸泡好的红豆、红枣丁一起放入豆浆机的杯体中，添加清水至上下水位线之间，启动机器，煮至豆浆机提示三红豆浆做好。
3. 将打出的三红豆浆过滤后，按个人口味趁热添加适量白糖或冰糖调味，不宜吃糖的患者，可用蜂蜜代替。不喜甜者也可不加糖。

【养生功效】

红枣是补血最常用的食物，食疗药膳中常加入红枣补养身体，滋润气血。在治疗更年期的经方“甘麦大枣汤”中就用到了红枣；红豆自古就被认为是养生食品，丰富的铁质能使血气充盈、面色红润；枸杞子也有滋阴补肾、益气安神的作用。红豆、红枣和枸杞子三者搭配制成的这款豆浆，具有补气安神、养血的功效，尤其适合更年期妇女饮用。

■ 贴心提示

女性平时不能多吃枸杞，否则容易造成月经提前到来或者推迟，以及食欲缺乏、白带异常、内分泌失调等。

紫米核桃红豆豆浆 补肾、补血

材料

紫米40克，红豆40克，核桃仁30克，清水、白糖或蜂蜜各适量。

■ 贴心提示

与普通大米食用方法相同，紫米富含纯天然营养色素和色氨酸，下水清洗或浸泡会出现掉色现象（营养流失），因此不宜用力搓洗，浸泡后的水（红色）请随同紫米一起蒸煮食用，不要倒掉。

做法

1. 将红豆清洗干净后，在清水中浸泡6～8小时，泡至发软备用；紫米淘洗干净，用清水浸泡2小时；核桃仁备用。
2. 将浸泡好的红豆、核桃仁同紫米一起放入豆浆机的杯体中，添加清水至上下水位线之间，启动机器，煮至豆浆机提示紫米核桃红豆豆浆做好。
3. 将打出的紫米核桃红豆豆浆过滤后，按个人口味趁热添加适量白糖，或等豆浆稍凉后加入蜂蜜即可饮用。

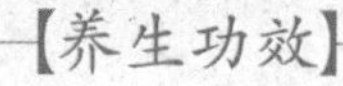

【养生功效】

紫米中富含膳食纤维，能够降低体内胆固醇的含量，从而预防动脉硬化，保护心脑血管。核桃能补肾益气、健脾暖肝、明目活血。红豆补血。紫米、红豆、核桃搭配制作出的这款豆浆质感更黏稠，口感更香醇，对于补肾、补血效果更明显。

第7章

老年人

四豆花生豆浆 保护老年人的心血管系统

材料

黄豆、黑豆、豌豆、青豆、花生各20克，清水、白糖或冰糖各适量。

【养生功效】

黄豆含有丰富的蛋白质、大豆脂肪以及异黄酮等多种保健因子，尤其适合老年人食用。黑豆含植物固醇，能够抑制人体胆固醇的吸收，常食黑豆能够滋润皮肤、延缓衰老、软化血管。青豆不含胆固醇，而且含有丰富的B族维生素、矿物质、纤维素等物质，不仅能够预防心血管疾病，还能降低癌症的发病率。豌豆具有消炎抗菌、增强代谢功能的作用，也有抗癌的功效。花生、黄豆均有保护血管、增强人体免疫力的功效。此款四豆花生豆浆尤其适合老年人饮用。

做法

1. 将黄豆、黑豆、豌豆、青豆清洗干净后，在清水中浸泡6～8小时，泡至发软备用；花生洗干净，略泡。
2. 将浸泡好的黄豆、黑豆、豌豆、青豆、花生一起放入豆浆机的杯体中，添加清水至上下水位线之间，启动机器，煮至豆浆机提示四豆花生豆浆做好。
3. 将打出的四豆花生豆浆过滤后，按个人口味趁热添加适量白糖或冰糖调味，不宜吃糖的患者，可用蜂蜜代替。不喜甜者也可不加糖。

■ 贴心提示

花生外皮即红色的外衣有增加血小板的凝聚作用，所以高血压患者和有动脉硬化、血液黏稠的人吃花生，一定要去了红色的外皮再食用。

五谷酸奶豆浆 营养全面、开胃、助消化

材料

黄豆50克，大米10克，小米10克，小麦仁10克，玉米渣10克，酸奶100毫升，清水、白糖或冰糖各适量。

做法

1 将黄豆清洗干净后，在清水中浸泡6～8小时，泡至发软备用；大米、小米、小麦仁淘洗干净，用清水浸泡2小时；玉米渣淘洗干净。

2 将浸泡好的黄豆、大米、小米、小麦仁和玉米渣一起放入豆浆机的杯体中，添加清水至上下水位线之间，启动机器，煮至豆浆机提示豆浆做好。

3 将打出的豆浆过滤晾凉后，兑入酸奶，按个人口味添加适量白糖或冰糖调味即可。

贴心提示

酸奶并不是越稠越好，因为很多稠的酸奶只是因为加入了各种增稠剂，如果胶、明胶，过多的增稠剂虽然满足了口感，但对身体并无益处。

【养生功效】

黄豆有“豆中之王”之称，蛋白质含量高，还含有维生素A、B族维生素及钙、磷等矿物质。大米富含蛋白质和人体必需的氨基酸等营养成分。小米中蛋白质、维生素B_1和无机盐含量均高于大米。小麦仁富含淀粉、蛋白质、脂肪等。玉米中含有较多的粗纤维，还含有大量镁，镁可加强肠壁蠕动，促进人体废物的排泄。以上食材加上酸奶制成的这款豆浆，营养全面，可开胃、助消化，增加胃肠动力。

五色滋补豆浆 补充多种营养

材料

黄豆30克，绿豆20克，黑豆20克，薏苡仁20克，红豆20克，清水、白糖或冰糖各适量。

贴心提示

红豆与相思子二者外形相似，均有红豆之别名。相思子产于广东，外形特征是半粒红半粒黑，过去曾有误把相思子当作红豆服用而引起中毒的，食用时不可混淆。

做法

1 将黄豆、绿豆、黑豆、红豆清洗干净后，在清水中浸泡6～8小时，泡至发软备用；薏苡仁淘洗干净，用清水浸泡2小时备用。

2 将浸泡好的黄豆、绿豆、黑豆、红豆、薏苡仁一起放入豆浆机的杯体中，添加清水至上下水位线之间，启动机器，煮至豆浆机提示豆浆做好。

3 将打出的豆浆过滤后，按个人口味趁热添加适量白糖或冰糖调味，不宜吃糖的患者，可用蜂蜜代替。不喜甜者也可不加糖。

【养生功效】

黄豆含有丰富的蛋白质、维生素A、B族维生素及钙、铁等矿物质。绿豆含有蛋白质、脂肪、维生素B_1、叶酸、钙、磷、铁。黑豆中微量元素如锌、镁等的含量都很高。红豆所含的膳食纤维能润肠通便，降低血压、血脂。薏苡仁含有多种维生素和矿物质，可作为疾病的补益食品。中医学中把食物分为青、赤、黄、白、黑五色，认为五色入五脏，补益五脏。这款豆浆能补充多种营养，适合老年人食用。

豌豆绿豆大米豆浆 防止动脉硬化

材料

豌豆20克，绿豆25克，大米60克，黄豆30克，清水、白糖或冰糖各适量。

■ 贴心提示

豌豆吃多了会发生腹胀，故不宜长期大量食用。

做法

1. 将豌豆、绿豆、黄豆清洗干净后，在清水中浸泡6～8小时，泡至发软备用；大米淘洗干净，用清水浸泡2小时。
2. 将浸泡好的豌豆、绿豆、黄豆、大米一起放入豆浆机的杯体中，添加清水至上下水位线之间，启动机器，煮至豆浆机提示豌豆绿豆大米豆浆做好。
3. 将打出的豌豆绿豆大米豆浆过滤后，按个人口味趁热添加适量白糖或冰糖调味，不宜吃糖的患者，可用蜂蜜代替。不喜甜者也可不加糖。

【养生功效】

豌豆与一般蔬菜有所不同，它所含的止杈酸、赤霉素和植物凝素等物质，具有抗菌消炎，增强新陈代谢的功能。绿豆粉有显著降脂作用，绿豆中含有一种球蛋白和多糖，能促进动物体内胆固醇在肝脏分解成胆酸，加速胆汁中胆盐分泌和降低小肠对胆固醇的吸收。大米具有健脾胃、补中气、养阴生津、除烦止渴、固肠止泻等作用，可用于脾胃虚弱、烦渴、营养不良、病后体弱等病证。豌豆、绿豆搭配大米制成的这款豆浆，能够有效减少胆固醇吸收，防止动脉硬化。

燕麦枸杞山药豆浆 强身健体、延缓衰老

材料

黄豆50克，枸杞子10克，燕麦片10克，山药30克，清水、白糖或冰糖各适量。

做法

1. 将黄豆清洗干净后，在清水中浸泡6～8小时，泡至发软备用；枸杞子洗干净后，用温水泡开；山药去皮后切成小丁，下入开水中灼烫，捞出沥干。
2. 将浸泡好的黄豆、枸杞子和山药、燕麦片一起放入豆浆机的杯体中，添加清水至上下水位线之间，启动机器，煮至豆浆机提示燕麦枸杞山药豆浆做好。
3. 将打出的燕麦枸杞山药豆浆过滤后，按个人口味趁热添加适量白糖或冰糖调味，不宜吃糖的患者，可用蜂蜜代替。不喜甜者也可不加糖。

【养生功效】

燕麦中含有燕麦蛋白、燕麦β葡聚糖等成分，具有抗氧化功效、延缓肌肤衰老、美白保湿等功效。枸杞子自古就是滋补养人的上品，有延衰抗老的功效，它的维生素C、β－胡萝卜素、铁的含量都很高。山药含有多种营养素，有强健机体、益志安神、延年益寿的功效。这款豆浆能够强身健体，延缓衰老。

菊花枸杞红豆豆浆 降低胆固醇、预防动脉硬化

材料

干菊花20克，枸杞子5克，红豆50克，清水、白糖或冰糖各适量。

做法

1 将红豆清洗干净后，在清水中浸泡6～8小时，泡至发软备用；干菊花清洗干净后待用；枸杞子洗净，用清水泡发。

2 将浸泡好的红豆、枸杞子和菊花一起放入豆浆机的杯体中，添加清水至上下水位线之间，启动机器，煮至豆浆机提示菊花枸杞红豆豆浆做好。

3 将打出的菊花枸杞红豆豆浆过滤后，按个人口味趁热添加适量白糖或冰糖调味，不宜吃糖的患者，可用蜂蜜代替。不喜甜者也可不加糖。

贴心提示

痰湿型、血瘀型高血压患者不宜食用这款豆浆。

【养生功效】

菊花具有清热明目，疏风解毒的功效，可用于治疗头痛、眩晕、目赤、心胸烦热、疔疮、肿毒等证。枸杞子具有安神、益精明目、增强人体免疫力的作用，有助于预防高血压、高血脂、脑血栓、动脉硬化等多种疾病。红豆富含铁质，可以补血、促进血液循环、强化体力、增强抵抗力。菊花、枸杞子搭配红豆制成的这款豆浆营养互补而味道鲜美，能够降低胆固醇，预防动脉硬化，适合中老年人饮用。

清甜玉米豆浆 降低胆固醇、预防高血压和冠心病

材料

黄豆50克，甜玉米30克，银耳5克，枸杞子5克，清水、白糖或冰糖各适量。

做法

1 将黄豆清洗干净后，在清水中浸泡6～8小时，泡至发软备用；用刀切下鲜玉米粒，清洗干净；枸杞子洗干净后，用温水泡开；银耳用清水泡发，洗净，切碎待用。

2 将浸泡好的黄豆、枸杞子和银耳、玉米粒一起放入豆浆机的杯体中，添加清水至上下水位线之间，启动机器，煮至豆浆机提示豆浆做好。

3 将打出的豆浆过滤后，按个人口味趁热添加适量白糖或冰糖调味。

【养生功效】

玉米中含有一种抗癌因子——谷胱甘肽，这种物质中含有一种具有抗氧化作用的硒，它的抗氧化作用比维生素E强500倍。枸杞子含有丰富的生物活性物质，具有增强机体免疫力的功能。黄豆含有可以降低、排出胆固醇的大豆蛋白质和大豆卵磷质。这道清甜玉米豆浆不但营养丰富，还有降低胆固醇及预防高血压、冠心病、细胞衰老及脑功能退化等效果，并有抗血管硬化的作用。

红枣枸杞黑豆豆浆 改善心肌营养

材料

红枣30克，枸杞子10克，黑豆60克，清水、白糖或冰糖各适量。

做法

1 将黑豆清洗干净后，在清水中浸泡6～8小时，泡至发软备用；红枣洗干净，去核；枸杞子洗干净，用清水泡软。

2 将浸泡好的黑豆、枸杞子和红枣一起放入豆浆机的杯体中，添加清水至上下水位线之间，启动机器，煮至豆浆机提示红枣枸杞黑豆豆浆做好。

3 将打出的红枣枸杞黑豆豆浆过滤后，按个人口味趁热添加适量白糖或冰糖调味，不宜吃糖的患者，可用蜂蜜代替。不喜甜者也可不加糖。

■ 贴心提示

饮用这款豆浆时不宜同时吃桂圆、荔枝等性质温热的食物，否则容易上火

【养生功效】

红枣富含多种维生素和氨基酸，以及钙、铁等多种微量元素，能提高人体免疫力，还能抑制癌细胞，保护肝脏。枸杞子也是扶正固本的良药，在对抗肿瘤、保护肝脏、降低血压以及老年人器官衰退等老化疾病上都有不错的改善作用。黑豆是植物中营养最丰富的保健佳品。它基本不含胆固醇，只含植物固醇，不被人体吸收利用，又有抑制人体吸收胆固醇、降低胆固醇在血液中含量的作用。因此，常食红枣枸杞黑豆豆浆，能软化血管，改善心肌营养，滋润皮肤，延缓衰老。

燕麦山药豆浆 抑制老年斑

材料

燕麦50克，山药30克，黄豆20克，清水、白糖或冰糖各适量。

做法

1 将黄豆清洗干净后，在清水中浸泡6～8小时，泡至发软备用；山药去皮后切成小丁，下入开水中灼烫，捞出沥干。

2 将浸泡好的黄豆、山药、燕麦片一起放入豆浆机的杯体中，添加清水至上下水位线之间，启动机器，煮至豆浆机提示燕麦山药豆浆做好。

3 将打出的燕麦山药豆浆过滤后，按个人口味趁热添加适量白糖或冰糖调味，不宜吃糖的患者，可用蜂蜜代替。不喜甜者也可不加糖。

■ 贴心提示

用经过加工的燕麦片代替燕麦仁，就无须提前浸泡了。直接把燕麦片和山药放入豆浆机搅打，不加黄豆也可以。

【养生功效】

燕麦中含有大量能够抑制酪氨酸酶活性的生物活性成分，从而抑制黑色素的生成，所以燕麦具有美白皮肤的功效。此外，燕麦中含有大量的抗氧化成分，这些物质可以有效地抑制黑色素形成过程中氧化还原反应的进行，减少黑色素的形成，淡化色斑，预防老年斑的形成。山药具有延年益寿的功效。

黑豆大米豆浆 缓解耳聋、目眩、腰膝酸软

材料

黑豆70克，黄豆30克，大米30克，清水、白糖或冰糖各适量。

做法

1. 将黑豆、黄豆清洗干净后，在清水中浸泡6～8小时，泡至发软备用；大米淘洗干净，用清水浸泡2小时。
2. 将浸泡好的黑豆、黄豆和大米一起放入豆浆机的杯体中，添加清水至上下水位线之间，启动机器，煮至豆浆机提示黑豆大米豆浆做好。
3. 将打出的黑豆大米豆浆过滤后，按个人口味趁热添加适量白糖或冰糖调味，不宜吃糖的患者，可用蜂蜜代替。不喜甜者也可不加糖。

【养生功效】

黑豆营养全面，含有丰富的蛋白质、维生素、矿物质，有活血、利水、祛风、解毒之功效。中医学认为，黑豆味甘，性微寒，能补肾益阴、健脾利湿、除热解毒，可用于治疗肾虚阴亏、消渴多饮、小便频数、肝肾阴虚、头晕目眩、视物昏暗、须发早白、脚气水肿、湿痹拘挛、腰痛等证。大米含有人体必需的氨基酸、脂肪、矿物质、B族维生素以及蛋白质，食用大米不仅能够补充身体所需营养，大米中的纤维素还能够帮助肠胃蠕动，减少胃病、便秘发生概率。黑豆、黄豆搭配大米制成的这款豆浆，可以有效缓解耳聋、头晕目眩、腰膝酸软等老年症状。

■ 贴心提示

黑豆一定要煮熟了吃，因为在生黑豆中有一种叫抗胰蛋白酶的成分，可影响蛋白质的消化吸收，易引起腹泻，经过煮、炒、蒸等程序后，抗胰蛋白酶被破坏，因而可消除黑豆的副作用。

第六篇

四季养生豆浆

——因时调养，喝出四季安康

第1章 春季饮豆浆：清淡养阳

糯米山药豆浆 缓解春季的消化不良

材料

山药40克，糯米20克，黄豆40克，清水、白糖或冰糖各适量。

做法

1. 将黄豆清洗干净后，在清水中浸泡6～8小时，泡至发软备用；山药去皮后切成小丁，下入开水中灼烫，捞出沥干；糯米清洗干净，在清水中浸泡2小时。
2. 将浸泡好的黄豆和山药、糯米一起放入豆浆机的杯体中，添加清水至上下水位线之间，启动机器，煮至豆浆机提示糯米山药豆浆做好。
3. 将打出的糯米山药豆浆过滤后，按个人口味趁热添加适量白糖或冰糖调味，不宜吃糖的患者，可用蜂蜜代替。不喜甜者也可不加糖。

【养生功效】

山药含有淀粉酶、多酚氧化酶等物质，有利于脾胃消化吸收功能，是一味平补脾胃的药食两用之品。不论脾阳亏或胃阴虚，皆可食用。临床上常与胃肠饮同用治脾胃虚弱、食少体倦、泄泻等病证。糯米含有蛋白质、糖类、钙、铁、维生素B_1、维生素B_2、烟酸及淀粉等，营养丰富，为温补强壮食品，具有健脾养胃、补中益气、止虚汗之功效，对食欲不佳、腹胀腹泻有一定缓解作用。糯米山药豆浆对脾胃虚寒、食欲缺乏、腹胀腹泻有一定的缓解作用。

■ 贴心提示

如果需长时间保存，应该把山药放入木锯屑中包埋，短时间保存则只需用纸包好放入冷暗处即可。如果购买的是切开的山药，则要避免接触空气，以用塑料袋包好放入冰箱里冷藏为宜。切碎的山药也可以放入冰箱冷冻起来。

竹叶米豆浆 清心 去春燥

材料

大米 50 克，黄豆 50 克，竹叶 3 克，清水适量。

做法

1 将黄豆清洗干净后，在清水中浸泡 6 ~ 8 小时，泡至发软备用；大米淘洗干净，用清水浸泡 2 小时；竹叶洗净。

2 将浸泡好的黄豆同大米一起放入豆浆机的杯体中，添加清水至上下水位线之间，启动机器，煮至豆浆机提示豆浆做好。

3 将打出的豆浆过滤后，冲泡竹叶即可。

■ 贴心提示

孕妇及气虚体质的人，不宜服用这款豆浆。

【养生功效】

大米中各种营养素含量虽不是很高，但因人们食用量大，故其也具有很高的营养功效，是补充营养素的基础食物。服食黄豆有润燥消水的功效；竹叶能清心利尿，临床上常用于心火炽盛引起的口舌生疮、尿少而赤，对于春燥引起的燥热心烦也有不错疗效。大米、黄豆和竹叶的搭配，有利于清心、去春燥，并能提高身体免疫力。

黄米黑豆豆浆 温补效果明显

材料

黄米 50 克，黑豆 25 克，黄豆 25 克，清水、白糖或蜂蜜各适量。

做法

1 将黄豆、黑豆清洗干净后，在清水中浸泡 6 ~ 8 小时，泡至发软备用；黄米淘洗干净，用清水浸泡 2 小时。

2 将浸泡好的黄豆、黑豆同黄米一起放入豆浆机的杯体中，添加清水至上下水位线之间，启动机器，煮至豆浆机提示黄米黑豆豆浆做好。

3 将打出的黄米黑豆豆浆过滤后，按个人口味趁热添加适量白糖，或等豆浆稍凉后加入蜂蜜即可饮用。

■ 贴心提示

身体燥热者禁食黄米黑豆豆浆，有呼吸系统疾病的人也不宜饮用这款豆浆。

【养生功效】

中医学认为，黄米性凉，味甘咸，入脾、胃、肾三经，具有和中益肾、除热、解毒等功效，可治疗反胃呕吐、脾胃虚热、泄泻等证。有肾病者宜常食，脾胃虚者宜久食。产妇吃后可益气补血，小儿吃后可调养脾胃，老年人吃后强肾壮腰。常食黑豆有很好的温补作用。黄米、黑豆和黄豆搭配制作出的豆浆，温补效果明显。

麦米豆浆 益气宽中

材料

小麦仁20克，大米30克，黄豆50克，清水、白糖或冰糖各适量。

做法

1. 将黄豆清洗干净后，在清水中浸泡6～8小时，泡至发软备用；小麦仁、大米洗净。
2. 将浸泡好的黄豆和小麦仁、大米一起放入豆浆机的杯体中，添加清水至上下水位线之间，启动机器，煮至豆浆机提示麦米豆浆做好。
3. 将打出的麦米豆浆过滤后，按个人口味趁热添加适量白糖或冰糖调味，不宜吃糖的患者，可用蜂蜜代替。不喜甜者也可不加糖。

■ 贴心提示

肺炎、感冒、哮喘、咽炎、口腔溃疡患者不宜食用麦米豆浆。婴儿、幼儿、母婴、老人、更年期妇女、久病体虚、气郁体质、湿热体质、痰湿体质者也不宜食用麦米豆浆。高血压患者忌食用。

【养生功效】

小麦仁味甘，性寒，归心、脾、肾经，能利小便，补养肝气。小麦仁不含胆固醇，富含纤维，含有少量矿物质，包括铁和锌，有养心、益肾、除热、止渴的功效，大米能益精强志。黄豆能润燥行水。三者搭配，益气宽中，养血安神。

芦笋山药豆浆 养肝护肝、调理虚损

材料

芦笋40，山药20克，黄豆80克，清水、白糖或冰糖各适量。

做法

1. 将黄豆清洗干净后，在清水中浸泡6～8小时，泡至发软备用；芦笋洗净后切成小段；山药去皮后切成小丁，下入开水中灼烫，捞出沥干。
2. 将浸泡好的黄豆、芦笋、山药一起放入豆浆机的杯体中，添加清水至上下水位线之间，启动机器，煮至豆浆机提示芦笋山药豆浆做好。
3. 将打出的芦笋山药豆浆过滤后，按个人口味趁热添加适量白糖或冰糖调味，不宜吃糖的患者，可用蜂蜜代替。不喜甜者也可不加糖。

【养生功效】

芦笋含有多种人体必需的矿物质元素和微量元素，如钙、磷、钾、铁、锌、铜等成分，这些元素对癌症及心脏病的防治有重要作用。芦笋对胆结石、肝功能障碍和肥胖均有益。

山药有滋肾益精的作用，肾亏遗精，妇女白带多、小便频数等皆可服之；山药含有大量的维生素、微量元素及黏液蛋白，能够保护血管的畅通，从而能预防心血管疾病。山药对于护肝养肝的作用同样不可忽视。这款豆浆能养肝护肝、调理虚损、强身健体。

葡萄干柠檬豆浆 活血、预防心血管疾病

材料

黄豆80克，葡萄干20克，柠檬1块，清水、白糖或冰糖各适量。

做法

1. 将黄豆清洗干净后，在清水中浸泡6～8小时，泡至发软备用；葡萄干用温水洗净。

2. 将浸泡好的黄豆和葡萄干一起放入豆浆机的杯体中，添加清水至上下水位线之间，启动机器，煮至豆浆机提示葡萄干柠檬豆浆做好。

3. 将打出的葡萄干柠檬豆浆过滤后，挤入柠檬汁，再按个人口味趁热添加适量白糖或冰糖调味。

【养生功效】

葡萄干中的铁和钙含量十分丰富，是儿童、妇女及体弱贫血者的滋补佳品，可补血气、暖肾，治疗贫血，血小板减少。葡萄干内含大量葡萄糖，对心肌有营养作用，有助于冠心病患者的康复。葡萄干还含有多种矿物质、维生素和氨基酸，常食对神经衰弱和过度疲劳者有较好的补益作用，还是妇科病的食疗佳品。柠檬有收缩、增固血管的功效，可辅助预防高血压和心肌梗死。黄豆中的卵磷脂可除掉附着在血管壁上的胆固醇。三者搭配，能有效活血、预防心血管疾病。

■ 贴心提示

患有糖尿病的人忌食，肥胖之人也不宜多食。

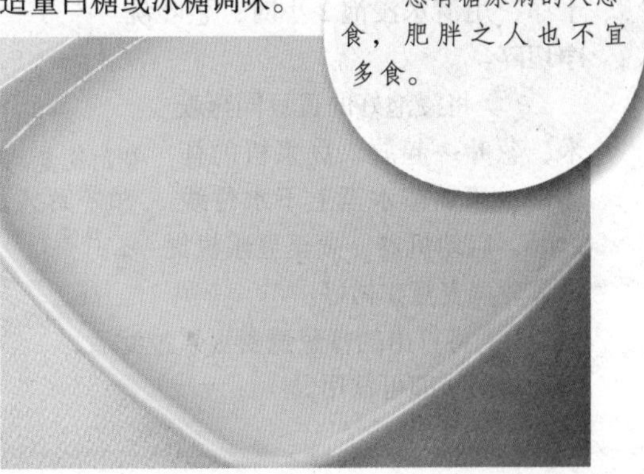

西芹红枣豆浆 润燥行水、通便解毒

材料

西芹20克，红枣30克，黄豆50克，清水、白糖或冰糖各适量。

做法

1. 将黄豆清洗干净后，在清水中浸泡6～8小时，泡至发软备用；西芹洗净、切成小段；红枣洗净，去核，切碎。

2. 将浸泡好的黄豆和西芹、红枣一起放入豆浆机的杯体中，添加清水至上下水位线之间，启动机器，煮至豆浆机提示西芹红枣豆浆做好。

3. 将打出的西芹红枣豆浆过滤后，按个人口味趁热添加适量白糖或冰糖调味，不宜吃糖的患者，可用蜂蜜代替。不喜甜者也可不加糖。

■ 贴心提示

患有严重肾病、痛风、消化性溃疡者、有宿疾者、脾胃虚寒者禁食西芹红枣豆浆。

【养生功效】

西芹营养十分丰富，含有蛋白质、钙、磷、铁、胡萝卜素和多种维生素等，对人体健康都十分有益。西芹性味甘凉，具有清胃、涤热、祛风、降压之功效。大枣能益气生津，尤可治疗老年人气血津液不足，补脾和胃及治疗老年人胃虚食少、脾弱便溏。黄豆能润脾燥。此款豆浆对于脾胃虚弱、经常腹泻、常感到疲惫的人尤其适合。

青葱燕麦豆浆 通便、降低胆固醇

材料

黄豆50克，燕麦米20克，大葱叶30克，盐、清水各适量。

做法

1 将黄豆清洗干净后，在清水中浸泡6～8小时，泡至发软备用；燕麦米淘洗干净，用清水浸泡2小时；葱叶洗净切碎。

2 将浸泡好的黄豆同燕麦米、葱叶一起放入豆浆机的杯体中，添加清水至上下水位线之间，启动机器，煮至豆浆机提示青葱燕麦豆浆做好。

3 将打出的青葱燕麦豆浆过滤后，加入盐调味即可饮用。

【养生功效】

《本草经疏》：葱，辛能发散，能解肌，能通上下阳气，故外来怫郁诸证，悉皆主之。经常吃葱的人，即便脂多体胖，但胆固醇并不增高，而且体质强壮。燕麦是一种营养价值高且富含可溶性纤维的谷类食物，对保护心脏有事半功倍的效果。这款豆浆具有通便、降糖、降脂、降低胆固醇的功效。

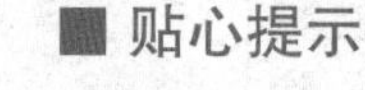

■ 贴心提示

葱可以帮助身体机能的恢复，贫血、低血压、怕冷的人，应多吃正月葱，可以充分补给热量。

糙米花生豆浆 富含蛋白质和膳食纤维

材料

糙米30克，花生20克，黄豆50克，清水、白糖或冰糖各适量。

做法

1 将黄豆清洗干净后，在清水中浸泡6～8小时，泡至发软备用；糙米淘洗干净，用清水浸泡2小时；花生去皮。

2 将浸泡好的黄豆和糙米、花生一起放入豆浆机的杯体中，并加水至上下水位线之间，启动机器，煮至豆浆机提示糙米花生豆浆做好。

3 将打出的糙米花生豆浆过滤后，按个人口味趁热往豆浆中添加适量白糖或冰糖调味，患有糖尿病、高血压、高血脂等不宜吃糖的患者，可用蜂蜜代替。不喜甜者也可不加糖。

■ 贴心提示

也可以去掉黄豆，并加大糙米和花生的用量，这样打出来的米浆不用过滤，喝起来香浓滑爽也很美味。

【养生功效】

糙米中含有较多的脂肪和碳水化合物，能迅速为人体提供热量。花生的油脂含有大量的亚油酸，可使人体内胆固醇分解为胆汁酸排出体外，避免胆固醇沉积，减少多种心脑血管疾病的发生率。菠萝中则含有大量能够软化、分解脂肪的酵素成分，菠萝当中的柠檬酸又可以促进胃液分泌，有助于消化。糙米花生豆浆含有丰富的蛋白质、矿物质和膳食纤维，是老少皆宜的保健佳品。

薏苡百合豆浆 清补功效明显

材料

薏苡仁30克，百合10克，黄豆60克，清水、白糖或蜂蜜各适量。

做法

1 将黄豆清洗干净后，在清水中浸泡6～8小时，泡至发软备用；薏苡仁淘洗干净，用水浸泡2小时；百合洗净，略泡，切碎。

2 将浸泡好的黄豆、薏苡仁、百合一起放入豆浆机的杯体中，添加清水至上下水位线之间，启动机器，煮至豆浆机提示薏苡百合豆浆做好。

3 将打出的薏苡百合豆浆过滤，等豆浆稍凉后，按个人口味趁热添加适量蜂蜜即可饮用。

【养生功效】

春季适宜食用清淡养阳的东西，薏苡仁营养全面，是个好的选择。薏苡仁能抑制呼吸中枢，使肺血管扩张。薏苡仁还能增强免疫力和抗炎作用，薏苡仁油对细胞免疫、体液免疫有促进作用。百合含有维生素、矿物质，具有良好的营养滋补之功。

用薏苡仁与百合制成的这款豆浆，有明显的清补功效，适合春季饮用。

■贴心提示

由于百合和薏苡仁都有水溶性较差的特点，且口感有微微发涩之嫌，所以要加入蜂蜜调味，若能加入牛奶也能让豆浆的味道变得更可口。

燕麦紫薯豆浆 富含多种营养和花青素

材料

燕麦米20克，紫薯30克，黄豆50克，清水、白糖或冰糖各适量。

做法

1 将黄豆清洗干净后，在清水中浸泡6～8小时，泡至发软备用；燕麦米淘洗干净，用清水浸泡2小时；紫薯去皮，洗净，切成小丁。

2 将浸泡好的黄豆和燕麦米、紫薯一起放入豆浆机的杯体中，添加清水至上下水位线之间，启动机器，煮至豆浆机提示燕麦紫薯豆浆做好。

3 将打出的燕麦紫薯豆浆过滤后，按个人口味趁热添加适量白糖或冰糖调味，不宜吃糖的患者，可用蜂蜜代替。不喜甜者也可不加糖。

【养生功效】

燕麦粥热量低，供给较少量的热量，却能提供多种营养素。

紫薯富含花青素，花青素对100多种疾病有防治作用，被誉为继水、蛋白质、脂肪、碳水化合物、维生素、矿物质之后的第七大必需营养素。此款豆浆能够补充多种营养，增强机体的免疫能力。

■贴心提示

紫薯茎尖嫩叶中富含维生素、蛋白质、微量元素、可食性纤维和可溶性无氧化物质，经常食用则具有减肥、健美和健身防癌等作用。

黑豆银耳豆浆 清心安神、改善睡眠

材料

银耳30克，黑豆70克，黄豆30克，清水、白糖或冰糖各适量。

做法

1 将黄豆、黄豆清洗干净后，在清水中浸泡6～8小时，泡至发软备用；银耳用清水泡发，洗净，切碎。

2 将浸泡好的黑豆、黄豆和银耳一起放入豆浆机的杯体中，添加清水至上下水位线之间，启动机器，煮至豆浆机提示黑豆银耳豆浆做好。

3 将打出的黑豆银耳豆浆过滤后，按个人口味趁热添加适量白糖或冰糖调味，不宜吃糖的患者，可用蜂蜜代替。不喜甜者也可不加糖。

【养生功效】

银耳性平，味甘、淡、无毒，入肺、胃经。《本草纲目》中记载银耳能“益气不饥，轻身强志”，对于益气活血、滋阴润燥都有非常好的作用。患有老年慢性支气管炎、肺源性心脏病、免疫力低下、体质虚弱、内火旺盛、虚痨、癌症、肺热咳嗽、肺燥干咳的人适量地进食银耳对病情的恶化有一定的缓解作用。黑豆具有镇定安神的功效。这款豆浆可滋阴润肺、益胃生津、清心安神。

■ 贴心提示

银耳既是名贵的营养滋补佳品，又是扶正强壮的补药。历代皇家贵族都将银耳看作是“延年益寿之品”“长生不老良药”。

花生百合豆浆 润肠舒气

材料

花生30克，干百合10克，黄豆60克，清水、白糖或冰糖各适量。

做法

1 将黄豆清洗干净后，在清水中浸泡6～8小时，泡至发软备用；花生去皮；干百合洗净后略泡。

2 将浸泡好的黄豆、百合和花生一起放入豆浆机的杯体中，添加清水至上下水位线之间，启动机器，煮至豆浆机提示花生百合豆浆做好。

3 将打出的花生百合豆浆过滤后，按个人口味趁热添加适量白糖或冰糖调味，不宜吃糖的患者，可用蜂蜜代替。不喜甜者也可不加糖。

■ 贴心提示

消化不良、肠炎、痢疾等患者不宜过多饮用这款豆浆，以免加重病情。

【养生功效】

百合甘凉清润，主入肺心，常用于清肺、润燥、止咳，清心、安神、定惊，为肺燥咳嗽、虚烦不安所常用。百合具有清肺的功能，故能治疗发热咳嗽，可加强肺的呼吸功能，因此又能治肺结核潮热；花生所含的油脂有润肠通便的功效。因此，二者搭配而成的这款豆浆有助于润肠舒气。

第2章

夏季饮豆浆：清热防暑

黄瓜玫瑰豆浆 静心安神、预防苦夏

材料

黄豆 50 克，燕麦 30 克，黄瓜 20 克，玫瑰 3 克，清水、白糖或冰糖各适量。

【养生功效】

玫瑰花含丰富的维生素 A、维生素 C、B 族维生素、维生素 E、维生素 K 及单宁酸，能改善内分泌失调，对消除疲劳和伤口愈合也有帮助。玫瑰花可调气血，调理女性生理问题，促进血液循环，美容，调经，利尿，缓和肠胃神经，防皱纹，防冻伤，养颜美容。身体疲劳酸痛时，取些来按摩也相当合适。此外，玫瑰芳香怡人，还有理气活血、疏肝解郁、降脂减肥、润肤养颜等作用。

黄瓜、玫瑰花和黄豆制成的这款豆浆，口味清新，可消暑解渴、静心安神，预防苦夏。

做法

1. 将黄豆清洗干净后，在清水中浸泡 6 ~ 8 小时，泡至发软备用；黄瓜洗净后切成小丁；玫瑰花用清水洗净。
2. 将浸泡好的黄豆和黄瓜、玫瑰花一起放入豆浆机的杯体中，添加清水至上下水位线之间，启动机器，煮至豆浆机提示黄瓜玫瑰豆浆做好。
3. 将打出的黄瓜玫瑰豆浆过滤后，按个人口味趁热添加适量白糖或冰糖调味，不宜吃糖的患者，可用蜂蜜代替。不喜甜者也可不加糖。

■ 贴心提示

黄瓜性凉，慢性支气管炎、各种结肠炎、胃溃疡等属虚寒者宜少食黄瓜玫瑰豆浆。玫瑰花只用花瓣，不要花蒂。

绿桑百合豆浆 祛除夏日暑气

材料

黄豆 60 克，绿豆 20 克，桑叶 2 克，干百合 20 克，清水、白糖或冰糖各适量。

做法

❶ 将黄豆、绿豆清洗干净后，在清水中浸泡 6 ~ 8 小时，泡至发软备用；百合清洗干净后略泡；桑叶洗净，切碎待用。

❷ 将浸泡好的黄豆、绿豆、百合和桑叶一起放入豆浆机的杯体中，添加清水至上下水位线之间，启动机器，煮至豆浆机提示绿桑百合豆浆做好。

❸ 将打出的绿桑百合豆浆过滤后，按个人口味趁热添加适量白糖或冰糖调味，不宜吃糖的患者，可用蜂蜜代替。不喜甜者也可不加糖。

【养生功效】

绿豆是夏令饮食中的上品，盛夏酷暑，喝些绿豆粥，甘凉可口，防暑消热。小孩因天热起痱子，用绿豆和鲜百合服用，效果更好。若用绿豆、赤小豆、黑豆煎汤，既可治疗暑天小儿消化不良，又可治疗小儿皮肤病及麻疹。百合具有润肺止咳、补中益气、清心安神的功效。桑叶有清热凉血的功效。这款豆浆能够祛暑、生津、润肺。

■ 贴心提示

绿豆、桑叶、百合皆性凉，所以脾胃虚弱、体弱消瘦或夜多小便者不宜食用。

绿茶米豆浆 清热生津

材料

黄豆 50 克，大米 40 克，绿茶 10 克，清水、白糖或冰糖各适量。

做法

❶ 将黄豆清洗干净后，在清水中浸泡 6 ~ 8 小时，泡至发软备用；大米清洗干净后，用清水浸泡 2 小时；绿茶用开水泡好。

❷ 将浸泡好的黄豆和大米一起放入豆浆机的杯体中，添加清水至上下水位线之间，启动机器，煮至豆浆机提示豆浆做好。

❸ 将打出的豆浆过滤后，倒入绿茶即可。再按个人口味趁热添加适量白糖或冰糖调味，不宜吃糖的患者，可用蜂蜜代替。不喜甜者也可不加糖。

■ 贴心提示

绿茶，又称不发酵茶，是以茶树新梢为原料，经杀青、揉捻、干燥等典型工艺过程制成的茶叶。

【养生功效】

绿茶中的芳香族化合物能溶解脂肪，防止脂肪积滞体内，咖啡因还能促进胃液分泌，有助消化与消脂。绿茶还具有消炎杀菌、清火降火、生津除腻的功效。

大米性味甘平，补中益气，健脾养胃。黄豆含有丰富的蛋白质。绿茶清香怡人。三者搭配，口感清新，清热生津，适合夏季饮用。

清凉冰豆浆 降温降湿、清凉一夏

材料

黄豆100克，清水、白糖或冰糖各适量。

做法

1 将黄豆清洗干净后，在清水中浸泡6～8小时，泡至发软。

2 将浸泡好的黄豆放入豆浆机的杯体中，添加清水至上下水位线之间，启动机器，煮至豆浆机提示豆浆做好。

3 将打出的豆浆过滤后，按个人口味趁热添加适量白糖或冰糖调味，然后放入冰箱中冷藏即可。

【养生功效】

黄豆有利湿、清暑、通脉之功效，用于暑湿、湿温、发热、身重、胸闷、湿痹、水肿等证。黄豆在营养上的种种优胜之处，决定了它的药用价值。梁代《名医别录》说黄豆可以“逐水胀，除胃中热痹、伤中淋露，下瘀血，散五脏结积内寒”等。明代李时珍指出黄豆“治肾病，利水下气，制诸风热，活血，解诸毒”。黄豆浆制成的冰豆浆能增强降暑降温的功效，适合夏季饮用。

■ 贴心提示

冰豆浆最好不要空腹饮用，而且即便是在夏天也不宜过多饮用，否则会刺激到肠胃，长此以往，肠胃损伤严重，可能会引起慢性腹泻等病。

荷叶绿茶豆浆 清热解暑佳品

材料

荷叶30克，绿茶20克，黄豆50克，清水、白糖或冰糖各适量。

做法

1. 将黄豆清洗干净后，在清水中浸泡6～8小时，泡至发软备用；荷叶洗净，切碎；绿茶用开水泡好。
2. 将浸泡好的黄豆和荷叶一起放入豆浆机的杯体中，添加清水至上下水位线之间，启动机器，煮至豆浆机提示豆浆做好。
3. 将打出的豆浆过滤后，倒入绿茶即可。然后可按个人口味趁热添加适量白糖或冰糖调味，不宜吃糖的患者，可用蜂蜜代替。

【养生功效】

中医学认为，荷叶性味甘、寒，入脾、胃经，有清热解暑、平肝降脂之功，适用于暑热烦渴、口干引饮、小便短黄、头目眩晕、面色红赤、高血压、高血脂等症。《本草再新》言其“清凉解暑，止渴生津”，《本草通玄》言其“开胃消食，止血固精”。药理研究表明，本品含荷叶碱、莲碱、荷叶苷等，能降血压，降脂，减肥。荷叶入食味清香，可口宜人，入药可理脾活血、祛暑解热，治疗暑季外感身痛及脾湿泄泻。

绿茶不仅能够提神醒脑，对心脑血管病、各种辐射、癌症等有一定的药理功效。茶叶具有药理作用的主要成分是茶多酚、咖啡因、脂多糖、茶氨酸等。

荷叶和绿茶搭配制成的这款豆浆，是夏季清热解暑的佳品。

■ 贴心提示

体质偏凉的人不宜饮用荷叶绿茶豆浆。

西瓜红豆豆浆 消暑解渴

材料

西瓜 50 克，红豆 50 克，黄豆 30 克，清水、白糖或冰糖各适量。

做法

① 将红豆、黄豆清洗干净后，在清水中浸泡 6 ~ 8 小时，泡至发软备用；西瓜去皮、去子后将瓜瓤切成碎丁。

② 将浸泡好的红豆、黄豆和西瓜丁一起放入豆浆机的杯体中，添加清水至上下水位线之间，启动机器，煮至豆浆机提示西瓜红豆豆浆做好。

③ 将打出的西瓜红豆豆浆过滤后，按个人口味趁热添加适量白糖或冰糖调味，不宜吃糖的患者，可用蜂蜜代替。

贴心提示

饮用西瓜红豆豆浆时不宜同时吃咸味较重的食物，不然会削减红豆利尿的功效。

【养生功效】

西瓜是夏季的解暑佳品，具有清热解暑、除烦止渴、利小便等功效。在炎热的夏天，吃上几块西瓜，那淡淡的清香、甜美的果汁，顿时会给人带来清凉之感，确实是消暑解渴的上品。红豆也可缓解人们因气温升高所致的心烦易怒、口渴烦躁等证。另外，在炎热的夏天，人体极易水肿，喝红豆汤是一种最好的消肿方法。西瓜、红豆搭配上黄豆制成的豆浆，在夏季饮用可清暑解渴、防止水肿。

哈密瓜绿豆豆浆 解暑除烦热

材料

哈密瓜 40 克，绿豆 30 克，黄豆 30 克，清水、白糖或冰糖各适量。

做法

① 将黄豆、绿豆清洗干净后，在清水中浸泡 6 ~ 8 小时，泡至发软备用；哈密瓜去皮、去子后，切成小碎丁。

② 将浸泡好的黄豆、绿豆和哈密瓜一起放入豆浆机的杯体中，添加清水至上下水位线之间，启动机器，煮至豆浆机提示哈密瓜绿豆豆浆做好。

③ 将打出的哈密瓜绿豆豆浆过滤后，按个人口味趁热添加适量白糖或冰糖调味，不宜吃糖的患者，可用蜂蜜代替。

贴心提示

哈密瓜性凉，制作豆浆时不宜放得过多，以免引起腹泻；患有脚气病、黄疸、腹胀、便溏、寒性咳喘以及产后、病后的人不宜过多饮用这款豆浆。

【养生功效】

哈密瓜性质偏寒，有清凉消暑、生津止渴的作用，是夏季解暑除热的佳品。现代研究发现，哈密瓜含有丰富的蛋白质、葡萄糖、维生素及铁、磷、钙等微量元素。哈密瓜也可以用来作为贫血的食疗之品，对女性来说也是很好的滋补水果。绿豆有清热解暑、止咳利尿的功能。哈密瓜和绿豆一起制作出的豆浆，很适合夏季饮用，是炎热时解暑的佳品。

菊花绿豆豆浆 清热解毒

材料

菊花20克，绿豆80克，清水、白糖或冰糖各适量。

做法

1 将绿豆清洗干净后，在清水中浸泡6～8小时，泡至发软备用；菊花清洗干净后备用。

2 将浸泡好的绿豆和菊花一起放入豆浆机的杯体中，添加清水至上下水位线之间，启动机器，煮至豆浆机提示菊花绿豆豆浆做好。

3 将打出的菊花绿豆豆浆过滤后，按个人口味趁热添加适量白糖或冰糖调味，不宜吃糖的患者，可用蜂蜜代替。

■ 贴心提示

菊花也是一种中药，不可滥用。菊花可以引起严重过敏性结膜炎，曾经有过花粉症性结膜炎病史的人不宜饮用这款豆浆，否则容易引起过敏反应。阳虚体质者、脾胃虚寒者也不宜过多饮用。

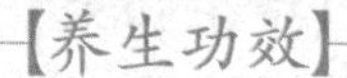

【养生功效】

中医学认为，菊花具有散风清热、平肝明目的功效，可用于治疗风热感冒、头痛眩晕、目赤肿痛、眼目昏花等证。经常饮用菊花茶可消除疲劳、养阴生津。绿豆具有清热解毒、消暑利尿的功效。菊花搭配绿豆制成的这款豆浆，能够清热解毒，尤其是对于夏季外感风热引起的一系列症状有一定疗效。

消暑二豆饮 消暑止渴、清热败火

材料

黄豆60克，绿豆40克，清水、白糖或冰糖各适量。

■ 贴心提示

绿豆性凉，脾胃虚弱的人不宜多吃。服药特别是服温补药时不要吃绿豆，以免降低药效。未煮烂的绿豆腥味强烈，食后易恶心、呕吐。

做法

1 将黄豆、绿豆清洗干净后，在清水中浸泡6～8小时，泡至发软备用。

2 将浸泡好的黄豆、绿豆一起放入豆浆机的杯体中，添加清水至上下水位线之间，启动机器，煮至豆浆机提示豆浆做好。

3 将打出的豆浆过滤后，按个人口味趁热添加适量白糖或冰糖调味，之后放入冰箱中稍微冷藏后即可饮用。

【养生功效】

中医学认为，黄豆味甘、性平，能健脾利湿、益血补虚、解毒。绿豆性味甘凉，有清热解毒之功。夏天在高温环境工作的人出汗多，水分损失很大，体内的电解质平衡遭到破坏，用绿豆煮汤来补充是最理想的方法，能够清暑益气、止渴利尿。黄豆和绿豆搭配制成的这款豆浆具有清热败火、消暑止渴的功效。

椰汁绿豆豆浆 清凉消暑

材料

绿豆100克，椰汁、清水各适量。

做法

1. 将绿豆清洗干净后，在清水中浸泡6～8小时，泡至发软备用。
2. 将浸泡好的绿豆放入豆浆机的杯体中，添加清水至上下水位线之间，启动机器，煮至豆浆机提示豆浆做好。
3. 将打出的豆浆过滤后，兑入椰汁即可。

【养生功效】

椰子性味甘、平，入胃、脾、大肠经；果肉具有补虚强壮、益气祛风、消疳杀虫的功效，久食能令人面部润泽，益人气力及耐受饥饿，治小儿绦虫、姜片虫病；椰水具有滋补、清暑解渴的功效，主治暑热类渴，也能生津利尿，主治热证。

常食绿豆，对高血压、动脉硬化、糖尿病、肾炎有较好的辅助治疗作用。绿豆还可以作为外用药，嚼烂后外敷可治疗疮疖和皮肤湿疹。如果得了痤疮，可以把绿豆研成细末，煮成糊状，在就寝前洗净患部，涂抹在患处。用椰汁和绿豆调制出的这款豆浆，清凉解暑，是夏季养生佳品。

■ 贴心提示

体内热盛的人不宜食用椰汁绿豆浆；易怒、口干舌燥者，也不宜多食。脾胃虚弱、体弱消瘦或夜多小便者不宜食用。

薄荷绿豆豆浆 清凉消暑

材料

绿豆30克，黄豆30克，大米10克，薄荷叶少许，清水、白糖或冰糖各适量。

做法

1. 将黄豆、绿豆清洗干净后，在清水中浸泡6～8小时，泡至发软备用；薄荷叶清洗干净后备用；大米备用。
2. 将浸泡好的黄豆、绿豆和薄荷叶一起放入豆浆机中，添加清水至上下水位线之间，启动机器，煮至豆浆机提示豆浆做好。
3. 将打出的豆浆过滤后，按个人口味趁热添加适量白糖或冰糖调味。

【养生功效】

薄荷的嫩茎叶含有B族维生素、维生素C、胡萝卜素、薄荷酮及多种游离氨基酸。薄荷有疏风散热、消暑开胃的作用，对于伤风感冒、哮喘、急性结膜炎、咽痛等病症有良好的疗效。

绿豆特有的保湿成分及矿物质，可给皮肤提供充足的水分，有效强化皮肤的水分保湿能力。绿豆中的天然多聚糖能在肌肤表层形成透明、有弹力的保湿膜，使皮肤润泽、有弹力。萃取自绿豆的提取物，依然具有绿豆良好的清热解毒功效，对汗疹、粉刺等各种皮肤问题效果极佳。此豆浆清凉消暑，有疏风散热、提神醒脑、抗疲劳的作用，对伤风、感冒、偏头痛有很好的辅助疗效。

贴心提示

体虚多汗者不宜饮用薄荷绿豆豆浆。

三豆消暑豆浆 消暑、补虚、去燥

材料

黑豆 30 克、红豆 30 克、绿豆 30 克，清水、白糖或冰糖各适量。

做法

1 将黑豆、红豆、绿豆清洗干净后，在清水中浸泡 6 ~ 8 小时，泡至发软备用。

2 将浸泡好的黑豆、红豆、绿豆一起放入豆浆机的杯体中，添加清水至上下水位线之间，启动机器，煮至豆浆机提示豆浆做好。

3 将打出的豆浆过滤后，按个人口味趁热添加适量白糖或冰糖调味，不宜吃糖的患者，可用蜂蜜代替。

■ 贴心提示

痛风患者不宜食用豆制品，豆制品不仅包括黄豆及其所有制品，还包括红豆、绿豆、黑豆、扁豆等豆类食物。所以，患有痛风的患者忌饮三豆消暑豆浆。

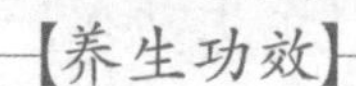

【养生功效】

黑豆是一种有效的补肾品；红豆有化湿补脾之功效，对脾胃虚弱的人比较适合，在夏季常被用于消暑、解热毒；绿豆也是夏季防暑的常用食材，它与红豆和黑豆搭配制成的豆浆能够消暑去燥、补虚，还能帮助增加肠胃蠕动，有助于通便和排尿。

红枣绿豆豆浆 消暑、补益

材料

绿豆 25 克，红枣 25 克，黄豆 50 克，清水、白糖或冰糖各适量。

做法

1 将黄豆、绿豆清洗干净后，在清水中浸泡 6 ~ 8 小时，泡至发软备用；红枣洗干净，去核。

2 将浸泡好的黄豆、绿豆和红枣一起放入豆浆机的杯体中，添加清水至上下水位线之间，启动机器，煮至豆浆机提示红枣绿豆豆浆做好。

3 将打出的红枣绿豆豆浆过滤后，按个人口味趁热添加适量白糖或冰糖调味，不宜吃糖的患者，可用蜂蜜代替。不喜甜者也可不加糖。

■ 贴心提示

红枣绿豆豆浆也可放入冰箱，做成冰豆浆，喝起来香甜可口，清热解暑作用更强。

【养生功效】

红枣性味甘温，具有补中益气、养血安神的作用。绿豆性凉，味甘。绿豆中含有大量的赖氨酸、苏氨酸以及矿物质等，可以补充机体代谢所消耗的营养。红枣与绿豆搭配，清热健脾、益气补血。这款红枣绿豆豆浆适合夏天饮用，既可以消暑，也能补益。

麦仁豆浆 除热止渴

材料

小麦仁 50 克，黄豆 50 克，清水、白糖或冰糖各适量。

做法

1 将黄豆清洗干净后，在清水中浸泡 6 ~ 8 小时，泡至发软备用；小麦仁淘洗干净，用清水浸泡 2 小时。

2 将浸泡好的黄豆和小麦仁一起放入豆浆机的杯体中，加水至上下水位线之间，启动机器，煮至豆浆机提示麦仁豆浆做好。

3 将打出的麦仁豆浆过滤后，按个人口味趁热往豆浆中添加适量白糖或冰糖调味，不宜吃糖者，可用蜂蜜代替。不喜甜者也可不加糖。

【养生功效】

小麦为“五谷之贵”。《名医别录》说小麦“主除热，止燥渴、咽干，利小便，养肝气”。麦仁搭配黄豆打成的豆浆，能够去燥热、止心烦。夏季人们通常食欲不佳，容易心胸烦闷，这时候就可以用麦仁制成的豆浆帮助缓解身体不适。

■ 贴心提示

李时珍认为，各地产的小麦功效略有不同，北方者性温，食之不燥不渴；南方所产性热，食之生热；西北产之性凉。夏季食用最好选择北方产的小麦。

薏苡荞麦豆浆 适合阴雨天祛湿时饮用

材料

荞麦 30 克，薏苡仁 20 克，黄豆 50 克，清水、白糖或蜂蜜各适量。

做法

1 将黄豆清洗干净后，在清水中浸泡 6 ~ 8 小时，泡至发软备用；荞麦淘洗干净；薏苡仁淘洗干净，用清水浸泡 2 小时。

2 将浸泡好的黄豆同荞麦、薏苡仁一起放入豆浆机的杯体中，添加清水至上下水位线之间，启动机器，煮至豆浆机提示薏苡荞麦豆浆做好。

3 将打出的薏苡荞麦豆浆过滤后，按个人口味趁热添加适量白糖，或等豆浆稍凉后加入蜂蜜即可饮用。

■ 贴心提示

薏苡仁对子宫平滑肌有兴奋作用，可促使子宫收缩，有诱发流产的可能，还有使身体冷虚的作用，怀孕及月经期妇女应避免吃薏苡仁。薏苡仁所含的糖类黏性高，吃多了会妨碍消化。

【养生功效】

荞麦为蓼科草植物荞麦的种子，含有蛋白质、脂肪、糖类、B 族维生素类，性味甘凉，能够健脾消积、除积去秽，凡白带、虫浊、泄泻、气盛湿热等证，尤其适宜。荞麦中的某些黄酮成分还具有抗菌、消炎、止咳、平喘、祛痰的作用。因此，荞麦还有“消炎粮食”的美称。薏苡仁味甘淡，微寒，有健脾、补肺、清热等功效。这款豆浆具有祛湿、健脾的功效，适合夏季阴雨天时饮用。

绿茶绿豆百合豆浆 滋阴润燥、清暑解热

材料

黄豆 50 克，绿豆 25 克，绿茶、干百合、清水、白糖或冰糖各适量。

做法

1 将黄豆、绿豆清洗干净后，在清水中浸泡 6 ~ 8 小时，泡至发软备用；干百合洗净泡软；绿茶泡开。

2 将浸泡好的黄豆、绿豆、绿茶、干百合一起放入豆浆机的杯体中，添加清水至上下水位线之间，启动机器，煮至豆浆机提示绿茶绿豆百合豆浆做好。

3 将打出的绿茶绿豆百合豆浆过滤后，按个人口味趁热添加适量白糖或冰糖调味，不宜吃糖的患者，可用蜂蜜代替。不喜甜者也可不加糖。

【养生功效】

脾属阴喜燥恶湿，胃属阳喜润恶燥，一旦饮食不注意，过荤过辣，胃就容易生热，这时性寒凉入胃经的绿豆能起到滋养脾胃的作用。绿豆的滋阴润燥同样也是源于此。中医学认为，百合具有清心安神、润肺止咳的作用，尤其是鲜百合更甘甜味美。百合特别适合养肺、养胃的人食用，如慢性咳嗽、口舌生疮、口干的患者，一些心悸患者也可以适量食用。但由于百合偏凉性，胃寒的患者应少用。这款豆浆具有清暑解热、滋阴润燥的功效。

■ 贴心提示

从事化工、建材的人可能会接触高浓粉尘、强辐射等，这类人可以常吃一些绿豆。假如出现了酒精中毒、煤气中毒、农药中毒和误服药物中毒等情况，可在到医院抢救前先灌一碗绿豆汤紧急处理。

菊花雪梨豆浆 解暑降温

材料

菊花20克，雪梨1个，黄豆50克，清水、白糖或冰糖各适量。

做法

1. 将黄豆清洗干净后，在清水中浸泡6～8小时，泡至发软备用；菊花清洗干净后备用；雪梨洗净，去籽，切碎。
2. 将浸泡好的黄豆、切碎的雪梨和菊花一起放入豆浆机的杯体中，添加清水至上下水位线之间，启动机器，煮至豆浆机提示菊花雪梨豆浆做好。
3. 将打出的菊花雪梨豆浆过滤后，按个人口味趁热添加适量白糖或冰糖调味，不宜吃糖的患者，可用蜂蜜代替。

【养生功效】

菊花味微苦、甘香，明目、退肝火，可治疗失眠，降低血压，可增强活力、增强记忆力、降低胆固醇；可舒缓头痛、偏头痛或感冒引起的肌肉痛，对胃酸、神经有帮助；夏天饮用菊花茶还有解暑降温的作用。

雪梨有百果之宗的声誉，鲜甜可口、香脆多汁，夏天食用可解暑解渴。雪梨富含维生素A、B、C、D和E，钾的含量也不少。维生素缺乏的人应该多吃梨。因贫血而显得脸色苍白的人，多吃雪梨可以让你脸色红润。对于甲状腺肿大的患者，雪梨所富含的碘有一定的疗效。吃雪梨还对肠炎、甲状腺肿大、便秘、厌食、消化不良、贫血、尿道红肿、尿道结石、痛风、缺乏维生素A有一定疗效。菊花、雪梨搭配黄豆制成的这款豆浆，是夏季解暑降温的极佳饮品。

■ 贴心提示

菊花和雪梨均性寒，所以脾胃虚寒、腹部冷痛和血虚者，不宜过多食用这款豆浆，否则易伤脾胃。

南瓜绿豆豆浆 消暑生津

材料

南瓜30克，绿豆70克，清水、白糖或冰糖各适量。

做法

1. 将绿豆清洗干净后，在清水中浸泡6～8小时，泡至发软备用；南瓜去皮，洗净后切成小碎丁。
2. 将浸泡好的绿豆和切好的南瓜一起放入豆浆机的杯体中，添加清水至上下水位线之间，启动机器，煮至豆浆机提示南瓜绿豆豆浆做好。
3. 将打出的南瓜绿豆豆浆过滤后，按个人口味趁热添加适量白糖或冰糖调味。

■ 贴心提示

用蒸熟的南瓜制作这款豆浆，会使豆浆口感更为细腻。

【养生功效】

中医学认为，南瓜性味甘、温，归脾、胃经，有补中益气、清热解毒的功效，可用于治疗脾胃虚弱、营养不良、肺痈等证。绿豆具有清热解暑、止渴利尿等功效。南瓜搭配绿豆制成的这款豆浆，可消暑生津、利尿通淋，适用于夏日中暑烦渴、身热尿赤、心悸、胸闷等，是夏日的理想保健饮品。

西瓜皮绿豆豆浆 清暑除烦、解渴利尿

材料

西瓜皮1块，绿豆30克，黄豆50克，清水、白糖或冰糖各适量。

做法

1. 将黄豆、绿豆清洗干净后，在清水中浸泡6～8小时，泡至发软备用；西瓜皮洗净切成小丁。
2. 将浸泡好的黄豆、绿豆和西瓜皮丁一起放入豆浆机的杯体中，添加清水至上下水位线之间，启动机器，煮至豆浆机提示西瓜皮绿豆豆浆做好。
3. 将打出的西瓜皮绿豆豆浆过滤后，按个人口味趁热添加适量白糖或冰糖调味，不宜吃糖的患者，可用蜂蜜代替。不喜甜者也可不加糖。

■ 贴心提示

脾胃虚寒者和腹泻者不宜多食这款豆浆。

【养生功效】

西瓜性凉，味甘，无毒，常食具有一定的养生保健效果，能够解暑清热、开胃生津，其含糖不多，适于各类人群食用。西瓜皮中所含的瓜氨酸能增进人体肝中的尿素形成，从而具有利尿的作用，可以用来治疗肾炎水肿、肝病黄疸以及糖尿病。中医学认为西瓜皮是清热解暑、生津止渴的良药，能够清暑解热，止渴，利小便，可用于暑热烦渴、小便短少、水肿、口舌生疮等症。

绿豆的清热消暑功效已为众人皆知。黄豆具有补虚、清热化痰等功效。西瓜皮搭配绿豆和黄豆制成的这款豆浆能够清暑除烦、解渴利尿。

西瓜草莓冰豆浆 清凉甘甜

材料

西瓜1块，草莓50克，黄豆50克，柠檬汁、清水、冰块各适量。

做法

1. 将黄豆清洗干净后，在清水中浸泡6～8小时，泡至发软备用；草莓去蒂洗净后，切成碎丁；西瓜去皮、去子后将瓜瓤切成碎丁。
2. 将浸泡好的黄豆和切好的草莓、西瓜一起放入豆浆机的杯体中，倒入柠檬汁，添加清水至上下水位线之间，启动机器，煮至豆浆机提示豆浆做好。
3. 将打出的豆浆过滤，晾凉后倒入杯中，加入适量冰块即可饮用。

■ 贴心提示

将打好的豆浆放入冰箱冷藏，和加冰块的效果一样。

【养生功效】

西瓜水分大，吃西瓜后排尿量会增加，因此，西瓜有利尿作用。西瓜能够减少体内胆色素的含量，并使大便畅通，对治疗便秘有一定功效。草莓富含氨基酸、果糖、柠檬酸、苹果酸、果胶、胡萝卜素、维生素 B_1、维生素 B_2 及矿物质钙、磷、铁等，这些营养素对身体的生长发育有好处。西瓜、草莓搭配黄豆制成豆浆，再加入冰块，口感清凉甘甜，是夏季解暑的极佳饮品。

薏苡红豆绿豆豆浆 祛除夏日湿气

材料

薏苡仁20克，绿豆20，红豆30克，清水、白糖或冰糖各适量。

做法

1. 将绿豆、红豆清洗干净后，在清水中浸泡6～8小时，泡至发软备用；薏苡仁淘洗干净，用清水浸泡2小时。
2. 将浸泡好的绿豆、红小豆和薏苡仁一起放入豆浆机的杯体中，添加清水至上下水位线之间，启动机器，煮至豆浆机提示薏苡红豆绿豆豆浆做好。
3. 将打出的薏苡红豆绿豆豆浆过滤后，按个人口味趁热添加适量白糖或冰糖调味，不宜吃糖的患者，可用蜂蜜代替。不喜甜者也可不加糖。

【养生功效】

薏苡仁中含有多种矿物质和维生素，能够促进新陈代谢、减少胃肠负担，对慢性肠炎和消化不良等也有很好的疗效。薏苡仁健脾利湿，红豆补心利湿，绿豆清热解毒，这三种食材搭配制成的这款薏苡红豆绿豆豆浆具有祛除脾湿的作用，同时也增强了清热解毒的功效，非常适合在夏日暑湿严重的时候饮用。

■ 贴心提示

孕妇、便秘者、尿频者以及肠胃较弱的人不宜多食此豆浆。

第3章 秋季饮豆浆：生津防燥

木瓜银耳豆浆 滋阴润肺

材料

木瓜1个，银耳20克，黄豆50克，清水、白糖或冰糖各适量。

做法

1. 将黄豆清洗干净后，在清水中浸泡6～8小时，泡至发软备用；木瓜去皮后洗干净，并切成小碎丁；银耳洗净，切碎。
2. 将浸泡好的黄豆和木瓜、银耳一起放入豆浆机的杯体中，添加清水至上下水位线之间，启动机器，煮至豆浆机提示木瓜银耳豆浆做好。
3. 将打出的木瓜银耳豆浆过滤后，按个人口味趁热添加适量白糖或冰糖调味，不宜吃糖的患者，可用蜂蜜代替，也可不加糖。

【养生功效】

李时珍《本草纲目》中就有“木瓜性温味酸，平肝和胃，舒筋络”的记载。现代研究也证明，木瓜中含有大量的木瓜蛋白酶，又称木瓜酵素，对动植物蛋白、多肽、酯、酰胺等有较强的水解能力，因此可以解除食物中的油腻。木瓜还含有维生素C、钙、磷、钾，易吸收，具有保健、美容、预防便秘等功效。

银耳的显著功效为润肺止咳。秋季食用此款豆浆，能够滋阴润燥。

■ 贴心提示

孕妇、过敏体质人士不宜食用木瓜银耳豆浆。银耳能清肺热，故外感风寒者忌食。

枸杞小米豆浆 益气养血滋补身体

材料

小米40克，黄豆50克，枸杞子5粒，清水、白糖或冰糖各适量。

做法

1. 将黄豆清洗干净后，在清水中浸泡6～8小时，泡至发软备用；枸杞子洗干净后，用温水泡开；小米淘洗干净。
2. 将浸泡好的黄豆、枸杞子、小米一起放入豆浆机的杯体中，添加清水至上下水位线之间，启动机器，煮至豆浆机提示枸杞小米豆浆做好。
3. 将打出的枸杞小米豆浆过滤后，按个人口味趁热往豆浆中添加适量白糖或冰糖调味，患有不宜吃糖的患者，可用蜂蜜代替。

【养生功效】

枸杞是常用的营养滋补佳品，具有润肺清肝明目、滋肾益气、生精助阳、强筋骨的功能，可提高机体免疫力。小米性平味甘咸，具有健胃除湿、清热解渴、补气养血的功效。小米所含的营养成分能够参与机体的造血功能。孕妇食用小米能够防止孕吐。小米滋阴养血的功效也使其成为产妇和体质虚弱者的调养佳品。这款豆浆能益气养血、滋补身体，适合秋季食用。

■ 贴心提示

气滞者、素体虚寒、小便清长者都不宜多食枸杞小米豆浆。

苹果柠檬豆浆 生津止渴

材料

苹果1个，柠檬半个，黄豆70克，清水、白糖或冰糖各适量。

做法

1. 将黄豆清洗干净后，在清水中浸泡6～8小时，泡至发软备用；苹果清洗后，去皮去核，并切成小碎丁。柠檬挤汁备用。
2. 将浸泡好的黄豆和苹果一起放入豆浆机的杯体中，添加清水至上下水位线之间，启动机器，煮至豆浆机提示豆浆做好。
3. 将打出的豆浆过滤后，挤入柠檬汁，再按个人口味趁热添加适量白糖或冰糖调味即可。

【养生功效】

苹果富含糖类、酸类、芳香醇类和果胶物质，并含B族维生素、维生素C及钙、磷、钾、铁等营养成分。苹果味甘酸、性凉。现代医学研究证明，严重水肿患者多吃苹果有利于补钾，减少不良反应。

柠檬味极酸，有生津、止渴、祛暑、安胎的作用。孕妇宜食，能安胎。柠檬还有生津开胃、止渴化痰的功效。

这款苹果柠檬豆浆可生津止渴。

绿桑百合柠檬豆浆 清润安神、滋阴润燥

材料

黄豆80克，绿豆35克，桑叶2克，干百合20克，柠檬1块，清水适量。

做法

1 将黄豆、绿豆清洗干净后，在清水中浸泡6～8小时，泡至发软备用；百合清洗干净后略泡；桑叶洗净，切碎待用；柠檬榨汁，备用。

2 将浸泡好的黄豆、绿豆、百合和桑叶一起放入豆浆机的杯体中，添加清水至上下水位线之间，启动机器，煮至豆浆机提示绿桑百合柠檬豆浆做好。

3 将打出的绿桑百合柠檬豆浆过滤后，挤入柠檬汁即可饮用。

贴心提示

绿豆为豆科植物绿豆的荚壳内之圆形绿色种子。其种皮即绿豆衣，亦可作为药用。绿豆以颗粒均匀饱满、色绿、煮之易熟的为佳。

【养生功效】

绿豆本身也是一味中药，有清热解毒、消暑生津、利水消肿的功效。百合含有钙、磷、铁、多种维生素及秋水仙碱等生物碱，滋补效果好，有助于治疗秋季干燥引起的季节性疾病。绿豆、桑叶、百合搭配黄豆的这款豆浆能滋阴润燥、清润安神，适合秋季饮用。

南瓜二豆浆 降血压、降血脂

材料

南瓜50克，绿豆20克，黄豆30克，清水适量。

贴心提示

南瓜含糖分较高，不宜久存，削皮后放置太久的话，瓜瓤便会自然无氧酵解，产生酒味，在制作豆浆时一定不要选用这样的南瓜，否则便有可能引起中毒。

做法

1 将黄豆、绿豆清洗干净后，在清水中浸泡6～8小时，泡至发软备用；南瓜去皮，洗净后切成小碎丁。

2 将浸泡好的黄豆、绿豆同南瓜丁一起放入豆浆机的杯体中，添加清水至上下水位线之间，启动机器，煮至豆浆机提示南瓜二豆浆做好。

3 将打出的南瓜二豆浆过滤后即可饮用。

【养生功效】

南瓜中所含的粗纤维能够增强饱腹感，从而减少脂肪和胆固醇的摄入。绿豆则能清热解暑、消除油腻。黄豆中的可溶性纤维既可通便，又能降低胆固醇含量。三者搭配，有助于中老年高血压、高血脂的辅助治疗。

糙米山楂豆浆 消食、益胃

材料

山楂 20 克，糙米 30 克，黄豆 50 克，清水、白糖或冰糖各适量。

做法

1. 将黄豆清洗干净后，在清水中浸泡 6 ~ 8 小时，泡至发软备用；糙米淘洗干净，用清水浸泡 2 小时；山楂清洗后去核，并切成小碎丁。
2. 将浸泡好的黄豆和糙米、山楂一起放入豆浆机的杯体中，添加清水至上下水位线之间，启动机器，煮至豆浆机提示糙米山楂豆浆做好。
3. 将打出的糙米山楂豆浆过滤后，按个人口味趁热添加适量白糖或冰糖调味，不宜吃糖的患者，可用蜂蜜代替。

【养生功效】

山楂片含多种维生素、山楂酸、酒石酸、柠檬酸、苹果酸等，还含有黄酮类、内酯、糖类、蛋白质、脂肪和钙、磷、铁等矿物质，所含的解脂酶能促进脂肪类食物的消化，促进胃液分泌和增加胃内酶素。中医学认为，山楂具有收敛止痢、消积化滞、活血化瘀等功效，主治饮食积滞、胸膈脾满、疝气、血瘀、闭经等证。山楂中含有的黄酮类等药物成分，具有显著的扩张血管及降压作用，有增强心肌、抗心律不齐、调节血脂及胆固醇含量的功能。山楂所含的黄酮类和维生素 C、胡萝卜素等物质能阻断并减少自由基的生成，增强机体的免疫力，有防衰老、抗癌的作用。糙米所含的粗纤维有健胃消食的功效。

这款豆浆有消食益胃的功效。

■ 贴心提示

山楂可促进胃酸的分泌，因此不宜空腹食用。山楂中的酸性物质对牙齿具有一定的腐蚀性，食用后要注意及时漱口、刷牙，正处在牙齿更替期的儿童更应格外注意。

花生百合莲子豆浆 清火滋阴

材料

花生30克，干百合10克，莲子10克，黄豆50克，清水、白糖或冰糖各适量。

做法

1 将黄豆清洗干净后，在清水中浸泡6～8小时，泡至发软备用；干百合和莲子清洗干净后略泡；花生去皮后碾碎。

2 将浸泡好的黄豆、百合、莲子、花生一起放入豆浆机的杯体中，添加清水至上下水位线之间，启动机器，煮至豆浆机提示花生百合莲子豆浆做好。

3 将打出的花生百合莲子豆浆过滤后，按个人口味趁热添加适量白糖或冰糖调味，不宜吃糖的患者，可用蜂蜜代替。不喜甜者也可不加糖。

■ 贴心提示

网罩中的渣可加白糖制成豆沙，爽脆可口。

【养生功效】

花生味甘，微苦、性平，是一种高营养的食品，含有蛋白质、脂肪、维生素B_2、维生素PP、维生素A、维生素D、维生素E、钙和铁等营养成分。莲子性平，可补心安神养血，对于治疗心脾两虚、血虚都有很大的功效。莲子心是清热的，可以清心火、去烦热，去暑疗效好。这款豆浆能清火滋阴、养心安神。

红枣红豆豆浆 益气养血、宁心安神

材料

红豆100克，红枣3个，清水、白糖或冰糖各适量。

做法

1 将红豆清洗干净后，在清水中浸泡6～8小时，泡至发软备用；红枣洗干净后，用温水泡开。

2 将浸泡好的红豆和红枣一起放入豆浆机的杯体中，加水至上下水位线之间，启动机器，煮至豆浆机提示红枣红豆豆浆做好。

3 将打出的红枣红豆豆浆过滤后，按个人口味趁热往豆浆中添加适量白糖或冰糖调味，不宜吃糖的患者，可用蜂蜜代替。

■ 贴心提示

豆皮是较难消化的东西，其豆类纤维易在肠道发生产气现象。因此肠胃较弱的人，在食用红豆后，会有胀气等不适感，制作时需要将豆皮去掉。

【养生功效】

红枣中的维生素P含量为所有果蔬之冠，具有维持毛细血管通透性、改善微循环，从而预防动脉硬化的作用，还可促进维生素C在人体内的积蓄。经常吃红枣能益气养血、安神。红豆富含维生素B_1、维生素B_2、蛋白质及多种矿物质，有补血、利尿、消肿、促进心脏活化等功效。多吃可预防并治疗脚水肿，有减肥之效。其石碱成分可增加肠胃蠕动，减少便秘，促进排尿，消除心脏或肾病所引起的水肿。这款红枣红豆豆浆具有益气养生、养血滋润、宁心安神的功效。

龙井豆浆 清新口感来提神

材料

龙井10克，黄豆80克，清水适量。

做法

1 将黄豆清洗干净后，在清水中浸泡6～8小时，泡至发软备用；龙井用开水泡好。

2 将浸泡好的黄豆放入豆浆机的杯体中，添加清水至上下水位线之间，启动机器，煮至豆浆机提示豆浆做好。

3 将打出的豆浆过滤后，兑入龙井茶即可。

■ 贴心提示

龙井茶味道清香，假冒龙井茶则多是青草味，夹蒂较多，手感不光滑。

【养生功效】

秋季，天气由热转凉，很多人会有懒洋洋的疲劳感，出现“秋乏”的现象。此时，不妨喝点龙井茶帮助提神醒脑。龙井茶是绿茶中的精品，茶叶中的咖啡因能兴奋中枢神经系统，帮助人们振奋精神、增加思维、消除疲劳感。上班族经常饮用，还能帮助提高工作效率。龙井茶搭配黄豆制成的豆浆，具有一股清香的茶味，还能让人口感清新，去除杂味。

百合银耳绿豆豆浆 清热、润燥

材料

绿豆70克，干百合20克，银耳10克，清水、白糖或冰糖各适量。

做法

1 将绿豆清洗干净后，在清水中浸泡6～8小时，泡至发软备用；干百合清洗干净后略泡；银耳用清水泡发，洗净，切碎待用。

2 将浸泡好的绿豆、百合与切碎的银耳一起放入豆浆机的杯体中，添加清水至上下水位线之间，启动机器，煮至豆浆机提示百合银耳绿豆豆浆做好。

3 将打出的百合银耳绿豆豆浆过滤后，按个人口味趁热添加适量白糖或冰糖调味，不宜吃糖的患者，可用蜂蜜代替。不喜甜者也可不加糖。

■ 贴心提示

百合以野生者良，有甜、苦二种，甜者可用，取如荷花瓣，无蒂无根者佳。能利二便，气虚下陷者忌之。

【养生功效】

百合味甘性微寒，入肺，具有润肺止咳、清心安神的功效。银耳有“强精、补肾、润肺、生津、止咳、清热、养胃、补气、和血、强心、壮身、补脑、提神”之功效。作为营养滋补品，它适用于一切老弱妇孺和病后体虚者。绿豆具有清热、解毒、去火的功效。百合、银耳搭配绿豆制成的这款豆浆清热、润燥，适宜秋季滋润调理身体。

二豆蜜浆 清热利水、健脾润肺

材料

红豆20克，绿豆80克，蜂蜜50克，清水适量。

做法

1. 将红豆、绿豆清洗干净后，在清水中浸泡6～8小时，泡至发软备用。
2. 将浸泡好的红豆和绿豆一起放入豆浆机的杯体中，添加清水至上下水位线之间，启动机器，煮至豆浆机提示豆浆做好。
3. 将打出的豆浆过滤后，兑入蜂蜜即可饮用。

【养生功效】

红豆中含有多量对于治疗便秘有效的纤维素，及促进利尿的钾。此两种成分均可将胆固醇及盐分排泄出体外，具有解毒的效果。由此可见，红豆具有很强的清热利水、排毒的功效。绿豆则有健脾润肺、生津益气的功效。红豆搭配绿豆制成的这款豆浆，具有清热利水、健脾润肺、清热解毒的功效。

贴心提示

阴虚而无湿热者及小便清长者忌食这款豆浆。

第4章

冬季饮豆浆：温补祛寒

莲子红枣糯米豆浆 温补脾胃、祛除寒冷

材料

红枣15克，莲子15克，糯米20克，黄豆50克、清水、白糖或冰糖各适量。

【养生功效】

红枣味甘、性温，含有多种生物活性物质，如大枣多糖、黄酮类、皂苷类、三萜类、生物碱类等，对人体有多种保健治病功效。红枣中丰富的维生素C有很强的抗氧化活性及促进胶原蛋白合成的作用，可参与组织细胞的氧化还原反应，与体内多种物质的代谢有关，充足的维生素C能够促进生长发育、增强体力、减轻疲劳。大枣性温，能够帮助身体驱寒。莲子清热降火，能起到中和温补作用。红枣、莲子、糯米搭配黄豆制成的这款豆浆，具有温补脾胃、祛除寒冷的功效。

做法

1. 将黄豆清洗干净后，在清水中浸泡6～8小时，泡至发软备用；红枣洗净，去核，切碎；莲子清洗干净后略泡；糯米淘洗干净，用清水浸泡2小时。
2. 将浸泡好的黄豆、糯米和红枣、莲子一起放入豆浆机的杯体中，添加清水至上下水位线之间，启动机器，煮至豆浆机提示莲子红枣糯米豆浆做好。
3. 将打出的莲子红枣糯米豆浆过滤后，按个人口味趁热添加适量白糖或冰糖调味，不宜吃糖的患者，可用蜂蜜代替。不喜甜者也可不加糖。

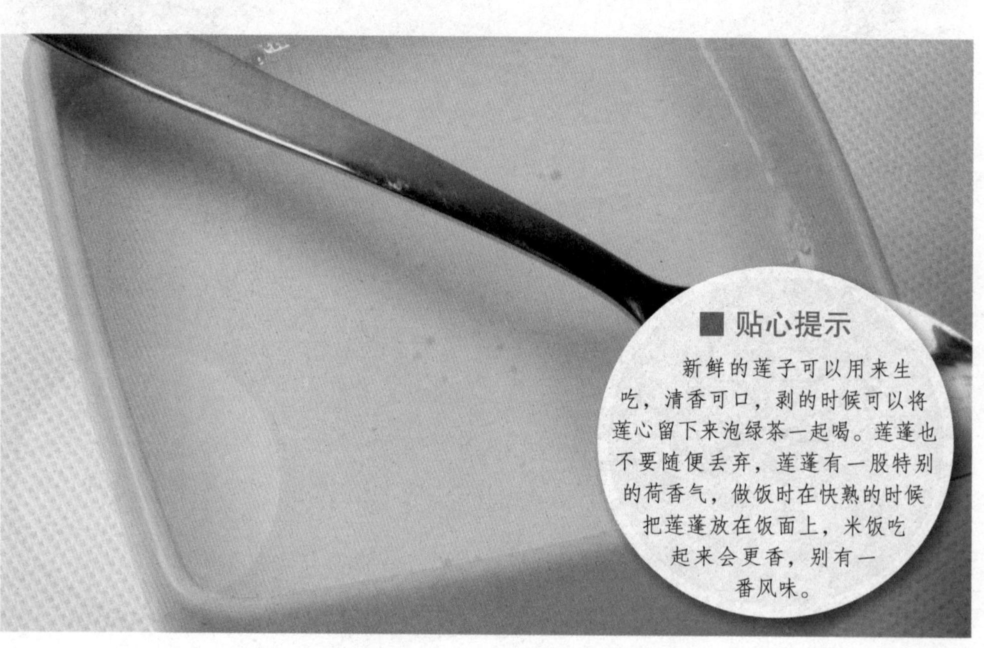

■ 贴心提示

新鲜的莲子可以用来生吃，清香可口，剥的时候可以将莲心留下来泡绿茶一起喝。莲蓬也不要随便丢弃，莲蓬有一股特别的荷香气，做饭时在快熟的时候把莲蓬放在饭面上，米饭吃起来会更香，别有一番风味。

糯米枸杞豆浆 暖身体、增强免疫能力

材料

黄豆80克，糯米20克，枸杞子5～7粒，清水、白糖或冰糖各适量。

做法

1. 将黄豆清洗干净后，在清水中浸泡6～8小时，泡至发软备用；枸杞子洗干净后，用温水泡开；糯米淘洗干净，用清水浸泡2小时。
2. 将浸泡好的黄豆、糯米和枸杞子一起放入豆浆机的杯体中，添加清水至上下水位线之间，启动机器，煮至豆浆机提示糯米枸杞豆浆做好。
3. 将打出的糯米枸杞豆浆过滤后，按个人口味趁热往豆浆中添加适量白糖或冰糖调味，患有不宜吃糖的患者，可用蜂蜜代替。

【养生功效】

糯米富含脂肪、淀粉、矿物质、蛋白质、B族维生素等，是很好的温补品。枸杞子亦为扶正固本，生精补髓、滋阴补肾、益气安神、强身健体、延缓衰老之良药，对慢性肝炎、中心性视网膜炎、视神经萎缩等疗效显著。黄豆具有很好的温补效果。糯米、枸杞子搭配黄豆制成的这款豆浆可以温暖身体，增强免疫力，适宜冬季饮用。

红糖薏苡豆浆 活血散瘀、温经散寒

材料

黄豆50克，薏苡仁40克，清水、红糖各适量。

做法

1. 将黄豆清洗干净后，在清水中浸泡6～8小时，泡至发软备用；薏苡仁淘洗干净，用清水浸泡2小时。
2. 将浸泡好的黄豆、薏苡仁一起放入豆浆机的杯体中，添加清水至上下水位线之间，启动机器，煮至豆浆机提示豆浆做好。
3. 将打出的豆浆过滤后，按个人口味趁热添加适量红糖调味即可饮用。

■ 贴心提示

糖尿病患者饮用时不宜加红糖或蜂蜜。

【养生功效】

薏苡仁属于中药的一种，性微寒味甘，含有蛋白质、B族维生素等物质，有利水消肿、清热活血、健脾祛湿、温经散寒的功效。红糖性温、味甘，有活血散瘀的功效。加入红糖的薏苡豆浆具有温经散寒的功效。

杏仁松子豆浆 和血润肠、温补功效明显

材料

黄豆70克，杏仁20克，松子10克，清水、白糖或冰糖各适量。

做法

1 将黄豆清洗干净后，在清水中浸泡6～8小时，泡至发软备用；杏仁洗净，泡软；松子洗净，泡软，碾碎。

■ 贴心提示

松子存放时间长了会产生“油哈喇”味，不宜食用。

2 将浸泡好的黄豆、杏仁和松子一起放入豆浆机的杯体中，添加清水至上下水位线之间，启动机器，煮至豆浆机提示杏仁松子豆浆做好。

3 将打出的杏仁松子豆浆过滤后，按个人口味趁热添加适量白糖或冰糖调味，不宜吃糖的患者，可用蜂蜜代替。不喜甜者也可不加糖。

【养生功效】

杏仁中含有大量的营养成分，如维生素A、维生素E、亚油酸等，有清热解毒、祛湿散结、消斑抗皱的作用。松子中的脂肪成分主要为亚油酸、亚麻油酸等不饱和脂肪酸，有软化血管和防治动脉粥样硬化的作用。另外，松子中含磷较为丰富，对人的大脑神经也有益处。松子所含的油脂还有润肠通便的作用。杏仁、松子和黄豆搭配制成的豆浆，温经祛寒效果明显，适宜冬季饮用。

黑芝麻蜂蜜豆浆 冬日益肝养肾的佳品

材料

黑芝麻5克，黄豆100克，蜂蜜、清水各适量。

做法

1 将黄豆清洗干净后，在清水中浸泡6～8小时，泡至发软备用；芝麻淘去沙粒。

2 将浸泡好的黄豆和洗净的芝麻一起放入豆浆机的杯体中，加水至上下水位线之间，启动机器，煮至豆浆机提示豆浆做好。

3 将打出的芝麻豆浆过滤后，兑入适量蜂蜜即可饮用。

【养生功效】

中医中药学理论认为，黑芝麻具有补肝肾、润五脏、益气力、长肌肉、填脑髓的作用，可用于治疗肝肾精血不足所致的眩晕、须发早白、脱发、腰膝酸软、四肢乏力、步履维艰、五脏虚损、皮燥发枯、肠燥便秘等病证，在乌发养颜方面的功效，更是有口皆碑。蜂蜜对胃肠功能有调节作用，可使胃酸分泌正常。这款黑芝麻蜂蜜豆浆是冬日益肝养肾的保健佳品。

荸荠雪梨黑豆浆 生津润燥、暖胃解腻

材料

荸荠30克，雪梨1个，黑豆50克，清水、白糖或冰糖各适量。

做法

1 将黑豆清洗干净后，在清水中浸泡6～8小时，泡至发软备用；荸荠去皮，洗净，切成小块；雪梨洗净，去皮，去核，切碎。

2 将浸泡好的黑豆和荸荠、雪梨一起放入豆浆机的杯体中，添加清水至上下水位线之间，启动机器，煮至豆浆机提示荸荠雪梨黑豆浆做好。

3 将打出的荸荠雪梨黑豆浆过滤后，按个人口味趁热添加适量白糖或冰糖调味，不宜吃糖的患者，可用蜂蜜代替，也可不加糖。

【养生功效】

中医学认为，荸荠性味甘、寒，具有清热化痰、开胃消食、生津润燥、明目醒酒的功效，临床适用于阴虚肺燥、咳嗽多痰、烦渴便秘、酒醉昏睡等证的治疗。在呼吸道传染病流行季节，吃荸荠有利于流脑、麻疹、百日咳及急性咽喉炎的防治。雪梨性味甘寒，具有清心润肺、生津润燥、清热化痰的作用，对肺结核、气管炎和上呼吸道感染患者所出现的咽干、痒痛、声哑、痰稠等症皆有益。雪梨可清喉降火，播音、演唱人员经常食用煮好的熟梨，能增加口中的津液，起到保养嗓子的作用。在干燥的冬季，多吃雪梨很有好处。荸荠能疏肝明目，利气通化，搭配黑豆制成的豆浆味道清甜，暖胃解腻，尤其适合搭配冬季口感较油腻的菜肴。

贴心提示

荸荠不宜生吃，因为荸荠生长在泥中，外皮和内部都有可能附着较多的细菌和寄生虫，所以一定要洗净煮透后方可食用。

燕麦薏苡红豆豆浆 适合全家的冬日暖饮

材料

红豆 50 克，燕麦 20 克，薏苡仁 30 克，清水、白糖或冰糖各适量。

【养生功效】

冬天气温降低，常常会出现脸部、手足部水肿，甚至出现关节麻木、酸痛的现象，人体免疫能力也会降低，体内气血容易不通畅，从而导致水肿甚至关节疼痛。有这些症状的人要注意这是风湿的前兆了，冬天常吃薏苡仁有助于缓解和消除此类病症。薏苡仁主要成分为蛋白质、维生素 B_1、维生素 B_2，有利水消肿、健脾祛湿、舒筋除痹、清热排脓等功效，为常用的利水渗湿药。多吃薏苡仁能使皮肤光滑，减少皱纹，消除色素斑点。似乎在春夏时节人们才会更偏爱红豆汤一些，因其有健脾利湿、消肿减肥之效，不过在冬天喝一碗热热的、绵软甜蜜的红豆汤也是一大享受，更可以补血养颜、调理体质，实为佳品。食用燕麦不仅能够增强大脑的记忆功能，还能够增强免疫力。这款燕麦薏苡红豆豆浆有很好的滋补作用，是适合全家的冬日暖饮。

做法

1. 将红豆清洗干净后，在清水中浸泡 6 ~ 8 小时，泡至发软备用；薏苡仁和燕麦淘洗干净，用清水浸泡 2 小时。
2. 将浸泡好的红豆、薏苡仁、燕麦一起放入豆浆机的杯体中，添加清水至上下水位线之间，启动机器，煮至豆浆机提示燕麦薏苡红豆豆浆做好。
3. 将打出的燕麦薏苡红豆豆浆过滤后，按个人口味趁热添加适量白糖或冰糖调味，不宜吃糖的患者，可用蜂蜜代替。不喜甜者也可不加糖。

■ 贴心提示

挑选红豆主要看新鲜程度，新鲜的豆子含有充足的水分，容易煮熟，煮出来颗粒饱满且松软绵密。而旧豆子则因存放的时间长丧失水分，不但口感较差，有的甚至会无法煮烂。

姜汁黑豆豆浆 适合冬季暖胃

材料

黑豆 100 克，生姜 1 块，清水、白糖或冰糖各适量。

做法

❶ 将黑豆清洗干净后，在清水中浸泡 6 ~ 8 小时，泡至发软备用；生姜切成小块，用压蒜器挤出姜汁待用。

❷ 将浸泡好的黑豆放入豆浆机的杯体中，倒入姜汁，再添加清水至上下水位线之间，启动机器，煮至豆浆机提示姜汁黑豆豆浆做好。

❸ 将打出的姜汁黑豆豆浆过滤后，按个人口味趁热添加适量白糖或冰糖调味，不宜吃糖的患者，可用蜂蜜代替。不喜甜者也可不加糖。

■ 贴心提示

提前挤出姜汁可以避免姜渣混在豆渣中，再加工豆渣时影响口感。如果觉得麻烦也可以把姜切块后直接放入豆浆机或者搅拌机中。

【养生功效】

生姜具有健胃、增进食欲的作用。生姜对胃病亦有缓解或止痛作用，胃炎、胃及十二指肠溃疡所引发的疼痛、呕吐、泛酸、饥饿感等用生姜煎水喝，可使症状迅速消除。黑豆有补肾益精的作用，经常食用有利于抗衰延年。加了姜汁的黑豆浆口感非常温和，略带一些姜的辛辣，喝下去胃里暖暖的，特别适合在寒冷的冬季饮用。

香榧十谷米豆浆 消除疳积、润肺滑肠

材料

十谷米（包含糙米、黑糯米、小米、小麦、荞麦、芡实、燕麦、莲子、玉米片和红薏苡仁）60 克，香榧 10 克，黄豆 30 克，清水、白糖或冰糖各适量。

做法

❶ 将黄豆清洗干净后，在清水中浸泡 6 ~ 8 小时，泡至发软备用；十谷米淘洗干净，用清水浸泡 2 小时；香榧去壳取仁。

❷ 将浸泡好的黄豆、十谷米和香榧仁一起放入豆浆机的杯体中，添加清水至上下水位线之间，启动机器，煮至豆浆机提示香榧十谷米豆浆做好。

❸ 将打出的香榧十谷米豆浆过滤后，按个人口味趁热添加适量白糖或冰糖调味，不宜吃糖的患者，可用蜂蜜代替。

【养生功效】

中医学认为，香榧具有润肺滑肠、消除疳积、化痰止咳之功能，适用于多种便秘、疝气、痔疮、消化不良、食积、咳痰症状。食用香榧对保护视力也有益，它含有较多的维生素 A 等有益眼睛的成分，对眼睛干涩、夜盲症等症状有预防和缓解的功效。十谷米有 100 多种营养成分，与香榧和黄豆搭配制成的豆浆，具有润肺滑肠、化痰止咳的功效。

糙米核桃花生豆浆 健脑、抗衰老

材料

糙米 40 克，核桃仁 10 克，花生 20 克，黄豆 30 克，清水、白糖或冰糖各适量。

做法

1. 将黄豆清洗干净后，在清水中浸泡 6 ~ 8 小时，泡至发软备用；糙米淘洗干净，用清水浸泡 2 小时；核桃仁碾碎；花生洗净后碾碎。
2. 将浸泡好的黄豆、糙米和碾碎的核桃仁、花生一起放入豆浆机的杯体中，添加清水至上下水位线之间，启动机器，煮至豆浆机提示糙米核桃花生豆浆做好。
3. 将打出的糙米核桃花生豆浆过滤后，按个人口味趁热添加适量白糖或冰糖调味，不宜吃糖的患者，可用蜂蜜代替。

【养生功效】

核桃具有多种不饱和与单一非饱和脂肪酸，能降低胆固醇含量，因此核桃对人的心脏有一定的好处。核桃中所含的微量元素锌和锰是脑垂体的重要成分，常食有益于脑的营养补充，有健脑益智的作用。糙米含多种维生素，花生善于滋养补益。花生能增强记忆力，延缓脑功能衰退，搭配核桃制成的这款豆浆能健脑、抗衰老，是老少皆宜的保健饮品。

■ 贴心提示

这款豆浆不宜过多食用，否则会引起腹泻。痰火喘咳、阴虚火旺、便溏腹泻的病人则不宜食用。

第七篇

豆浆食疗方
——既能祛病又饱口福

第1章 调理中老年常见病

·高血压·

薏苡青豆黑豆豆浆 预防高血压

材料

黑豆60克，青豆20克，薏苡仁20克，清水、白糖或冰糖各适量。

做法

1. 将黑豆、青豆清洗干净后，在清水中浸泡6～8小时，泡至发软备用；薏苡仁淘洗干净后，用清水浸泡2小时。
2. 将浸泡好的黑豆、青豆和薏苡仁一起放入豆浆机的杯体中，添加清水至上下水位线之间，启动机器，煮至豆浆机提示薏苡青豆黑豆豆浆做好。
3. 将打出的薏苡青豆黑豆豆浆过滤后，按个人口味趁热添加适量白糖或冰糖调味，不宜吃糖的患者，可用蜂蜜代替。不喜甜者也可不加糖。

【养生功效】

黑豆中含有多种微量元素，包括锌、铜、镁、钼等，这些微量元素可以降低血液黏稠度，对高血压患者非常有益。青豆含有大量的大豆磷脂，可以很好地保持血管的弹性，非常有利于高血压患者的康复。薏苡仁具有很高的药用价值，它可以扩张血管，经过动物实验证明，从薏苡仁中提取的薏苡素通过静脉注射可引起兔血压的下降，效果显著。三种材料，具有相同的优点，就是富含不饱和脂肪酸，且各有侧重，相互结合做成的豆浆，不但营养均衡，对预防高血压也有很好的作用。

■ 贴心提示

脾胃虚弱的小儿、老人、久病体虚人群不宜多食此豆浆。患有脑炎、中风、呼吸系统疾病、消化系统疾病传染性疾病以及肾病患者不宜食用。腹泻者勿食用。

西芹黑豆豆浆 降血压效果好

材料

西芹 30 克，黑豆 70 克，清水适量。

做法

1. 将黑豆清洗干净后，在清水中浸泡 6 ~ 8 小时，泡至发软备用；西芹择洗干净后，切成碎丁。

2. 将浸泡好的黑豆同西芹丁一起放入豆浆机的杯体中，添加清水至上下水位线之间，启动机器，煮至豆浆机提示西芹黑豆豆浆做好。

3. 将打出的西芹黑豆豆浆过滤后即可饮用。

■ 贴心提示

西芹会抑制男性激素的生成，所以年轻的男性朋友应少饮西芹黑豆浆。

【养生功效】

西芹性凉、味甘，含有多种维生素及游离氨基酸，具有解毒消肿、促进食欲、清肠利便、促进血液循环等功效。黑豆中蛋白质含量及不饱和脂肪酸含量高，吸收好。且黑豆中不含胆固醇，只有植物固醇，可有效抑制胆固醇的吸收，降低血液中胆固醇的作用。更重要的是，黑豆中含有大量的钾，钾在人体内起着维持细胞内外渗透压和酸碱平衡的作用，可以排除人体多余的钠，从而有效预防和降低高血压。将西芹与黑豆结合食用，不仅可以丰富营养，同时可以软化血管，延缓衰老，有效降低血压，是高血压高发人群的食疗保健良品。

芸豆蚕豆豆浆 防治心血管疾病

材料

芸豆 50 克，蚕豆 50 克，白糖或冰糖、清水各适量。

做法

1. 将芸豆和蚕豆清洗干净后，在清水中浸泡 6 ~ 8 小时，泡至发软。

2. 将浸泡好的芸豆和蚕豆一起放入豆浆机的杯体中，并加水至上下水位线之间，启动机器，煮至豆浆机提示芸豆蚕豆豆浆做好。

3. 将打出的芸豆蚕豆豆浆过滤后，按个人口味趁热往豆浆中添加适量白糖或冰糖调味，患有糖尿病、高血压、高血脂等不宜吃糖的患者，可用蜂蜜代替。不喜甜者也可不加糖。

【养生功效】

芸豆和蚕豆营养丰富，均含有大量的蛋白质及丰富的维生素 C，可预防心血管疾病。芸豆是一种高钾、高镁、低钠食品，可有效降低血压。蚕豆含有调节大脑和神经组织的重要成分钙、锌、锰、磷脂等，不含胆固醇，可以提高食品营养价值；其丰富的膳食纤维有降低胆固醇、促进肠蠕动的作用。芸豆蚕豆浆尤其适合心脏病、动脉硬化患者食用。

小米荷叶黑豆豆浆 适合中等程度的降压

材料

荷叶20克，小米30克，黑豆50克，清水、白糖或冰糖各适量。

做法

1 将黑豆清洗干净后，在清水中浸泡6～8小时，泡至发软备用；荷叶洗净，切碎；小米淘洗干净，用清水浸泡2小时。

2 将浸泡好的黑豆与荷叶、小米一起放入豆浆机的杯体中，添加清水至上下水位线之间，启动机器，煮至豆浆机提示小米荷叶黑豆豆浆做好。

3 将打出的小米荷叶黑豆豆浆过滤后，按个人口味趁热添加适量白糖或冰糖调味，不宜吃糖的患者，可用蜂蜜代替。不喜甜者也可不加糖。

■ 贴心提示

胃酸过多、消化性溃疡和龋齿者，及服用滋补药品期间忌服用这款豆浆。

【养生功效】

荷叶中的荷叶碱可扩张血管，具有清热解暑、降血压的作用，同时它还是很好的减肥良药。小米能够抑制血管的收缩，在降低血压上有明显的作用，适合体虚、消化不良的高血压患者。黑豆具有补肾益精和润肤乌发的作用，经常食用有利于高血压患者抗衰延年、解表清热、滋养止汗。荷叶、小米和黑豆搭配制作出的豆浆能够抑制血管收缩，改善心肌循环，从而起到降压的作用。

桑叶黑米豆浆 改善高血压症状

材料

桑叶20克，黑米30克，黄豆50克，清水、白糖或冰糖各适量。

做法

1 将黄豆清洗干净后，在清水中浸泡6～8小时，泡至发软备用；桑叶洗净，切碎；黑米淘洗干净，用清水浸泡2小时。

2 将浸泡好的黄豆、黑米与桑叶一起放入豆浆机的杯体中，添加清水至上下水位线之间，启动机器，煮至豆浆机提示桑叶黑米豆浆做好。

3 将打出的桑叶黑米豆浆过滤后，按个人口味趁热添加适量白糖或冰糖调味。

【养生功效】

桑叶清热解毒，含有天然的抗氧化剂，如硒、锗，能够帮助人体清除自由基，促进血液循环和新陈代谢。黑米味甘、性温，富含B族维生素、维生素E、钙、磷、钾等微量元素，也具备很好地清除自由基的功能，对于辅助高血压的康复效果尤佳。黄豆不仅不含胆固醇，它所富含的亚油酸还有降低血液中胆固醇的作用，对高血压也有一定的疗效。三种食材都是高血压患者的食疗良品。

·高血糖·

荞麦薏苡红豆豆浆 降血糖、缓解并发症

材料

红豆50克，荞麦、薏苡仁各20克，清水适量。

做法

1 将红豆清洗干净后，在清水中浸泡6～8小时，泡至发软备用；薏苡仁和荞麦淘洗干净，用清水浸泡2小时。

2 将浸泡好的红豆、薏苡仁、荞麦一起放入豆浆机的杯体中，添加清水至上下水位线之间，启动机器，煮至豆浆机提示荞麦薏苡红豆豆浆做好。

3 将打出的荞麦薏苡红豆豆浆过滤，待凉至温热后即可饮用。

【养生功效】

薏苡仁低脂、低热量，含有丰富的水溶性纤维，可以吸附负责消化脂肪的胆盐，使肠道对脂肪的吸收性变差，进而降低血脂、降血糖。实验证明，薏苡仁可使血糖值和血钙值降低，血压暂时下降。荞麦淀粉中直链淀粉比例较高，可影响水分子进入，延迟糊化与消化速度，从而抑制餐后血糖的升高速度。并且荞麦含有大量的黄酮类化合物，尤其是芦丁，有降低血管通透性、加强脆弱的微细血管的功能，还能促进胰岛素分泌。荞麦铬元素和荞麦糖醇，能调节胰岛素活性，具有降糖作用。现代医学研究证明，红豆营养丰富，富含维生素E及钾、镁、磷、锌、硒等微量元素，是典型的高钾食物，且红豆含膳食纤维高，热量偏低，具有降血糖、降血脂、降血压的作用，是糖尿病患者的理想降血糖食物。经常喝荞麦薏苡红豆豆浆，不仅可降低血糖，而且对糖尿病的常见并发症，如高血压、脂血症也有防治作用。

■ 贴心提示

薏苡仁和荞麦性微寒，虚寒体质者不宜长期食用，孕妇及经期妇女勿食用。

银耳南瓜豆浆 降低血糖、预防多种并发症

材料

银耳 20 克，南瓜 30 克，黄豆 50 克，清水适量。

做法

① 将黄豆清洗干净后，在清水中浸泡 6 ~ 8 小时，泡至发软备用；银耳用清水泡发，洗净，切碎；南瓜去皮，洗净后切成小碎丁。

② 将浸泡好的黄豆和银耳、南瓜丁一起放入豆浆机的杯体中，添加清水至上下水位线之间，启动机器，煮至豆浆机提示银耳南瓜豆浆做好。

③ 将打出的银耳南瓜豆浆过滤，待凉至温热后即可饮用。

■ 贴心提示

高血糖患者不宜在睡前食用这款豆浆，以免令血黏度增高。

【养生功效】

南瓜含有丰富的钴，能活跃人体的新陈代谢，促进造血功能，并参与人体内维生素 B_{12} 的合成，对防治糖尿病、降低血糖有特殊的疗效。银耳含有蛋白质、脂肪和多种氨基酸、矿物质及糖原。既有补脾开胃的功效，又有益气清肠的作用，还可以滋阴润肺。银耳搭配南瓜可预防多种糖尿病并发症如脑血管病变、心脏病等的发生。银耳南瓜豆浆是糖尿病患者降低血糖、预防其他并发症的饮食佳品。

紫菜山药豆浆 帮助降血糖

材料

山药 30 克，紫菜 20 克，黄豆 50 克，清水适量。

做法

① 将黄豆清洗干净后，在清水中浸泡 6 ~ 8 小时，泡至发软备用；紫菜洗干净；山药去皮后切成小丁，下入开水中灼烫，捞出沥干。

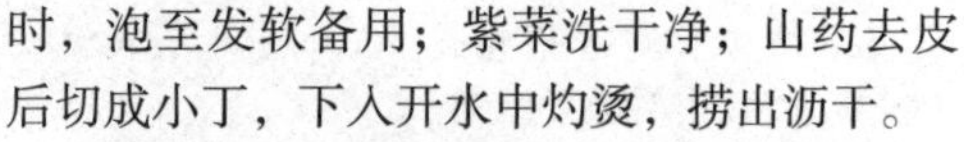

② 将浸泡好的黄豆、洗净的紫菜和山药丁一起放入豆浆机的杯体中，添加清水至上下水位线之间，启动机器，煮至豆浆机提示紫菜山药豆浆做好。

③ 将打出的紫菜山药豆浆过滤后，按个人口味趁热添加适量盐调味即可饮用。

■ 贴心提示

去皮后的山药可以暂时放入冷水中，并在水中加入少量的醋，这样可以防止山药因为氧化而变黑。

【养生功效】

山药含有淀粉酶、多酚氧化酶等物质，有利于脾胃消化吸收功能。山药含有黏液蛋白 -1，有降低血糖的作用，可用于治疗糖尿病，是糖尿病患者的食疗佳品。紫菜性寒味甘咸，具有化痰软坚、清热利水、补肾养心的功效。紫菜所含的多糖具有明显增强细胞免疫和体液免疫的功能，可促进淋巴细胞转化，提高人体的免疫力，可显著降低血清中的胆固醇的总含量。紫菜山药豆浆有益于消化，同时其显著的降血糖功效使之成为高糖患者的饮食最佳选择之一。

燕麦玉米须黑豆豆浆 有效控制血糖

材料

黑豆50克，燕麦30克，玉米须20克，清水适量。

做法

1 将黑豆清洗干净后，在清水中浸泡6～8小时，泡至发软备用；燕麦淘洗干净，用清水浸泡2小时；玉米须洗净，剪碎。

2 将浸泡好的黑豆、燕麦和玉米须一起放入豆浆机的杯体中，添加清水至上下水位线之间，启动机器，煮至豆浆机提示燕麦玉米须黑豆豆浆做好。

3 将打出的燕麦玉米须黑豆豆浆过滤，待凉至温热后即可饮用。

■ 贴心提示

肾结石患者不宜食用这款豆浆，因为燕麦和黑豆中的草酸盐可与钙结合，易形成结石，加重肾结石的症状。

【养生功效】

在中药里，玉米须又称“龙须”，有广泛的预防保健用途，实验证明玉米须的发酵制剂有明显的降血糖作用，高血脂、高血糖者食用龙须可以降血脂、血压、血糖；燕麦中高黏稠度的可溶性纤维能延缓胃的排空，增加饱腹感，控制食欲，经常食用燕麦有非常好的降糖作用；黑豆的血糖生成指数很低，因此，这款豆浆很适合糖尿病患者、糖耐量异常者食用。

枸杞荞麦豆浆 降血糖

材料

荞麦30克，枸杞子20克，黄豆50克，清水适量。

■ 贴心提示

由于枸杞温热身体的效果相当强，正在感冒发烧、身体有炎症、腹泻者最好不要食用枸杞荞麦豆浆。

做法

1 将黄豆清洗干净后，在清水中浸泡6～8小时，泡至发软备用；荞麦淘洗干净，用清水浸泡2小时；枸杞洗净，用清水泡软。

2 将浸泡好的黄豆、荞麦、枸杞子一起放入豆浆机的杯体中，添加清水至上下水位线之间，启动机器，煮至豆浆机提示枸杞荞麦豆浆做好。

3 将打出的枸杞荞麦豆浆过滤，待凉至温热后即可饮用。

【养生功效】

荞麦中所含的铬元素可促进胰岛素在人体内发挥作用。同时荞麦中含大量的黄酮类化合物，能促进胰岛素分泌。枸杞子具有增强机体免疫功能，抗衰老、抗肿瘤及降血糖、降血脂等功能；现代医学研究认为黄豆中含有一种抑胰酶的物质，它对糖尿病患者有一定的疗效。血糖高的人经常饮用枸杞荞麦豆浆，可有效降低血糖，预防糖尿病。

·血脂异常·

紫薯南瓜豆浆 降低血胆固醇浓度

材料

紫薯20克，南瓜3克，黄豆50克，清水适量。

做法

1 将黄豆清洗干净后，在清水中浸泡6～8小时，泡至发软备用；紫薯去皮、洗净，之后切成小碎丁；南瓜去皮，洗净后切成小碎丁。

2 将浸泡好的黄豆和切好的紫薯、南瓜一起放入豆浆机的杯体中，添加清水至上下水位线之间，启动机器，煮至豆浆机提示紫薯南瓜豆浆做好。

■ 贴心提示

胃酸过多者不宜多食紫薯南瓜豆浆。

【养生功效】

紫薯中富含花青素，而花青素又可促使更多的维生素C生效，这意味着维生素C可以更容易地去完成它所有功能。南瓜的营养价值很高，它可降血脂，助消化，提高机体的免疫力。南瓜和豆浆的植物纤维结合，可很好地帮助消化，降低胆固醇，此为去油脂的减肥佳品。如果再加上富含花青素的紫薯，这款豆浆就能更有效地降低血胆固醇浓度。

红薯芝麻豆浆 抑制胆固醇沉积

材料

红薯50克，芝麻20克，黄豆30克，清水适量。

■ 贴心提示

带有黑斑的红薯和发芽的红薯都可使人中毒，不可食用。

做法

1 将黄豆清洗干净后，在清水中浸泡6～8小时，泡至发软备用；红薯去皮洗净，切成小块；芝麻淘去沙粒。

2 将浸泡好的黄豆和切好的红薯、淘净的芝麻一起放入豆浆机的杯体中，添加清水至上下水位线之间，启动机器，煮至豆浆机提示红薯芝麻豆浆做好。

3 将打出的红薯芝麻豆浆过滤，待凉至温热后即可饮用。

【养生功效】

红薯对人体器官黏膜有特殊的保护作用，可抑制胆固醇的沉积，保持血管弹性；芝麻中的亚麻仁油酸成分，可去除附在血管壁上的胆固醇。这款豆浆能够保持血管弹性，对血脂异常的现象有一定的食疗功效。

山楂荞麦豆浆 改善血脂量

材料

荞麦 30 克，山楂 20 克，黄豆 50 克，清水适量。

做法

1. 将黄豆清洗干净后，在清水中浸泡 6 ~ 8 小时，泡至发软备用；荞麦淘洗干净；山楂去核，洗净，切碎。
2. 将浸泡好的黄豆和荞麦、山楂一起放入豆浆机的杯体中，添加清水至上下水位线之间，启动机器，煮至豆浆机提示山楂荞麦豆浆做好。
3. 将打出的山楂荞麦豆浆过滤，待凉至温热后即可饮用。

【养生功效】

荞麦中的微量元素，如镁、铁、铜、钾等对于心血管具有保护作用；山楂还富含胡萝卜素、钙、齐墩果酸、山楂素等三萜类烯酸和黄酮类等有益成分，能舒张血管、加强和调节心肌，增大心室和心运动振幅及冠状动脉血流量，降低血清胆固醇和降低血压。荞麦与山楂两者搭配，与黄豆打成豆浆，可调节脂质代谢，起到软化血管、降低血脂的作用，对于高血脂人群有着改善血脂的作用。

■ 贴心提示

山楂含果酸较多，胃酸分泌过多者不宜饮用这款豆浆。

葡萄红豆豆浆 预防高血脂

材料

葡萄 6 ~ 10 粒，红豆 80 克，清水适量。

做法

1. 将红豆清洗干净后，在清水中浸泡 6 ~ 8 小时，泡至发软备用；葡萄去皮、去子。
2. 将浸泡好的红豆和葡萄一起放入豆浆机的杯体中，添加清水至上下水位线之间，启动机器，煮至豆浆机提示葡萄红豆豆浆做好。
3. 将打出的葡萄红豆豆浆过滤，待凉至温热后即可饮用。

【养生功效】

葡萄汁含有白黎芦醇，是降低胆固醇的天然物质。动物实验也证明，它能使胆固醇降低，抑制血小板聚集，所以葡萄是脂血症者最好的食品之一。红豆中含有多量对于治疗便秘有效的纤维，及促进利尿作用的钾。此两种成分均可将胆固醇及盐分等对身体不必要的成分排泄出体外。因此葡萄与红豆混合打出的豆浆具有降低胆固醇、预防脂血症等心血管疾病的作用。

■ 贴心提示

尿多的人忌食葡萄红豆豆浆，体质属虚性者以及肠胃较弱的人不宜多食。

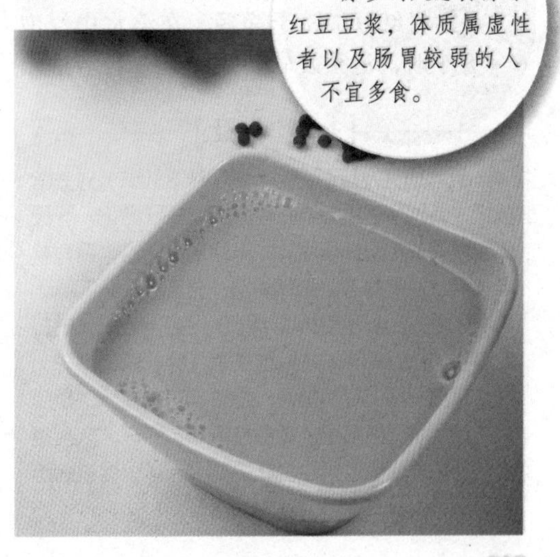

葵花子黑豆豆浆 降血脂

材料

葵花子仁 20 克，黑豆 80 克，清水适量。

■ 贴心提示

患有肝炎的患者最好不吃葵花子，因为它会损伤肝脏，引起肝硬化。

做法

1 将黑豆清洗干净后，在清水中浸泡 6 ~ 8 小时，泡至发软备用；葵花子仁备用。

2 将浸泡好的黑豆同葵花子仁一起放入豆浆机的杯体中，添加清水至上下水位线之间，启动机器，煮至豆浆机提示葵花子黑豆豆浆做好。

3 将打出的葵花子黑豆豆浆过滤，待凉至温热后即可饮用。

【养生功效】

葵花子当中富含不饱和脂肪酸，其中人体必需的亚油酸达到 50% ~ 60%，不仅可以降低人体的血清胆固醇，而且可以抑制血管内胆固醇的沉淀；黑豆有降低胆固醇、软化血管、防止动脉硬化的作用。这款葵花子黑豆豆浆可以降低血脂，适合脂血症、动脉硬化、高血压患者饮用。

大米百合红豆豆浆 抑制脂肪的堆积

材料

干百合 20 克，红豆 50 克，大米 30 克，清水适量。

做法

1 将红豆清洗干净后，在清水中浸泡 6 ~ 8 小时，泡至发软备用；干百合清洗干净后略泡；大米淘洗干净，用清水浸泡 2 小时。

2 将浸泡好的红豆和百合、大米一起放入豆浆机的杯体中，添加清水至上下水位线之间，启动机器，煮至豆浆机提示大米百合红豆豆浆做好。

3 将打出的大米百合红豆豆浆过滤，待凉至温热后即可饮用。

【养生功效】

近年研究发现百合中含脱甲秋水仙碱，对去脂抗纤，特别是防止脂肪肝性肝炎向肝纤维化、肝硬化发展有一定阻抑作用。大米性平，味甘，具有补中养胃、益精强志、聪耳明目、和五脏、通四脉、止烦、止渴、止泻等作用。红豆，性平偏凉，味甘，含有蛋白质、糖类、B 族维生素、钾、铁、磷等。红豆清热解毒、健脾益胃、生津、祛湿益气，是良好的药用和健康食品。《食性本草》称其“久食瘦人”。因而饮用大米百合红豆豆浆，可以促进脂肪分解消化，抑制脂肪在体内堆积。

■ 贴心提示

胃寒的患者宜少食用大米百合红豆豆浆。

薏苡柠檬红豆豆浆 降低血液中的胆固醇

材料

红豆、薏苡仁各40克，陈皮和柠檬各10克，清水适量。

做法

1 将红豆清洗干净后，在清水中浸泡6～8小时，泡至发软备用；薏苡仁淘洗干净，用清水浸泡2小时；陈皮和柠檬切碎。

2 将浸泡好的红豆和薏苡仁、陈皮、柠檬一起放入豆浆机的杯体中，添加清水至上下水位线之间，启动机器，煮至豆浆机提示薏苡柠檬红豆豆浆做好。

3 将打出的薏苡柠檬红豆豆浆过滤，待凉至温热后即可饮用。

■ 贴心提示

陈皮性温燥，所以，舌红赤、唾液少，有实热者慎用。内热气虚、燥咳咯血者忌用。

【养生功效】

柠檬含有丰富的维生素C，而富含维生素C的水果酶含量很高，可以维持人体新陈代谢，帮助人体气血循环，缓解有害胆固醇造成的血管弹性变差、胸闷等现象；薏苡仁属于水溶性纤维，可加速肝脏排出胆固醇；红豆是一种高蛋白、低脂肪的食物，含亚油酸等，这些成分都可有效降低血清胆固醇。红豆中还含有较多的膳食纤维，可使糖分的吸收减少，既消脂又利尿。这款由柠檬、薏苡仁和红豆组成的豆浆，能促进胆固醇分解，降低血液中胆固醇的浓度。

红薯山药燕麦豆浆 降血脂、促消化

材料

红薯15克，山药15克，燕麦片20克，黄豆50克，清水适量。

做法

1 将黄豆清洗干净后，在清水中浸泡6～8小时，泡至发软备用；红薯去皮、洗净，之后切成小碎丁；山药去皮后切成小丁，下入开水中灼烫，捞出沥干。

2 将浸泡好的黄豆、切好的红薯丁和山药丁、燕麦片一起放入豆浆机的杯体中，添加清水至上下水位线之间，启动机器，煮至豆浆机提示红薯山药麦豆浆做好。

3 将打出的红薯山药麦豆浆过滤，待凉至温热后即可饮用。

【养生功效】

红薯所含的膳食纤维可以吸收肠道内的水分，并迅速膨胀，从而增加粪便体积，促进排便。燕麦中含有极丰富的亚油酸，占全部不饱和脂肪酸的35%～52%，其维生素E的含量也很丰富，均有降低血浆胆固醇浓度的作用。山药含有大量的黏液蛋白、维生素及微量元素，能有效阻止血脂在血管壁的沉淀，可帮助身体预防心血管疾病，老年人常吃还可起到健脾补肺的作用。红薯、燕麦、山药搭配上黄豆做成的这款豆浆，能够降低血脂、促进消化。

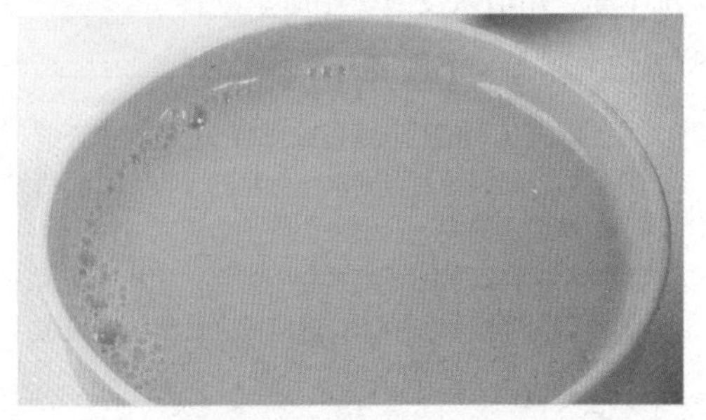

·糖尿病·

高粱小米豆浆 适合胃燥津伤型糖尿病

材料

高粱米25克，小米25克，黄豆50克，清水适量。

做法

1 将黄豆清洗干净后，在清水中浸泡6～8小时，泡至发软备用；高粱米和小米淘洗干净，用清水浸泡2小时。

2 将浸泡好的黄豆和高粱米、小米一起放入豆浆机的杯体中，添加清水至上下水位线之间，启动机器，煮至豆浆机提示高粱小米豆浆做好。

3 将打出的高粱小米豆浆过滤后即可饮用。

■ 贴心提示

气滞者不宜食用高粱小米豆浆。素体虚寒、小便清长者宜少食。

【养生功效】

高粱中含有较多的纤维素，能改善糖耐量、降低胆固醇、促进肠蠕动、防止便秘；小米的营养丰富，富含维生素、粗纤维、烟酸、胡萝卜素及多种矿物质等营养物质，有较好的降糖、降脂作用。小米可作为糖尿病患者的食疗佳品，经常适量煮粥食用，对治胃燥津伤型糖尿病，症见胃热消渴、口干舌燥，形体消瘦者尤为适宜。高粱、小米和黄豆组成的豆浆可以作为糖尿病患者的辅助食疗法，尤其是对治胃燥津伤型糖尿病效果更好。

燕麦小米豆浆 既降血糖又增营养

材料

燕麦30克，小米20克，黄豆50克，清水适量。

做法

1 将黄豆清洗干净后，在清水中浸泡6～8小时，泡至发软备用；燕麦和小米淘洗干净，用清水浸泡2小时。

2 将浸泡好的黄豆和燕麦、小米一起放入豆浆机的杯体中，添加清水至上下水位线之间，启动机器，煮至豆浆机提示燕麦小米豆浆做好。

3 将打出的燕麦小米豆浆过滤后即可饮用。

【养生功效】

燕麦是典型的低血糖指数食品，它的膳食纤维丰富，可以延缓肠道对碳水化合物的吸收，从而有利于对糖尿病的控制；小米也属于粗粮的一种，凡是粗粮都含有较多的纤维素和矿物质，有利于糖尿病患者的身体健康。所以，这款豆浆适合糖尿病患者食用。

紫菜南瓜豆浆 防治糖尿病

材料

南瓜 30 克，紫菜 20 克，黄豆 50 克，清水适量。

做法

1. 将黄豆清洗干净后，在清水中浸泡 6 ~ 8 小时，泡至发软备用；紫菜洗干净；南瓜去皮，洗净后切成小碎丁。
2. 将浸泡好的黄豆同紫菜、南瓜丁一起放入豆浆机的杯体中，添加清水至上下水位线之间，启动机器，煮至豆浆机提示紫菜南瓜豆浆做好。
3. 将打出的紫菜南瓜豆浆过滤后即可饮用。

【养生功效】

紫菜因为镁元素含量高，被誉称为“镁元素的宝库”，因此糖尿病患者宜多吃紫菜；从南瓜中提取的南瓜多糖（由 D- 葡萄糖、D- 半乳糖、L- 阿拉伯糖、木糖和 D 葡萄酸醛组成）是南瓜主要的降糖活性成分，它可以显著降低糖尿病模型小鼠的血糖值，同时具有一定降血脂的功效。而且，南瓜中的果胶能够延缓肠道对糖的吸收，南瓜中的钴则是合成胰岛素必需的微量元素。所以，这款由紫菜和南瓜搭配而成的豆浆能够有效地防治糖尿病。

■ 贴心提示

经常胃热或便秘的人不宜喝紫菜南瓜豆浆，否则会产生胃满腹胀等不适感。

黑米南瓜豆浆 适合糖尿病患者的膳食调养

材料

黑米 20 克，南瓜 30 克，红枣 2 个，黄豆 50 克，清水适量。

做法

1. 将黄豆清洗干净后，在清水中浸泡 6 ~ 8 小时，泡至发软备用；红枣去核，切碎；南瓜去皮，切块；黑米淘洗干净，用清水浸泡 2 小时。
2. 将浸泡好的黄豆和红枣、南瓜、黑米一起放入豆浆机的杯体中，添加清水至上下水位线之间，启动机器，煮至豆浆机提示黑米南瓜豆浆做好。
3. 将打出的黑米南瓜豆浆过滤后即可饮用。

【养生功效】

黑米中含膳食纤维较多，淀粉消化速度比较慢，血糖指数低，对糖尿病患者预防并发症非常有益。所以，糖尿病患者可以把食用黑米作为膳食调养的一部分；南瓜也有助于防治糖尿病。南瓜、黑米和红枣搭配制成的豆浆，很适合作为糖尿病患者的膳食调养。

第2章 改善呼吸系统症状

·咳嗽·

大米小米豆浆 改善咳嗽痰多的症状

材 料

大米30克，陈小米20克，黄豆50克，清水、白糖或冰糖各适量。

做 法

①将黄豆清洗干净后，在清水中浸泡6～8小时，泡至发软备用；大米、小米淘洗干净，用清水浸泡2小时。

②将浸泡好的黄豆、大米、小米一起放入豆浆机的杯体中，添加清水至上下水位线之间，启动机器，煮至豆浆机提示大米小米豆浆做好。

③将打出的大米小米豆浆过滤后，按个人口味趁热添加适量白糖或冰糖调味，不宜吃糖的患者，可用蜂蜜代替。不喜甜者也可不加糖。

■贴心提示

大米虽有一定的食疗作用，但不宜长期食用精米而对糙米不闻不问。因为精米在加工时会损失大量养分，长期食用会导致营养缺乏。

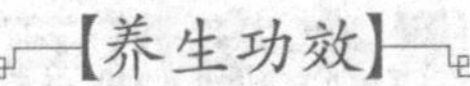

【养生功效】

大米具有补脾、和胃、清肺的作用，把它打成浆有益气、养阴、润燥的作用，适宜咳嗽的人饮用；陈小米又称为陈粟米，中医学认为它性味甘、咸、微寒，有补中益气、和脾益肾的功能。《食物本草会纂》记载，陈粟米“和中益气、养肾。去脾胃中热、止利、消渴利大便”；也就是说，大米能够补中益气，小米则可止烦渴，搭配黄豆制成的豆浆，不仅能够补虚，去除人体的中焦火，对痰多的支气管哮喘也有很好的辅助食疗功效。

银耳百合豆浆 缓解肺燥咳嗽

材料

银耳 20 克，干百合 20 克，黄豆 50 克，清水、白糖或冰糖各适量。

做法

1 将黄豆清洗干净后，在清水中浸泡 6 ~ 8 小时，泡至发软备用；银耳用清水泡发，洗净，切碎；干百合清洗干净后略泡。

2 将浸泡好的黄豆、百合与银耳一起放入豆浆机的杯体中，添加清水至上下水位线之间，启动机器，煮至豆浆机提示银耳百合豆浆做好。

3 将打出的银耳百合豆浆过滤后，按个人口味趁热添加适量白糖或冰糖调味，不宜吃糖的患者，可用蜂蜜代替。不喜甜者也可不加糖。

【养生功效】

银耳是一味滋补良药，它的特点是滋润嫩滑，具有补脾开胃、益气清肠、安眠健胃、补脑、养阴清热、润燥的功效；百合为药食同源的食品，味甘、微苦，性微寒，有润肺止咳、清心安神的药疗功效，适用于肺热、肺燥引起的咳嗽；百合和银耳的搭配有润肺的功效，对于咳嗽有不错的食疗作用；黄豆也能在一定程度上缓解咳嗽症状，尤其是对于吸烟人士，黄豆更是不可缺少的一道美食。因为黄豆能够减轻香烟对肺部的伤害，降低患慢性阻塞性肺病的风险，从而减轻咳嗽等呼吸道症状。银耳、百合搭配黄豆制成的豆浆，能有效缓解肺燥引起的咳嗽。

■ 贴心提示

秋季天气干燥，人更容易因为外界的天气出现肺燥和肺热咳嗽，所以这款豆浆很适合在秋季饮用。

银耳雪梨豆浆 适合干咳症状

材料

银耳 20 克，雪梨半个，黄豆 50 克，清水、白糖或冰糖各适量。

做法

1 将黄豆清洗干净后，在清水中浸泡 6 ~ 8 小时，泡至发软备用；银耳用清水泡发，洗净，切碎；雪梨清洗后，去皮去核，并切成小碎丁。

2 将浸泡好的黄豆和银耳、雪梨丁一起放入豆浆机的杯体中，添加清水至上下水位线之间，启动机器，煮至豆浆机提示银耳雪梨豆浆做好。

3 将打出的银耳雪梨豆浆过滤后，按个人口味趁热添加适量白糖或冰糖调味，不宜吃糖的患者，可用蜂蜜代替。不喜甜者也可不加糖。

【养生功效】

银耳味甘淡，性平，归肺、胃经，具有滋阴润肺、养胃生津的功效，适用于干咳、口燥咽干等。梨性微寒味甘，含苹果酸、柠檬酸、维生素 B_1 等，能生津止渴、润燥化痰。梨汁味甘酸而平，可润肺清燥、止咳化痰，对喉干燥、痒、声哑等均有良效。这款豆浆具有清热化痰、生津润燥的功效，适合经常干咳的人士饮用。

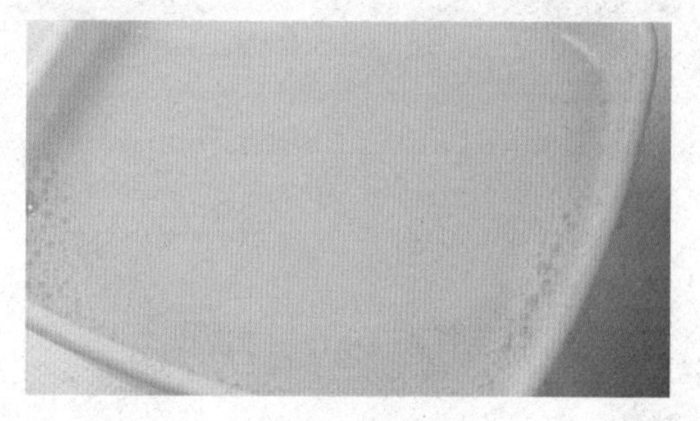

荷桂茶豆豆浆 止咳化痰

材料

荷叶10克，桂花10克，绿茶10克，茉莉花10克，黄豆50克，清水、白糖或冰糖各适量。

■ 贴心提示

荷叶清香无毒，江南民间常用以煮肉、煮饭。中医则常用作清暑利湿、健脾退肿之药。煎汤外洗还可治疗一些皮肤病及瘙痒症等。

做法

1 将黄豆清洗干净后，在清水中浸泡6～8小时，泡至发软备用；荷叶、桂花、茉莉花分别用温水浸泡；绿茶用开水泡好。

2 将浸泡好的黄豆、荷叶、桂花、茉莉花一起放入豆浆机的杯体中，添加清水至上下水位线之间，启动机器，煮至豆浆机提示豆浆做好。

3 将打出的豆浆过滤后，倒入绿茶，按个人口味趁热添加适量白糖或冰糖调味，不宜吃糖的患者，可用蜂蜜代替。不喜甜者也可不加糖。

【养生功效】

荷叶适用于夏天因风热感冒引起的咳嗽，它有清暑作用。桂花性味温辛，中医学认为，桂花具有化痰、散痰等作用，对于痰多咳嗽有一定的治疗效果。茉莉花也有止咳利咽的功效，对喉咙痛止痛清热消炎等最具疗效，有支气管炎等慢性呼吸器官疾病的人宜多饮用；绿茶本身就有降火祛痰的功效，多饮绿茶会对病情有很好的缓解作用。荷叶、桂花、绿茶搭配茉莉花和黄豆制成的这款豆浆具有养生润肺、止咳化痰等保健功效。

杏仁大米豆浆 润肺止咳

材料

杏仁10粒，大米30克，黄豆50克，清水、白糖或冰糖各适量。

■ 贴心提示

杏仁食用前必须经过浸泡，以减少其中的有毒物质。产妇、幼儿、实热体质的人和糖尿病患者不宜食用这款豆浆。

做法

1 将黄豆清洗干净后，浸泡6～8小时，泡至发软备用；大米淘洗干净，用清水浸泡2小时；杏仁略泡并洗净。

2 将浸泡好的黄豆、大米和杏仁一起放入豆浆机的杯体中，添加清水至上下水位线之间，启动机器，煮至豆浆机提示杏仁大米豆浆做好。

3 将打出的杏仁大米豆浆过滤后，按个人口味趁热添加适量白糖或冰糖调味。

【养生功效】

甜杏仁味道微甜、细腻，多用于食用，对干咳无痰、肺虚久咳等症有一定的缓解作用；苦杏仁带苦味，多作药用，具有润肺、平喘的功效。大米具有补脾、和胃、清肺的功能。黄豆有补虚、清热化痰的作用。这款豆浆具有很好的润肺止咳功效。

·哮喘·

豌豆小米青豆豆浆 适宜哮喘患者

材料

豌豆 50 克，小米 20 克，青豆 30 克，清水、白糖或冰糖各适量。

做法

1 将青豆、豌豆清洗干净后，在清水中浸泡 6 ~ 8 小时，泡至发软备用；小米淘洗干净，用清水浸泡 2 小时。

2 将浸泡好的青豆、豌豆和小米一起放入豆浆机的杯体中，添加清水至上下水位线之间，启动机器，煮至豆浆机提示豌豆小米青豆豆浆做好。

3 将打出的豌豆小米青豆豆浆过滤后，按个人口味趁热添加适量白糖或冰糖调味，不宜吃糖的患者，可用蜂蜜代替。不喜甜者也可不加糖。

【养生功效】

豌豆有和中益气的功效，所以对因中气不足引起的哮喘有一定的食疗作用。另外，豌豆中所含的赤霉素和植物凝素等物质，有抗菌消炎、增强新陈代谢的作用，有利于哮喘患者的身体康复。青豆含有大豆异黄酮及其他化合物，能够减少引起咳嗽和哮喘的炎症，还可以改善呼吸功能；长期咳嗽会导致脾肺气虚，而小米能够养胃补气，所以也适宜哮喘患者食用。豌豆、青豆配合小米制作出的豆浆，对哮喘患者有很好的疗效。

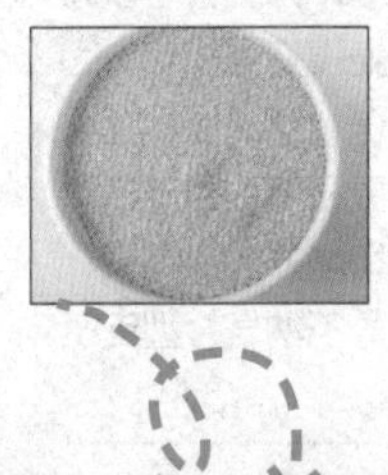

■ 贴心提示

慢性胰腺炎、糖尿病患者要慎饮此款豆浆。

红枣二豆浆 调理支气管哮喘

材料

红枣5颗，红豆30克，黄豆50克，清水、白糖或冰糖各适量。

做法

1 将黄豆、红豆清洗干净后，在清水中浸泡6～8小时，泡至发软备用；红枣洗干净，去核。

■ 贴心提示

材料中选用的红枣是大个干枣，如果枣比较小，可以放到10颗。

2 将浸泡好的黄豆、红豆和红枣一起放入豆浆机的杯体中，添加清水至上下水位线之间，启动机器，煮至豆浆机提示红枣二豆浆做好。

3 将打出的红枣二豆浆过滤后，按个人口味趁热添加适量白糖或冰糖调味，不宜吃糖的患者，可用蜂蜜代替。不喜甜者也可不加糖。

【养生功效】

我国民间有"一日三枣，终生不老"之说。现代医学研究证明，大枣含有人体需要的多种丰富的营养物质和维生素。特别是其中的环磷酸苷可以减少体内过敏介质的释放，促使细胞膜变得稳定，因此能够阻抗过敏反应的发生。在这个意义上，吃大枣治哮喘就不无科学道理了；红豆和黄豆对支气管哮喘也有一定作用。红枣、红豆均能补血、补气、补虚，搭配黄豆制成的豆浆对"肾不纳气"型支气管哮喘有较好的食疗作用。

百合莲子银耳绿豆豆浆 清肺润燥、止咳消炎

材料

干百合20克，莲子20克，银耳20克，绿豆50克，清水、白糖或冰糖各适量。

做法

1 将绿豆清洗干净后，在清水中浸泡4～6小时，泡至发软备用；干百合和莲子清洗干净后略泡；银耳洗净，切碎。

2 将浸泡好的绿豆、百合、莲子和银耳一起放入豆浆机的杯体中，添加清水至上下水位线之间，启动机器，煮至豆浆机提示百合莲子银耳绿豆豆浆做好。

3 将打出的百合莲子银耳绿豆豆浆过滤后，按个人口味趁热添加适量白糖或冰糖调味，不宜吃糖的患者，可用蜂蜜代替。不喜甜者也可不加糖。

【养生功效】

百合不但是甜美的食品，又是有益的中药。尤其是百合汤、八宝饭之类的甜食，均少不了它。用百合煮粥，可滋润肺胃，对呼吸道和消化道黏膜有保护作用。中医学认为百合润肺止咳，清心安神，治肺燥久嗽，咳嗽咯血；莲子肉具有补脾胃的作用，加上清肺润燥的百合、银耳和清热的绿豆，这款豆浆富含维生素，有助消化，能清肺润燥、止咳消炎，尤其适合慢性支气管炎患者饮用。

菊花枸杞豆浆 辅助治疗哮喘的佳品

材料

干菊花 20 克，枸杞子 10 克，黄豆 70 克，清水、白糖或冰糖各适量。

做法

1 将黄豆清洗干净后，在清水中浸泡 6 ~ 8 小时，泡至发软备用；干菊花清洗干净后备用；枸杞洗净，用清水泡发。

2 将浸泡好的黄豆、枸杞和菊花一起放入豆浆机的杯体中，添加清水至上下水位线之间，启动机器，煮至豆浆机提示菊花枸杞豆浆做好。

3 将打出的菊花枸杞豆浆过滤后，按个人口味趁热添加适量白糖或冰糖调味，不宜吃糖的患者，可用蜂蜜代替。不喜甜者也可不加糖。

【养生功效】

据古籍记载，菊花味甘苦，性微寒，有清热消肿、利咽止痛的功效。哮喘患者，如果同时伴有咽喉肿痛、刺痒不适的，可以喝点菊花茶。枸杞子对于辅助治疗哮喘病症同样有效。菊花可疏风散热，与枸杞结合，营养互补而味道鲜美，是辅助治疗哮喘的佳品。

■ 贴心提示

菊花性凉，虚寒体质、平时怕冷、易手脚发凉的人不宜经常饮用这款豆浆。

百合雪梨红豆豆浆 润肺止咳

材料

百合 15 克，雪梨 1 个，红豆 80 克，清水、白糖或冰糖各适量。

做法

1 将红豆清洗干净后，在清水中浸泡 6 ~ 8 小时，泡至发软备用；百合洗干净，略泡，切碎；雪梨洗净，去子，切碎。

2 将浸泡好的红豆、百合、雪梨一起放入豆浆机的杯体中，添加清水至上下水位线之间，启动机器，煮至豆浆机提示百合雪梨红豆豆浆做好。

3 将打出的百合雪梨红豆豆浆过滤后，按个人口味趁热添加适量白糖或冰糖调味。

【养生功效】

百合鲜品富含黏液质，其具有润燥清热作用，中医学用于治疗肺燥或肺热咳嗽等症常能奏效。梨性味甘寒，具有清心润肺的功效，对肺结核、气管炎和上呼吸道感染的患者所出现的咽干、痒痛、声哑、痰稠等症皆有效。二者合用与红豆一起做成豆浆，可以起到润肺益脾、补虚益气、除虚热的作用。

■ 贴心提示

梨子性凉，凡脾胃虚寒及便溏、腹泻者忌饮这款豆浆；糖尿病患者当少饮或不饮这款豆浆。

·鼻炎·

红枣山药糯米豆浆 增强抵抗力、丢掉鼻炎

材料

红枣10克，山药20克，糯米20克，黄豆50克，清水、白糖或冰糖各适量。

做法

1. 将黄豆清洗干净后，在清水中浸泡6～8小时，泡至发软备用；红枣洗干净后，用温水泡开；山药去皮后切成小丁，下入开水中焯烫，捞出沥干；糯米淘洗干净，用清水浸泡2小时。
2. 将浸泡好的黄豆、糯米和红枣、山药一起放入豆浆机的杯体中，加水至上下水位线之间，启动机器，煮至豆浆机提示红枣山药糯米豆浆做好。
3. 将打出的红枣山药糯米豆浆过滤后，按个人口味趁热往豆浆中添加适量白糖或冰糖调味，不宜吃糖的患者，可用蜂蜜代替。

【养生功效】

红枣具有补中益气、养胃健脾、养血壮神、润心肺、生津液、悦颜色、解药毒、调和百药的作用，预防和治疗已经发作的各种过敏性疾病，都可食用红枣进行辅助治疗；中医学认为，山药能健脾胃、益肺肾，适合身体虚弱、哮喘、过敏性鼻炎患者食用；糯米则会通过补肺气的方式缓解鼻炎，因此这款由红枣、山药、糯米和黄豆制成的豆浆能够增强人的抵抗力，从而抑制鼻炎症状。

■ 贴心提示

山药一般要选择茎干笔直、粗壮，拿到手中有一定分量的。如果是切好的山药，则要选择切开处呈白色的。

洋甘菊豆浆 缓解过敏性鼻炎

材料

洋甘菊20克，黄豆80克，清水、白糖或冰糖各适量。

做法

1 将黄豆清洗干净后，在清水中浸泡6～8小时，泡至发软备用；洋甘菊清洗干净后备用。

2 将浸泡好的黄豆和洋甘菊一起放入豆浆机的杯体中，添加清水至上下水位线之间，启动机器，煮至豆浆机提示洋甘菊豆浆做好。

3 将打出的洋甘菊豆浆过滤后，按个人口味趁热添加适量白糖或冰糖调味，不宜吃糖的患者，可用蜂蜜代替。

【养生功效】

现代药理研究发现，甘菊含有一种成分可以起到抗过敏作用。而洋甘菊的性能更为温柔、清凉，抗过敏作用稍强。豆浆致敏概率较小，如果服牛奶而觉皮肤不适者可以换为饮用豆浆。所以这款用洋甘菊和黄豆制成的豆浆，对于过敏性鼻炎有一定的缓解作用。

■ 贴心提示

女性应注意勿过量食用，因为洋甘菊有通经效果，孕妇避免食用。

白萝卜糯米豆浆 抑制鼻炎复发

材料

白萝卜30克，糯米20克，黄豆50克，清水各适量。

做法

1 将黄豆清洗干净后，在清水中浸泡6～8小时，泡至发软备用；白萝卜去皮后切成小丁，下入开水中略焯，捞出后沥干；糯米淘洗干净，用清水浸泡2小时。

2 将浸泡好的黄豆、糯米同白萝卜丁一起放入豆浆机的杯体中，添加清水至上下水位线之间，启动机器，煮至豆浆机提示白萝卜糯米豆浆做好。

3 将打出的白萝卜糯米豆浆过滤后即可饮用。

■ 贴心提示

在服用参类滋补药时忌食该品，以免影响疗效。

【养生功效】

中医学认为“肺开窍于鼻”，鼻炎其实是肺出现了问题，而白色的食物能够补肺，从这个角度而言，白萝卜对于鼻炎也有一定的食疗作用。不过，萝卜性寒，所以这里针对的是肺热引起的鼻炎；糯米味甘性温，有补中益气、补肺气的功效，也能缓解鼻炎症状。白萝卜、糯米加上黄豆制成的豆浆，具有抑制鼻炎复发的作用。

红枣大麦豆浆 抑制鼻炎症状

材料

红枣30克，大麦20克，黄豆50克，清水、白糖或冰糖各适量。

做法

1 将黄豆清洗干净后，在清水中浸泡6～8小时，泡至发软备用；红枣洗干净，去核；大麦淘洗干净，用清水浸泡2小时。

2 将浸泡好的黄豆、大麦和红枣一起放入豆浆机的杯体中，添加清水至上下水位线之间，启动机器，煮至豆浆机提示红枣大麦豆浆做好。

3 将打出的红枣大麦豆浆过滤后，按个人口味趁热添加适量白糖或冰糖调味，不宜吃糖的患者，可用蜂蜜代替。不喜甜者也可不加糖。

【养生功效】

现在很多人是过敏体质，容易出现过敏性鼻炎、哮喘等，与其每天东补西补，不如把红枣当作零食来吃。生吃、煲汤，或者作为豆浆中的食材都是不错的选择。红枣中含有大量抗过敏物质——环磷酸腺苷，可阻止过敏反应的发生，和富含谷氨酸、天冬氨酸的黄豆一起制成豆浆，能抑制过敏性鼻炎。

■ 贴心提示

儿科专家提示，孩子防过敏除远离过敏原外，多吃些红枣也有助于预防过敏。

桂圆薏苡豆浆 缓解过敏性鼻炎

材料

桂圆20克，薏苡仁30克，黄豆50克，清水、白糖或冰糖各适量。

■ 贴心提示

容易流鼻血与正值过敏性鼻炎发作期的人不宜食用。

做法

1 将黄豆清洗干净后，在清水中浸泡6～8小时，泡至发软备用；桂圆去皮去核；薏苡仁淘洗干净，用清水浸泡2小时。

2 将浸泡好的黄豆、薏苡仁同桂圆一起放入豆浆机的杯体中，添加清水至上下水位线之间，启动机器，煮至豆浆机提示桂圆薏苡仁豆浆做好。

3 将打出的桂圆薏苡豆浆过滤后，按个人口味趁热添加适量白糖或冰糖调味，不宜吃糖的患者，可用蜂蜜代替。不喜甜者也可不加糖。

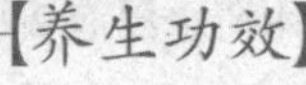

【养生功效】

鼻炎、皮肤过敏、哮喘都与肺的“脏象”有关，包括来自外部的寒气与自身的“气虚”，都会导致肺的脏象不良，从而诱发过敏症状，所以常用桂圆作药材或入药膳，适合过敏性鼻炎、哮喘缓解期的患者食用；过敏性鼻炎也可能是因为“肺脾气虚水湿泛鼻”导致，而薏苡仁能够健脾利湿，抗过敏的效果不错。因此，这款桂圆、薏苡仁和黄豆组成的豆浆能缓解过敏性鼻炎。

第3章 缓解消化系统症状

·厌食·

芦笋山药青豆豆浆 增加食欲、助消化

材料

芦笋30克，山药20克，青豆20克，黄豆30克，清水、白糖或冰糖各适量。

做法

1. 将黄豆、青豆清洗干净后，在清水中浸泡6～8小时，泡至发软备用；芦笋洗净后切成小段，山药去皮后切成小丁，下入开水中焯烫，捞出沥干。
2. 将浸泡好的黄豆、青豆和芦笋、山药一起放入豆浆机的杯体中，添加清水至上下水位线之间，启动机器，煮至豆浆机提示芦笋山药青豆豆浆做好。
3. 将打出的芦笋山药青豆豆浆过滤后，按个人口味趁热添加适量白糖或冰糖调味，不宜吃糖的患者，可用蜂蜜代替。不喜甜者也可不加糖。

■贴心提示

患有痛风者和糖尿病患者不宜多食芦笋山药青豆豆浆。

【养生功效】

山药含有淀粉糖化酶、淀粉酶等多种消化酶，特别是它所含的能够分解淀粉的淀粉糖化酶，是萝卜中含量的3倍，胃胀时食用，有促进消化的作用，可以去除不适症状；芦笋拥有鲜美芬芳的风味，能促进食欲，帮助消化。在西方，芦笋被称为“十大名菜之一”；青豆和黄豆容易消化吸收，它们搭配芦笋、山药制成的这款豆浆，具有增加食欲、助消化的功效。

山楂绿豆豆浆 炎夏的开胃佳饮

材料

山楂30克，绿豆70克，清水、白糖或冰糖各适量。

做法

1 将绿豆清洗干净后，在清水中浸泡6～8小时，泡至发软备用；山楂清洗后去核，并切成小碎丁。

2 将浸泡好的绿豆和山楂一起放入豆浆机的杯体中，添加清水至上下水位线之间，启动机器，煮至豆浆机提示山楂绿豆豆浆做好。

3 将打出的山楂绿豆豆浆过滤后，按个人口味趁热添加适量白糖或冰糖调味，不宜吃糖的患者，可用蜂蜜代替。

【养生功效】

山楂中含有多种维生素、山楂酸、柠檬酸、酒石酸以及苹果酸等，可以促进胃液分泌，增加胃内酶素等功能；绿豆是人们在炎热的夏季经常食用的一种食品，可帮助自己去除暑气，重新找回食欲。这款豆浆适合在夏季胃口不好的时候饮用，它能生津止渴，消食开胃。

■ 贴心提示

山楂含有大量的有机酸、果酸、山楂酸、枸橼酸等，空腹食用，会猛增胃酸，对胃黏膜有不良的刺激，所以在制作豆浆时不宜放太多山楂。

莴笋山药豆浆 刺激消化液分泌

材料

黄豆50克，莴笋30克，山药20克，清水、白糖或冰糖各适量。

■ 贴心提示

有眼科疾病者宜少吃，脾胃虚寒易腹泻者忌吃，经期或产褥期女性不宜多吃。

做法

1 将黄豆清洗干净后，在清水中浸泡6～8小时，泡至发软备用；莴笋洗净后切成小段，山药去皮后切成小丁，下入开水中焯烫，捞出沥干。

2 将浸泡好的黄豆和莴笋、山药一起放入豆浆机的杯体中，添加清水至上下水位线之间，启动机器，煮至豆浆机提示莴笋山药豆浆做好。

3 将打出的莴笋山药豆浆过滤后，按个人口味趁热添加适量白糖或冰糖调味，不宜吃糖的患者，可用蜂蜜代替。不喜甜者也可不加糖。

【养生功效】

莴笋味道清新且略带苦味，可刺激消化酶分泌，增进食欲。山药可整顿消化系统，打成汁饮用，有健胃整肠的功能。莴笋、山药搭配黄豆制作出的豆浆，能够刺激消化液分泌，增加食欲。

白萝卜青豆豆浆 健脾益胃、下气消食

材料

白萝卜30克，青豆20克，黄豆50克，清水适量。

做法

1. 将黄豆、青豆清洗干净后，在清水中浸泡6～8小时，泡至发软备用；白萝卜去皮后切成小丁，下入开水中略焯，捞出后沥干。
2. 将浸泡好的黄豆、青豆同白萝卜丁一起放入豆浆机的杯体中，添加清水至上下水位线之间，启动机器，煮至豆浆机提示白萝卜青豆豆浆做好。
3. 将打出的白萝卜青豆豆浆过滤后即可饮用。

【养生功效】

白萝卜生吃可促进消化，除了助消化外，还有很强的消炎作用，而其辛辣的成分可促胃液分泌，调整胃肠机能。青豆和黄豆也有养护脾胃的作用，搭配上白萝卜制成的这款豆浆，具有健脾益胃、下气消食的作用。

■ 贴心提示

白萝卜性偏寒凉而利肠，脾虚泄泻者应慎食或少食这款豆浆。胃溃疡、十二指肠溃疡、慢性胃炎、单纯甲状腺肿、先兆流产、子宫脱垂等患者不宜食用。

木瓜青豆豆浆 助消化

材料

木瓜1个，青豆20克，黄豆50克，清水、白糖或冰糖各适量。

做法

1. 将黄豆、青豆清洗干净后，在清水中浸泡6～8小时，泡至发软备用；木瓜去皮后洗干净，并切成小碎丁。
2. 将浸泡好的黄豆、青豆和木瓜一起放入豆浆机的杯体中，添加清水至上下水位线之间，启动机器，煮至豆浆机提示木瓜青豆豆浆做好。
3. 将打出的木瓜青豆豆浆过滤后，按个人口味趁热添加适量白糖或冰糖调味，不宜吃糖的患者，可用蜂蜜代替。也可不加糖。

【养生功效】

木瓜所含的蛋白分解酵素，有助于分解蛋白质和淀粉质，对消化系统大有裨益。另外，木瓜特有的木瓜酵素还可以帮助消化、治胃病。木瓜搭配同样具有补养脾胃的青豆和黄豆制成的豆浆，具有防治便秘和助消化、治胃病的功效。

■ 贴心提示

木瓜偏寒性，因此胃寒、体虚者不宜多吃，否则容易导致腹泻或造成胃寒恶心呕吐等。

·便秘·

苹果香蕉豆浆 改善便秘症状

材料

苹果1个，香蕉1根，黄豆50克，清水、白糖或冰糖各适量。

做法

1. 将黄豆清洗干净后，在清水中浸泡6～8小时，泡至发软备用；苹果清洗后，去皮去核，并切成小碎丁；香蕉去皮后，切成碎丁。
2. 将浸泡好的黄豆和苹果、香蕉一起放入豆浆机的杯体中，添加清水至上下水位线之间，启动机器，煮至豆浆机提示苹果香蕉豆浆做好。
3. 将打出的苹果香蕉豆浆过滤后，按个人口味趁热添加适量白糖或冰糖调味，不宜吃糖的患者，可用蜂蜜代替。

【养生功效】

苹果既可治便秘，又可治腹泻。对于便秘有效的是苹果中所含的食物纤维，包括水溶性和不溶性两种。被称作果胶的水溶性纤维有很强的持水能力，它能吸收相当于纤维素本身重量30倍的水分，它会在小肠内变成魔芋般的黏性成分。香蕉含有的大量水溶性植物纤维，能够引起高渗性的胃肠液分泌，从而将水分吸附到固体部分，使大便变软而易于排出。豆浆中本身也含有高纤维，能解决便秘问题，加入苹果和香蕉后，可以增强肠胃蠕动功能，缓解便秘症状。

■ 贴心提示

制作苹果香蕉豆浆时，不要选用未成熟的香蕉，因为未成熟的香蕉含有大量淀粉、果胶和鞣酸。鞣酸比较难溶，有很强的收敛作用，会抑制胃肠液分泌并抑制其蠕动。如摄入过多尚未熟透且肉质发硬的香蕉，就会引起便秘或加重便秘。

玉米小米豆浆 适宜肠胃虚弱的便秘患者

材料

玉米渣25克，小米25克，黄豆50克，清水、白糖或冰糖各适量。

做法

❶ 将黄豆清洗干净后，在清水中浸泡6～8小时，泡至发软备用；玉米渣和小米淘洗干净，用清水浸泡2小时。

❷ 将浸泡好的黄豆、玉米渣和小米一起放入豆浆机的杯体中，添加清水至上下水位线之间，启动机器，煮至豆浆机提示玉米小米豆浆做好。

❸ 将打出的玉米小米豆浆过滤后，按个人口味趁热添加适量白糖或冰糖调味，不宜吃糖的患者，可用蜂蜜代替。不喜甜者也可不加糖。

■ 贴心提示

玉米渣也可以换成玉米粒，用刀切下新鲜的玉米粒，清洗后就可以同黄豆和小米一起放入豆浆机中。

【养生功效】

玉米中所含的植物纤维素能加速体内致癌物质和肠道垃圾的排出。小米虽是粗粮，但其含有丰富的维生素，除了有一般粮食中不含的胡萝卜素外，维生素B_1的含量更是位居所有粮食之首，苏氨酸、蛋氨酸和色氨酸的含量也比一般谷类粮食高，常食有助于消化吸收，这款豆浆有健脾和胃、利水通淋的功效，适合肠胃虚弱的便秘患者饮用。

黑芝麻花生豆浆 润肠通便

材料

黑芝麻20克，花生30克，黄豆50克，清水、蜂蜜各适量。

做法

❶ 将黄豆清洗干净后，在清水中浸泡6～8小时，泡至发软备用；花生去皮；黑芝麻淘去沙粒。

❷ 将浸泡好的黄豆和花生、黑芝麻一起放入豆浆机的杯体中，添加清水至上下水位线之间，启动机器，煮至豆浆机提示黑芝麻花生豆浆做好。

❸ 将打出的黑芝麻花生豆浆过滤，待稍凉后按个人口味添加适量蜂蜜。

【养生功效】

这款豆浆中的蜂蜜和黑芝麻都是常用于治疗便秘的中药。其中黑芝麻含脂肪油达45%～55%，不但补肝肾、益精血、润肠燥，还具有缓慢泻下的作用。蜂蜜，性味甘平，含多种糖分、多种矿物质、多种维生素、蜡质、糊精、有机酸等，具有很强的滋润作用。另外，花生所含的油脂具有润肠通便的作用。因此，黑芝麻、花生、黄豆再配上蜂蜜的豆浆，能够起到润肠通便的作用。

薏苡燕麦豆浆 缓解老年人便秘

材料

薏苡仁 10 克，燕麦 40 克，黄豆 50 克，清水、白糖或蜂蜜各适量。

■ 贴心提示

燕麦一次不宜吃得太多，推荐量为每人每次 40 克，吃多了会造成胃痉挛或胀气。

做法

1 将黄豆清洗干净后，在清水中浸泡 6 ~ 8 小时，泡至发软备用；薏苡仁、燕麦淘洗干净，分别用清水浸泡 2 小时。

2 将浸泡好的黄豆、薏苡仁、燕麦一起放入豆浆机的杯体中，添加清水至上下水位线之间，启动机器，煮至豆浆机提示薏苡燕麦豆浆做好。

3 将打出的薏苡燕麦豆浆过滤后，按个人口味趁热添加适量白糖，或等豆浆稍凉后加入蜂蜜即可饮用。

【养生功效】

很多人在年老之后有大便干、便秘的困扰，多吃燕麦有通大便的作用。此外，老年病患牙齿多数不好、咀嚼不易，造成营养素摄取不够均衡。燕麦富含纤维和蛋白质，也含有镁、钾、锌、铜、锰、硒、维生素 B_1、维生素 E 和泛酸等，可帮助老年人摄取较完整营养素。因此用燕麦和黄豆制成的豆浆，在缓解老年人便秘的同时，还能给他们补充比较完整的营养成分。这款豆浆再加上富含膳食纤维的薏苡仁，缓解便秘的作用会变得更为有效。

薏苡豌豆豆浆 增强肠胃的蠕动性

材料

薏苡仁 20 克，豌豆 30 克，黄豆 50 克，清水、白糖或蜂蜜各适量。

【养生功效】

薏苡仁是一种营养丰富的食物，其所含的矿物质和维生素能够增强肠胃功能。薏苡仁还有健脾的功能，大鱼大肉之后吃点薏苡粥对脾胃非常有好处；豌豆富含粗纤维，能促进大肠蠕动，保持大便通畅，起到清洁大肠的作用。这款豆浆能够增强肠胃的蠕动性，缓解便秘。

做法

1 将黄豆、豌豆清洗干净后，在清水中浸泡 6 ~ 8 小时，泡至发软备用；薏苡仁淘洗干净，用清水浸泡 2 小时。

2 将浸泡好的黄豆、豌豆同薏苡仁一起放入豆浆机的杯体中，添加清水至上下水位线之间，启动机器，煮至豆浆机提示薏苡豌豆豆浆做好。

3 将打出的薏苡豌豆豆浆过滤后，按个人口味趁热添加适量白糖，或等豆浆稍凉后加入蜂蜜即可饮用。

■ 贴心提示

孕妇、尿频者不宜多食薏苡豌豆豆浆。

玉米燕麦豆浆 刺激胃肠蠕动

材料

甜玉米20克，燕麦30克，黄豆50克，清水、白糖或蜂蜜各适量。

做法

1 将黄豆清洗干净后，在清水中浸泡6～8小时，泡至发软备用；用刀切下鲜玉米粒，清洗干净；燕麦米淘洗干净，各用清水浸泡2小时。

2 将浸泡好的黄豆、燕麦和玉米一起放入豆浆机的杯体中，添加清水至上下水位线之间，启动机器，煮至豆浆机提示玉米燕麦豆浆做好。

3 将打出的玉米燕麦豆浆过滤后，按个人口味趁热添加适量白糖，或等豆浆稍凉后加入蜂蜜即可饮用。

■ 贴心提示

玉米蛋白质中缺乏色氨酸，单一食用玉米易发生糙皮病，所以玉米宜与豆类食品搭配食用。另外，玉米发霉后能产生致癌物，发霉的玉米绝对不能食用。

【养生功效】

玉米中的纤维素含量很高，是大米的10倍，大量的纤维素能刺激胃肠蠕动，缩短食物残渣在肠内的停留时间，加速粪便排泄并把有害物质带出体外，对防治便秘、肠炎、直肠癌具有重要的意义；燕麦能够预防便秘引起的腹胀、消化不良，还能抑制人体吸入大量有毒有害物质。这款豆浆能刺激胃肠蠕动、加速粪便排泄。

火龙果豌豆豆浆 预防小儿便秘

材料

火龙果半个，豌豆20克，黄豆50克，清水、白糖或冰糖各适量。

做法

1 将黄豆、豌豆清洗干净后，在清水中浸泡6～8小时，泡至发软备用；火龙果去皮后洗干净，并切成小碎丁。

2 将浸泡好的黄豆、豌豆和火龙果一起放入豆浆机的杯体中，添加清水至上下水位线之间，启动机器，煮至豆浆机提示火龙果豌豆豆浆做好。

3 将打出的火龙果豌豆豆浆过滤后，按个人口味趁热添加适量白糖或冰糖调味，不宜吃糖的患者，可用蜂蜜代替，也可不加糖。

■ 贴心提示

家长在给火龙果去皮时，可先洗净外皮，切去头、尾，然后在火龙果身上浅浅地竖切几刀，用手拨开外皮即可。

【养生功效】

火龙果和西瓜一样，一般中间部分比较甜，是孩子们的最爱。家中的孩子如果有大便干燥、便秘的困扰，可以试试火龙果豌豆豆浆，一般第二天大便就会通畅了；豌豆的膳食纤维对不同年龄的便秘都有效，所以也适合小孩子食用。这款火龙果豆浆很适合家中有便秘困扰的小孩食用，而且豆浆充满水果味，喝起来也很美味。

·胃病·

大米南瓜豆浆 养护脾胃

材料

南瓜30克，大米20克，黄豆50克，清水适量。

做法

1. 将黄豆清洗干净后，在清水中浸泡6～8小时，泡至发软备用；南瓜去皮，洗净后切成小碎丁；大米淘洗干净，用清水浸泡2小时。

2. 将浸泡好的黄豆、大米同南瓜丁一起放入豆浆机的杯体中，添加清水至上下水位线之间，启动机器，煮至豆浆机提示大米南瓜浆做好。

3. 将打出的大米南瓜豆浆过滤后即可饮用。

【养生功效】

大米具有补脾、和胃的功效，米汤能够刺激胃液的分泌，有助于消化，并对脂肪的吸收有促进作用。南瓜含有大量维生素、矿物质，能够增强肠胃蠕动力。黄豆经过豆浆机的粉碎制成豆浆更有利于身体的消化吸收。豆浆中有了大米和南瓜的共同作用，对养护脾胃很有帮助，能在一定程度上缓解胃炎症状。

■ 贴心提示

豆浆过滤时，因为南瓜的絮状肉会影响出浆，可用筷子搅拌。过滤物可以加面粉、葛粉、鸡蛋制成松软可口的烙饼。

红薯大米豆浆 养胃去积

材料

红薯30克，大米20克，黄豆50克，清水适量。

做法

1. 将黄豆清洗干净后，在清水中浸泡6～8小时，泡至发软备用；红薯去皮、洗净，之后切成小碎丁；大米淘洗干净，用清水浸泡2小时。

2. 将浸泡好的黄豆、大米和切好的红薯丁一起放入豆浆机的杯体中，添加清水至上下水位线之间，启动机器，煮至豆浆机提示红薯大米豆浆做好。

3. 将打出的红薯大米豆浆过滤后即可饮用。

■ 贴心提示

红薯在胃中产生酸，所以胃溃疡及胃酸过多的人不宜饮用这款豆浆。

【养生功效】

红薯本身养胃，其富含的膳食纤维能消食化积，增加食欲。大米也具有健脾养胃的功效。平时人们喜欢用红薯和大米做成粥，实际上它们二者和黄豆搭配制成的豆浆，也有健脾暖胃的功效，胃不适时喝一杯，会顿时感觉舒服很多。

莲藕枸杞豆浆 温补脾胃

材料

莲藕40克，枸杞子10克，黄豆50克，清水、白糖或冰糖各适量。

做法

①将黄豆清洗干净后，在清水中浸泡6～8小时，泡至发软备用；枸杞子洗干净后，用温水泡开；莲藕去皮后切成小丁，下入开水中略焯，捞出后沥干。

【养生功效】

莲藕会散发出一种独特清香，还含有鞣质，有一定健脾止泻作用，能增进食欲，促进消化，开胃健中，有益于胃纳不佳，食欲缺乏者恢复健康。尤其是将藕用豆浆机磨过后，更是老年人不可多得的食补佳品，既富营养，又易于消化，有养血止血、调中开胃之功效。平时脾胃不好的老年朋友，不妨多食用一些莲藕。枸杞子是老年人经常用的滋补良品。莲藕、枸杞子搭配黄豆制成的这款豆浆，适合老人饮用，具有温补脾胃的功效。

②将浸泡好的黄豆、枸杞子和切好的莲藕一起放入豆浆机的杯体中，添加清水至上下水位线之间，启动机器，煮至豆浆机提示莲藕枸杞豆浆做好。

③将打出的莲藕枸杞豆浆过滤后，按个人口味趁热往豆浆中添加适量白糖或冰糖调味，不宜吃糖的患者，可用蜂蜜代替。

■ 贴心提示

虽然莲藕能够健脾益胃，但是脾胃消化功能低下、胃及十二指肠溃疡患者一定要忌食莲藕，大便溏泄者也尽量不要食用莲藕。

桂花大米豆浆 暖胃生津

材料

桂花20克，大米30克，黄豆50克，清水、白糖或冰糖各适量。

做法

①将黄豆清洗干净后，在清水中浸泡6～8小时，泡至发软备用；桂花清洗干净后备用；大米淘洗干净，用清水浸泡2小时。

②将浸泡好的黄豆、大米和桂花一起放入豆浆机的杯体中，添加清水至上下水位线之间，启动机器，煮至豆浆机提示桂花大米豆浆做好。

③将打出的桂花大米豆浆过滤后，按个人口味趁热添加适量白糖或冰糖调味，不宜吃糖的患者，可用蜂蜜代替。

【养生功效】

桂花具有解除胀气、肠胃不适的功效，经常饮用桂花做的茶，对于口臭、十二指肠溃疡、胃寒胃疼有预防治疗功效。桂花制成的浆也能减轻胀气肠胃不适，清新迷人的香味还令人神清气爽、安心宁神。大米具有补脾和胃的功效。桂花、大米和黄豆搭配做成的豆浆，味道醇香，具有暖胃生津的功效。

■ 贴心提示

桂花宜密闭贮存，以防香气逸散或受潮霉变。

·肝炎、脂肪肝·

玉米葡萄豆浆 预防脂肪肝

材料

甜玉米20克，葡萄6～10粒，黄豆50克，清水、白糖或冰糖各适量。

做法

❶ 将黄豆清洗干净后，在清水中浸泡6～8小时，泡至发软备用；用刀切下鲜玉米粒，清洗干净；葡萄去皮、去籽。

❷ 将浸泡好的黄豆同葡萄和玉米一起放入豆浆机的杯体中，添加清水至上下水位线之间，启动机器，煮至豆浆机提示玉米葡萄豆浆做好。

❸ 将打出的玉米葡萄豆浆过滤后，按个人口味趁热添加适量白糖或冰糖调味即可饮用。

■ 贴心提示

这款豆浆不宜与水产品同时食用，间隔至少两个小时以上食用为宜。因为葡萄中的鞣酸容易与水产品中的钙质形成难以吸收的物质，影响健康。

【养生功效】

现代研究证实，玉米中的不饱和脂肪酸，尤其是亚油酸的含量高达60%以上，它和玉米胚芽中的维生素E协同作用，可降低血液胆固醇浓度，并防止其沉积于血管壁，因此，玉米对肝硬化、脂肪肝有一定的预防和治疗作用。葡萄中的果酸还能帮助消化、增进食欲，防止肝炎后脂肪肝的发生。用葡萄根100～150克煎水常服，对黄疸型肝炎有一定辅助疗效。玉米、葡萄和黄豆搭配制成的豆浆，对于肝炎和脂肪肝有一定的食疗功效。

银耳山楂豆浆 促进胆固醇转化

材料

山楂15克，银耳10克，黄豆50克，清水、白糖或冰糖各适量。

做法

❶ 将黄豆清洗干净后，在清水中浸泡6～8小时，泡至发软备用；山楂清洗后去核，并切成小碎丁；银耳用清水泡发，洗净，切碎。

❷ 将浸泡好的黄豆和山楂、银耳一起放入豆浆机的杯体中，添加清水至上下水位线之间，启动机器，煮至豆浆机提示银耳山楂豆浆做好。

❸ 将打出的银耳山楂豆浆过滤后，按个人口味趁热添加适量白糖或冰糖调味，不宜吃糖的患者，可用蜂蜜代替。

■ 贴心提示

熟的银耳不宜放置时间过长，在细菌的分解作用下，其中所含的硝酸盐会还原成亚硝酸盐，对人体造成严重危害，所以，再美味的银耳食品，过夜后就不能食用了。

【养生功效】

山楂有助于胆固醇转化；银耳能提高肝脏解毒能力，保护肝脏功能。山楂、银耳和黄豆搭配制成的这款豆浆有助于胆固醇转化，并能促进肝脏蛋白质的合成。

荷叶青豆豆浆 预防脂肪在肝脏堆积

材料

荷叶 30 克，青豆 20 克，黄豆 50 克，清水、白糖或冰糖适量。

做法

1 将黄豆、青豆清洗干净后，在清水中浸泡 6 ~ 8 小时，泡至发软备用；荷叶清洗干净后撕成碎块。

2 将浸泡好的黄豆、青豆与荷叶一起放入豆浆机的杯体中，添加清水至上下水位线之间，启动机器，煮至豆浆机提示荷叶青豆豆浆做好。

3 将打出的荷叶青豆豆浆过滤后，按个人口味趁热添加适量白糖或冰糖调味，不宜吃糖的患者，可用蜂蜜代替。不喜甜者也可不加糖。

【养生功效】

对于肥胖引起的脂肪肝患者来说，荷叶茶是一剂减肥良药。荷叶茶是保健茶的一种，对高血压、高血脂、高胆固醇者来说，是理想的选择，有利于脂肪肝的好转；青豆富含不饱和脂肪酸以及大豆磷脂，有保持血管弹性、健脑和防止脂肪肝形成的作用；黄豆中丰富的大豆蛋白能降低血清胆固醇浓度。荷叶、青豆搭配黄豆制成的这款豆浆，可以有效预防脂肪在肝脏堆积，降低血清胆固醇浓度。

■ 贴心提示

新鲜荷叶保存时，可以先将整张荷叶洗干净后，用保鲜膜包好冷冻起来。

芝麻小米豆浆 促进体内磷脂合成

材料

黑芝麻 20 克，小米 30 克，黄豆 50 克，清水、白糖或冰糖各适量。

做法

1 将黄豆清洗干净后，在清水中浸泡 6 ~ 8 小时，泡至发软备用；小米淘洗干净，用清水浸泡 2 小时；黑芝麻淘去沙粒。

2 将浸泡好的黄豆、黑芝麻和小米一起放入豆浆机的杯体中，添加清水至上下水位线之间，启动机器，煮至豆浆机提示芝麻小米豆浆做好。

3 将打出的芝麻小米豆浆过滤后，按个人口味趁热添加适量白糖或冰糖调味，不宜吃糖的患者，可用蜂蜜代替。不喜甜者也可不加糖。

■ 贴心提示

小米宜与大豆、芝麻或肉类食物混合食用，这是由于小米的氨基酸中缺乏赖氨酸，而大豆的氨基酸中富含赖氨酸，可以补充小米的不足。

【养生功效】

黑芝麻属于油性物质，含有铁和维生素 E 可以活化脑细胞，消除血管中的胆固醇，对治疗脂肪肝有一定的作用，长期食用可以起到补肝益肾的作用，对脂肪肝患者有很大的帮助；小米是粗粮，也有一定降脂作用，对缓解脂肪肝的诸多症状有一定的帮助。芝麻、小米搭配黄豆制成的豆浆能促进体内磷脂合成，对脂肪肝有食疗作用。

苹果燕麦豆浆 辅助治疗脂肪肝

材料

苹果 1 个，燕麦 30 克，黄豆 50 克，清水、白糖或冰糖各适量。

做法

1 将黄豆清洗干净后，在清水中浸泡 6 ~ 8 小时，泡至发软备用；苹果清洗后，去皮去核，并切成小碎丁；燕麦米淘洗干净，用清水浸泡 2 小时。

2 将浸泡好的黄豆、燕麦和苹果丁一起放入豆浆机的杯体中，添加清水至上下水位线之间，启动机器，煮至豆浆机提示苹果燕麦豆浆做好。

3 将打出的苹果燕麦豆浆过滤后，按个人口味趁热添加适量白糖或冰糖调味，不宜吃糖的患者，可用蜂蜜代替。也可不加糖。

■ 贴心提示

苹果不需削皮，因为苹果中的维生素和果胶等有效成分大多含在表皮上。

【养生功效】

苹果含有丰富的钾，可排除体内多余的钠盐，如每天吃 3 个以上苹果，即能维持满意的血压，从而有助于预防脂肪肝。燕麦含有丰富的亚油酸和皂甙素，可以降低血清胆固醇和甘油三酯。燕麦、苹果搭配黄豆制成的这款豆浆能够降低胆固醇浓度，防止脂肪聚集，辅助治疗脂肪肝。

第4章 赶走皮肤困扰

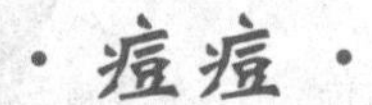

·痘痘·

黑芝麻黑枣豆浆 调理粉刺皮肤

材料

黑芝麻10克，黑枣30克，黑豆60克，清水、白糖或冰糖各适量。

做法

1 将黑豆清洗干净后，在清水中浸泡6～8小时，泡至发软备用；黑芝麻淘去沙粒；黑枣去核，洗净，切碎。

2 将浸泡好的黑豆和洗净的黑芝麻、黑枣一起放入豆浆机的杯体中，加水至上下水位线之间，启动机器，煮至豆浆机提示黑芝麻黑枣豆浆做好。

3 将打出的黑芝麻黑枣豆浆过滤后，按个人口味趁热往豆浆中添加适量白糖或冰糖调味，患有糖尿病、高血压、高血脂等不宜吃糖的患者，可用蜂蜜代替。不喜甜者也可不加糖。

■ 贴心提示

豆浆中若放入太多的黑枣，饮用后会引起胃酸过多和腹胀，需要特别注意。

【养生功效】

长过痘痘的皮肤，有时候颜色明显跟其他地方不一样，而且皮肤也会变得粗糙起来。这时，我们就可以用黑芝麻黑枣豆浆来调理粉刺皮肤。黑芝麻在美容方面的功效非常显著：黑芝麻中的维生素E可维护皮肤的柔嫩与光泽，黑芝麻能润肠治疗便秘，有滋润皮肤的作用。如果在节食的过程中，适当进食芝麻糊，对因为减肥营养不足而导致的皮肤粗糙，有不错的功效；黑枣以含维生素C和钙质、铁质最多，多用于补血和作为调理药物，人的气血畅通，长过粉刺的脸上，气色也会好起来。从这个方面来讲，多吃黑枣很有好处。黑芝麻、黑枣加上黑豆制成的豆浆，适合消除痘痘后调理皮肤时饮用。

绿豆黑芝麻豆浆 防治脸上粉刺

材料

绿豆30克，黑芝麻20克，黄豆50克，清水、白糖或冰糖各适量。

做法

1 将黄豆、绿豆清洗干净后，在清水中浸泡6～8小时，泡至发软备用；黑芝麻淘去沙粒。

2 将浸泡好的黄豆、绿豆和黑芝麻一起放入豆浆机的杯体中，添加清水至上下水位线之间，启动机器，煮至豆浆机提示绿豆黑芝麻豆浆做好。

3 将打出的绿豆黑芝麻豆浆过滤后，按个人口味趁热添加适量白糖或冰糖调味，不宜吃糖的患者，可用蜂蜜代替。不喜甜者也可不加糖。

■ 贴心提示

绿豆性凉，脾胃虚弱、体弱瘦小的人不宜食用。男子阳痿、遗精者也不宜食用绿豆黑芝麻豆浆。

【养生功效】

绿豆因其含有大量蛋白质、B族维生素以及钙、磷、铁等矿物质，故有增白、淡化斑点、清洁肌肤、去除角质、抑制青春痘的功效；黑芝麻中蕴含丰富的维生素E，它对肌肤中的胶原纤维和弹力纤维有“滋润”作用，从而消除肌肤杂质，有效防止皮肤老化。这款豆浆可防治脸上的粉刺。

薏苡绿豆豆浆 适用于油性皮肤

材料

薏苡仁20克，绿豆30克，黄豆50克，清水、白糖或蜂蜜各适量。

做法

1 将黄豆、绿豆清洗干净后，在清水中浸泡6～8小时，泡至发软备用；薏苡仁淘洗干净，用清水浸泡2小时。

2 将浸泡好的黄豆、绿豆、薏苡仁一起放入豆浆机的杯体中，添加清水至上下水位线之间，启动机器，煮至豆浆机提示薏苡绿豆豆浆做好。

3 将打出的薏苡绿豆豆浆过滤后，按个人口味趁热添加适量白糖，或等豆浆稍凉后加入蜂蜜即可饮用。

■ 贴心提示

体质虚弱的人以及寒证患者不要多喝此豆浆。

【养生功效】

对于油性皮肤而言，薏苡仁能够中和肤质，抑制油性皮肤的分泌，使人看起来清清爽爽。绿豆则有清热去火、消肿止痒等功效。薏苡仁、绿豆和黄豆搭配制成的这款豆浆能够抑制痘痘生成，尤其适用于油性皮肤。

海带绿豆豆浆 青春期的防痘饮品

材料

海带 30 克，绿豆 70 克，清水、白糖或冰糖各适量。

做法

1 将绿豆清洗干净后，在清水中浸泡 6 ~ 8 小时，泡至发软备用；海带洗净，切碎。

2 将浸泡好的绿豆和海带一起放入豆浆机的杯体中，添加清水至上下水位线之间，启动机器，煮至豆浆机提示海带绿豆豆浆做好。

3 将打出的海带绿豆豆浆过滤后，按个人口味趁热添加适量白糖或冰糖调味，不宜吃糖的患者，可用蜂蜜代替。不喜甜者也可不加糖。

【养生功效】

海带中含有较高的锌元素，它不仅能增强机体的免疫功能，而且还可参与皮肤的正常代谢，使上皮细胞正常分化，减轻毛囊皮脂腺导管口的角化，有利于皮脂腺分泌物排出。绿豆具有良好的解毒效果，对汗疹、粉刺等各种皮肤问题效果极佳。这款豆浆，能够通过补锌、排毒的作用抑制青春痘，适合青春期的人防痘时饮用。

贴心提示

吃海带后不要马上喝茶，也不要立刻吃酸涩的水果。

白果绿豆豆浆 防止毛孔堵塞

材料

绿豆 25 克，白果 10 个，黄豆 50 克，清水、白糖或冰糖各适量。

做法

1 将黄豆、绿豆清洗干净后，在清水中浸泡 6 ~ 8 小时，泡至发软备用；白果去壳后，先浸泡一段时间然后再炖熟备用。

2 将浸泡好的黄豆、绿豆和熟白果一起放入豆浆机的杯体中，添加清水至上下水位线之间，启动机器，煮至豆浆机提示白果绿豆豆浆做好。

3 将打出的白果绿豆豆浆过滤后，按个人口味趁热添加适量白糖或冰糖调味。

贴心提示

白果有一定毒性，一定要炖熟后食用，这款豆浆不宜长期饮用。

【养生功效】

传统中医书中一直将白果列为重要药材，白果酸有抑制皮肤真菌的作用，能有效去除皮肤内的不净物，更可彻底除去皮肤深层废物，使皮肤焕发洁净、透明的光彩。这款豆浆有通畅血管的功效，从而减少粉刺和青春痘。

胡萝卜枸杞豆浆 祛痘、消痘印

材料

胡萝卜1/3根，枸杞子10克，黄豆50克，清水适量。

做法

1 将黄豆清洗干净后，在清水中浸泡6～8小时，泡至发软备用；胡萝卜去皮后切成小丁，下入开水中略焯，捞出后沥干；枸杞子洗干净后，用温水泡开。

2 将浸泡好的黄豆、枸杞子同胡萝卜丁一起放入豆浆机的杯体中，添加清水至上下水位线之间，启动机器，煮至豆浆机提示胡萝卜枸杞豆浆做好。

3 将打出的胡萝卜枸杞豆浆过滤后即可饮用。

■ 贴心提示

想要怀孕的女性不宜多饮胡萝卜枸杞豆浆，糖尿病患者也要少饮此豆浆。

【养生功效】

胡萝卜中含有的维生素A可调节上皮细胞的代谢，对毛囊角有一定的调节作用，同时能调节皮肤汗腺功能，减少酸性代谢产物对表皮的侵袭，有利于青春痘患者的康复。枸杞子也能起到一定的美容养颜作用。胡萝卜、枸杞子搭配黄豆制成的这款豆浆，有利于缓解脸上的青春痘，还能帮助祛除痘印。

银耳杏仁豆浆 促进皮肤微循环

材料

银耳30克，杏仁5～6粒，黄豆50克，清水、白糖或冰糖各适量。

■ 贴心提示

银耳本身无味道，选购时可取少许试尝，如对舌有刺激或辣的感觉，可能是用二氧化硫熏制的银耳。

做法

1 将黄豆清洗干净后，在清水中浸泡6～8小时，泡至发软备用；银耳用清水泡发，洗净，切碎；干杏仁洗净后也须在清水中泡软，不过若是新鲜的杏仁洗净后，只需略泡一下即可。

2 将浸泡好的黄豆、杏仁和银耳一起放入豆浆机的杯体中，添加清水至上下水位线之间，启动机器，煮至豆浆机提示银耳杏仁豆浆做好。

3 将打出的银耳杏仁豆浆过滤后，按个人口味趁热添加适量白糖或冰糖调味。

【养生功效】

银耳可萃取出含有丰富葡萄糖、海藻糖等成分的黏多糖体，结构和玻尿酸非常类似，保湿力极佳；杏仁所含的维生素E等抗氧化物质，能预防疾病和早衰。这款豆浆能使皮肤光滑细腻。

·雀斑、黄褐斑·

木耳红枣豆浆 调和气血、治疗黄褐斑

材料

木耳30克，红枣20克，黄豆50克，清水、白糖或冰糖各适量。

【养生功效】

黑木耳中铁的含量极为丰富，为猪肝的7倍多，故常吃木耳能养血驻颜，令人肌肤红润，容光焕发。大枣和中益气，健脾润肤，有助黑木耳祛除黑斑。黑木耳和红枣同煮，能治疗黄褐斑。它们搭配黄豆制成的这款豆浆具有调理气血、祛斑的功效。

做法

1. 将黄豆、绿豆清洗干净后，在清水中浸泡6～8小时，泡至发软备用；木耳洗净，用温水泡发；红枣洗干净，去核。
2. 将浸泡好的黄豆、木耳和红枣一起放入豆浆机的杯体中，添加清水至上下水位线之间，启动机器，煮至豆浆机提示木耳红枣豆浆做好。
3. 将打出的木耳红枣豆浆过滤后，按个人口味趁热添加适量白糖或冰糖调味。

■ 贴心提示

患有痔疮者不宜同食木耳与野鸡，野鸡有小毒，二者同食易诱发痔疮出血。

黄瓜胡萝卜豆浆 淡化黑色素

材料

黄瓜20克，胡萝卜30克，黄豆50克，清水适量。

■ 贴心提示

脾胃虚弱、腹痛腹泻、肺寒咳嗽者都应少吃。

做法

1. 将黄豆清洗干净后，在清水中浸泡6～8小时，泡至发软备用；胡萝卜去皮后切成小丁，下入开水中略焯，捞出后沥干；黄瓜洗净，切成丁。
2. 将浸泡好的黄豆和黄瓜丁、胡萝卜丁一起放入豆浆机的杯体中，添加清水至上下水位线之间，启动机器，煮至豆浆机提示黄瓜胡萝卜豆浆做好。
3. 将打出的黄瓜胡萝卜豆浆过滤后即可食用。

【养生功效】

黄瓜中含有比较丰富的维生素E，这种物质可以使肌肤抗衰老的能力明显提升，令患有色斑的肌肤得到比较好的改善；胡萝卜也能够淡化色斑，使肌肤紧致。这款豆浆含有丰富的纤维素和维生素，可以滋养皮肤，淡化黑色素。

玫瑰茉莉豆浆 适合颜色发青的黄褐斑

材料

玫瑰花 10 克，茉莉花 10 克，黄豆 80 克，清水、白糖或冰糖各适量。

做法

1 将黄豆清洗干净后，在清水中浸泡 6 ~ 8 小时，泡至发软备用；玫瑰花瓣仔细清洗干净后备用；茉莉花瓣清洗干净后备用。

2 将浸泡好的黄豆和玫瑰花、茉莉花一起放入豆浆机的杯体中，添加清水至上下水位线之间，启动机器，煮至豆浆机提示玫瑰茉莉豆浆做好。

3 将打出的玫瑰茉莉豆浆过滤后，按个人口味趁热添加适量白糖或冰糖调味。

■ 贴心提示

皮肤的状况和内分泌关系密切。因此，若想去掉脸上的斑点，除了喝玫瑰茉莉豆浆外，还要保持一个放松、愉悦的心态。

【养生功效】

中医学认为，玫瑰花味甘微苦、性温，最明显的功效就是理气解郁、活血散瘀和调经止痛。茉莉花也能疏肝解郁，能辅助改善情绪紧张、心情不佳，具有放松的作用。这两种花都有疏肝解郁的作用，所以容易肝郁的人可以经常喝茉莉花和玫瑰花泡的茶。这款豆浆，对于肝郁引起的黄褐斑有一定的效果。

山药莲子豆浆 适合颜色发黄的黄褐斑

材料

山药30克，莲子 20 克，黄豆 50 克，清水、白糖或冰糖各适量。

■ 贴心提示

脾虚引起的黄褐斑除了饮用豆浆调理外，还可以服用中成药“补中益气丸”“参苓白术丸”“人参健脾丸”，也有祛斑的功效。

做法

1 将黄豆清洗干净后，在清水中浸泡 6 ~ 8 小时，泡至发软备用；山药去皮后切成小丁，下入开水中焯烫，捞出沥干；莲子洗净后略泡。

2 将浸泡好的黄豆、莲子和山药一起放入豆浆机的杯体中，添加清水至上下水位线之间，启动机器，煮至豆浆机提示山药莲子豆浆做好。

3 将打出的山药莲子豆浆过滤后，按个人口味趁热添加适量白糖或冰糖调味。

【养生功效】

山药和莲子都是餐桌上补脾的常备食材，它们加上黄豆制成的豆浆适合脾虚的人长期食用。这种“润物细无声”的补脾方式，需要长久坚持，对于脾虚引起的黄褐斑有不错的食疗功效。

黑豆核桃豆浆 适合颜色发黑的黄褐斑

材料

黑豆25克，核桃仁1个，黄豆50克，清水、白糖或冰糖各适量。

做法

1. 将黄豆、黑豆清洗干净后，在清水中浸泡6～8小时，泡至发软；核桃仁碾碎。
2. 将浸泡好的黄豆、黑豆和核桃仁一起放入豆浆机的杯体中，并加水至上下水位线之间，启动机器，煮至豆浆机提示黑豆核桃豆浆做好。
3. 将打出的黑豆核桃豆浆过滤后，按个人口味趁热往豆浆中添加适量白糖或冰糖调味，患有糖尿病、高血压、高血脂等不宜吃糖的患者，可用蜂蜜代替。

【养生功效】

黑色是中医学所说肾的颜色，如果一个人的黄褐斑是发黑的，除了斑的颜色发黑，脸上不长斑的地方也不会白净，整个人偏瘦，这可能就是肾虚引起的黄褐斑。治疗这种黄褐斑就要补肾，具体来说就是补肾阴。黑豆和核桃都是常见的补肾食品，食用后能够通过补上虚损的肾阴，减轻色斑。从它们的营养成分上分析，黑豆含有丰富的维生素，其中维生素E含量最高，可驻颜，使皮肤白嫩。核桃仁也是润肤防衰的美容佳品。所以，利用黑豆和核桃制成的豆浆，能够减轻颜色发黑的黄褐斑。

贴心提示

因为肾阴虚引起的黄褐斑，除了饮用豆浆的方法，也可以服用“六味地黄丸”来淡化色斑。

·湿疹·

薏苡黄瓜绿豆豆浆 排出体内湿气

材料

薏苡仁 30 克，黄瓜 20 克，绿豆 50 克，清水、白糖或冰糖各适量。

做法

1 将绿豆清洗干净后，在清水中浸泡 6 ~ 8 小时，泡至发软备用；黄瓜削皮、洗净后切成碎丁；薏苡仁淘洗干净，用清水浸泡 2 小时。

2 将浸泡好的绿豆、薏苡仁和黄瓜一起放入豆浆机的杯体中，添加清水至上下水位线之间，启动机器，煮至豆浆机提示薏苡黄瓜绿豆豆浆做好。

3 将打出的薏苡黄瓜绿豆豆浆过滤后，按个人口味趁热添加适量白糖或冰糖调味，不宜吃糖的患者，可用蜂蜜代替。

【养生功效】

所有的谷物中，薏苡仁的除湿效果最好，在换季时或者湿润的地方，常食薏苡仁能够使人充满活力，并且增强人体的抵抗能力；黄瓜中的黄瓜酶是很强的活性生物酶，能促进机体的血液循环，起到补水润肤的作用。黄瓜具有摄取身体多余热量的作用，还能消除皮肤的发热感，使发热皮肤平稳，同时排除毛孔内积存的废物，去除湿疹，使肌肤更加美丽，特别是对容易出汗及脸上常长小疙瘩的人更适宜；绿豆是天然清热消暑的食品，尤其在夏季，人最容易出现湿阻引起的湿疹，可时常服用，对于改善湿疹也有良好的功效。薏苡仁、黄瓜搭配绿豆制成的这款豆浆能够排出体内湿气、缓解湿疹。

■ 贴心提示

挑选黄瓜时，要选那些看上去细长且比较均匀的，顶花带刺，颜色新鲜的，这样的黄瓜是最新鲜的。

苦瓜绿豆豆浆 祛湿、止痒、除湿疹

材料

绿豆50克，苦瓜30克，清水、白糖或冰糖各适量。

做法

1 将绿豆清洗干净后，在清水中浸泡6～8小时，泡至发软备用；苦瓜洗净，去蒂，除籽，切成小丁。

2 将浸泡好的绿豆和苦瓜丁一起放入豆浆机的杯体中，添加清水至上下水位线之间，启动机器，煮至豆浆机提示苦瓜绿豆豆浆做好。

3 将打出的苦瓜绿豆豆浆过滤后，按个人口味趁热添加适量白糖或冰糖调味。

■ 贴心提示

这款豆浆性质较寒凉，脾胃虚寒者及慢性胃肠炎患者应少食或不食。

【养生功效】

绿豆有清热解毒、消暑生津、利水消肿的功效。苦瓜中含有奎宁，能清热解毒、祛湿止痒，有助于预防和治疗湿疹。绿豆和苦瓜一起制成的豆浆有助于缓解湿疹症状，防治湿疹。

莴笋黄瓜绿豆豆浆 缓解湿疹症状

材料

莴笋30克，黄瓜20克，绿豆50克，清水、白糖或冰糖各适量。

做法

1 将绿豆清洗干净后，在清水中浸泡6～8小时，泡至发软备用；黄瓜削皮、洗净后切成碎丁；莴笋洗净后切成小段。

2 将浸泡好的绿豆、莴笋和黄瓜一起放入豆浆机的杯体中，添加清水至上下水位线之间，启动机器，煮至豆浆机提示莴笋黄瓜绿豆豆浆做好。

3 将打出的莴笋黄瓜绿豆豆浆过滤后，按个人口味趁热添加适量白糖或冰糖调味。

■ 贴心提示

莴笋想要保存的时间长一些，可以取出已削皮的莴笋，将毛巾放在水里浸湿，把湿毛巾放在冰箱里，再将莴笋放在上面，即可防止莴笋蔫萎。

【养生功效】

莴笋中的钾含量大大高于钠含量，有利于体内的水电解质平衡，促进排尿。黄瓜可以利尿，有助于清除血液中像尿酸那样的潜在有害物质。。莴笋、黄瓜搭配绿豆制成的这款豆浆，具有利水消肿的功效，可在一定程度上缓解湿疹症状。

第5章 防治骨关节疾病

·关节炎·

核桃黑芝麻豆浆 预防关节炎等疾病

材 料

黄豆50克，核桃仁4枚，黑芝麻20克，清水、白糖或冰糖各适量。

做 法

1. 将黄豆清洗干净后，在清水中浸泡6～8小时，泡至发软备用；核桃仁碾碎；黑芝麻淘洗干净，沥干水分，碾碎。

2. 将浸泡好的黄豆和核桃仁、黑芝麻一起放入豆浆机的杯体中，添加清水至上下水位线之间，启动机器，煮至豆浆机提示核桃黑芝麻豆浆做好。

3. 将打出的核桃黑芝麻豆浆过滤后，按个人口味趁热添加适量白糖或冰糖调味，不宜吃糖的患者，可用蜂蜜代替。不喜甜者也可不加糖。

【养生功效】

肾主骨，即中医学认为养肾可以健骨。核桃和黑芝麻都是补肾的佳品，把肾补上了，即使不吃钙片，肾会在正常时从食物中“抓取”钙质。外国营养学家发现，关节炎患者人服用核桃有益，这与中医学所说核桃“善治腰疼腿疼，一切筋骨疼痛”的说法是一致的。核桃治关节炎机理，中医学认为是由其补肾强筋作用所致，而从其成分上分析则与其富含维生素B_6有关。核桃、黑芝麻与黄豆搭配制作出的豆浆，能够预防关节炎。

■ 贴心提示

芝麻连皮一起吃不容易消化，压碎后不仅有股迷人的香气，更有助于人体吸收。

薏苡西芹山药豆浆 缓解关节肿胀

材料

黄豆 30 克，薏苡仁 20 克，西芹 25 克，山药 25 克，清水、白糖或冰糖各适量。

做法

❶ 将黄豆清洗干净后，在清水中浸泡 6 ~ 8 小时，泡至发软备用；薏苡仁淘洗干净，用清水浸泡 2 小时；西芹洗净，切段；山药去皮后切成小丁，下入开水中焯烫，捞出沥干。

❷ 将浸泡好的黄豆、薏苡仁和西芹、山药一起放入豆浆机的杯体中，添加清水至上下水位线之间，启动机器，煮至豆浆机提示薏苡西芹山药豆浆做好。

❸ 将打出的薏苡西芹山药豆浆过滤后，按个人口味趁热添加适量白糖或冰糖调味。

贴心提示

薏苡仁会使身体冷虚，虚寒体质者不适宜长期食用这款豆浆。

【养生功效】

薏苡仁有利水消肿、健脾祛湿、舒筋除痹、清热排脓等功效，西芹含有利尿有效成分，可消除体内钠潴留，利尿消肿。山药中的黏液多糖物质与无机盐类相结合，可以形成骨质，使软骨具有一定弹性。薏苡仁、西芹、山药均有健脾利湿的功效，三者搭配黄豆制成豆浆，对于缓解关节肿胀很有帮助。

苦瓜薏苡豆浆 改善类风湿关节炎

材料

黄豆 50 克，苦瓜 30 克，薏苡仁 20 克，清水、白糖或冰糖各适量。

做法

❶ 将黄豆清洗干净后，在清水中浸泡 6 ~ 8 小时，泡至发软备用；苦瓜洗净，去蒂，除子，切成小丁；薏苡仁淘洗干净，用清水浸泡 2 小时。

❷ 将浸泡好的黄豆、薏苡仁和苦瓜丁一起放入豆浆机的杯体中，添加清水至上下水位线之间，启动机器，煮至豆浆机提示苦瓜薏苡豆浆做好。

❸ 将打出的苦瓜薏苡豆浆过滤后，按个人口味趁热添加适量白糖或冰糖调味。

【养生功效】

薏苡仁具有健脾利湿的功效，可用于缓解肿胀症状；苦瓜具有清热解毒的功效，可以缓解类风湿病的症状如局部发热、发痛等。另外，它们二者加上黄豆，可以满足人体对维生素、微量元素和纤维素的需求，同时具有改善新陈代谢的功能，可起到清热解毒、消肿止痛作用，从而缓解关节局部的红肿热痛症状。苦瓜、薏苡仁搭配黄豆制成的这款豆浆可以有效缓解类风湿病症状。

木耳粳米黑豆豆浆 强身壮骨

材料

木耳20克，粳米30克，黑豆50克，清水、白糖或冰糖各适量。

做法

1. 将黑豆清洗干净后，在清水中浸泡6～8小时，泡至发软备用；粳米淘洗干净，用清水浸泡2小时；木耳洗净，用温水泡发。
2. 将浸泡好的黑豆、粳米、木耳一起放入豆浆机的杯体中，添加清水至上下水位线之间，启动机器，煮至豆浆机提示木耳大米黑豆豆浆做好。
3. 将打出的木耳粳米黑豆豆浆过滤后，按个人口味趁热添加适量白糖或冰糖调味，不宜吃糖的患者，可用蜂蜜代替。不喜甜者也可不加糖。

【养生功效】

黑木耳是著名的山珍，可食、可药、可补，中国老百姓餐桌上久食不厌，有"素中之荤"的美誉。它具有提高人体免疫力的作用，可以缓解局部的红肿热痛等症状，对于风湿性关节炎均有一定的缓解功效；黑豆有解毒作用，中医则认为它能补肾滋阴、除湿利水，与木耳的搭配对防治关节炎症有一定的辅助疗效；粳米性味甘，淡，平和，有健脾养胃、补中益气的功效。若能将三种食物强强联合制成豆浆，营养价值大增，对于风湿性关节炎患者来说是进补的佳品，可强身壮骨、预防骨病。

■ 贴心提示

木耳的鉴别：优质木耳表面黑而光润，有一面呈灰色，手摸上去感觉干燥，无颗粒感，嘴尝无异味；假木耳看上去较厚，分量也较重，手摸时有潮湿或颗粒感，嘴尝有甜或咸味。

·骨质疏松·

薏苡花生豆浆 缓解关节疼痛、预防骨质疏松

材料

黄豆50克，薏苡仁30克，花生20克，白糖、清水各适量。

做法

1 将黄豆清洗干净后，在清水中浸泡6～8小时，泡至发软备用；花生去皮，洗净，略泡；薏苡仁淘洗干净，用清水浸泡2小时。

2 将浸泡好的黄豆、薏苡仁、花生一起放入豆浆机的杯体中，并加水至上下水位线之间，启动机器，煮至豆浆机提示薏苡花生豆浆做好。

3 将打出的薏苡花生豆浆过滤后，按个人口味趁热往豆浆中添加适量白糖或冰糖调味，患有糖尿病、高血压、高血脂等不宜吃糖的患者，可用蜂蜜代替。不喜甜者也可不加糖。

【养生功效】

花生营养丰富，有降血脂及延年益寿的功效，对预防骨质疏松也有很好的作用。薏苡仁有利水消肿、健脾祛湿、舒筋除痹、清热排脓等功效，可缓解关节的肿胀和局部发热。薏苡仁、花生搭配黄豆制成的这款豆浆，可缓解关节疼痛，预防骨质疏松。

■ 贴心提示

脂血症患者不宜食用薏苡花生豆浆，因为花生含有大量脂肪，脂血症患者食用花生后，会使血液中的脂质水平升高，而血脂升高又可引起动脉硬化、高血压、冠心病等。胆囊切除者也不宜食用薏苡花生豆浆，因为花生里含的脂肪需要胆汁去消化，胆囊切除后，储存胆汁的功能丧失，没有大量的胆汁来帮助消化，会引起消化不良。

黑芝麻牛奶豆浆 预防骨质疏松

材料

黄豆 60 克，牛奶 150 毫升，黑芝麻 15 克，清水、白糖或冰糖各适量。

■ 贴心提示

缺铁性贫血、必需脂肪酸缺乏症、胆囊炎、胰腺炎患者不宜饮用这款豆浆。

做法

1 将黄豆清洗干净后，在清水中浸泡 6 ~ 8 小时，泡至发软备用；黑芝麻淘洗干净，沥干水分，碾碎；牛奶备用。

2 将浸泡好的黄豆和碾碎的黑芝麻一起放入豆浆机的杯体中，添加清水至上下水位线之间，启动机器，煮至豆浆机提示豆浆做好。

3 将打出的豆浆过滤后，加入牛奶搅拌均匀，再按个人口味趁热添加适量白糖或冰糖调味，不宜吃糖的患者，可用蜂蜜代替。

【养生功效】

黑芝麻钙含量特别高，有利于获得令人满意的骨峰值。牛奶中含有丰富的食物性活性钙，似比其他类型食物中的钙含量都高，是理想的人体钙质来源，既容易吸收利用又安全。牛奶中含有乳糖和维生素 D，能促进钙质吸收。除此之外，牛奶中还含有丰富的蛋白质、微量元素及必需氨基酸等。将牛奶、芝麻、黄豆一起制成豆浆，能够加强钙的吸收，从而很好地预防骨质疏松。

核桃黑枣豆浆 补钙、预防骨质疏松

材料

黄豆 50 克，核桃仁 2 个，黑枣 3 个，清水、白糖或冰糖各适量。

■ 贴心提示

好的黑枣皮色应是乌亮有光，黑里泛出红色者，皮色乌黑者为次，色黑带萎者更次。好的黑枣颗大均匀，短壮圆整，顶圆蒂方，皮面皱纹细浅。

做法

1 将黄豆清洗干净后，在清水中浸泡 6 ~ 8 小时，泡至发软备用；核桃仁碾碎；黑枣洗干净后，用温水泡开。

2 将浸泡好的黄豆、黑枣与核桃仁一起放入豆浆机的杯体中，添加清水至上下水位线之间，启动机器，煮至豆浆机提示核桃黑枣豆浆做好。

3 将打出的核桃黑枣豆浆过滤后，按个人口味趁热添加适量白糖或冰糖调味。

【养生功效】

核桃中的天然抗氧化剂和 Ω-3 脂肪酸有助于人体对矿物质如钙、磷、锌等的吸收，可以促进骨骼生长，另外 Ω-3 脂肪酸有助于保持骨密度，减少因自由基（高活性分子）造成的骨质疏松；黑枣中富含钙和铁，它们对防治骨质疏松有重要作用。核桃、黑枣与黄豆搭配制成的这款豆浆可以补钙，预防骨质疏松。

海带黑豆豆浆 补益肾气防骨病

材料

海带20克，黑豆30克，黄豆50克，清水、白糖或冰糖各适量。

做法

1 将黄豆、黑豆清洗干净后，在清水中浸泡6～8小时，泡至发软备用；海带洗净，切碎。

2 将浸泡好的黄豆、黑豆和海带一起放入豆浆机的杯体中，添加清水至上下水位线之间，启动机器，煮至豆浆机提示海带黑豆豆浆做好。

3 将打出的海带黑豆豆浆过滤后，按个人口味趁热添加适量白糖或冰糖调味。

■ 贴心提示

海带性寒质滑，故肾虚寒者不宜食用这款豆浆。海带虽然营养丰富，味美可口，但海带含有一定量的砷，若摄入量过多容易引起慢性中毒，所以在食用前要用清水漂洗干净，使砷溶解于水。通常浸泡一昼夜换一次水，可使其中含砷量符合食品卫生标准。

【养生功效】

海带中除含有大量的碘外，含钙量也很高，能促进骨骼、牙齿的生长，预防骨质疏松，是儿童、孕妇和老年人的营养保健食品。黄豆是“豆中之王”，营养丰富，既能补钙又能补肾。黑豆具有很好的滋阴补肾的作用。海带、黑豆、黄豆三者搭配制作出的豆浆富含钙质，补肾益气，经常饮用能够预防骨质疏松。

木耳紫米豆浆 预防骨质疏松

材料

木耳30克，紫米20克，黄豆50克，清水、白糖或冰糖各适量。

做法

1 将黄豆清洗干净后，在清水中浸泡6～8小时，泡至发软备用；木耳洗净，用温水泡发；紫米淘洗干净，用清水浸泡2小时。

2 将浸泡好的黄豆、木耳和紫米一起放入豆浆机的杯体中，添加清水至上下水位线之间，启动机器，煮至豆浆机提示木耳紫米豆浆做好。

3 将打出的木耳紫米豆浆过滤后，按个人口味趁热添加适量白糖或冰糖调味。

【养生功效】

黑木耳，色泽黑褐，质地柔软，味道鲜美，营养丰富，可素可荤，它含有较多的钙和蛋白质，能够预防骨质疏松。黄豆含黄酮苷、钙、铁、磷等，可促进骨骼生长和补充骨中所需的营养。用木耳和紫米搭配黄豆制成的这款豆浆能够有效预防骨质疏松。

·缺钙·

麦枣豆浆 补钙强身

材料

黄豆50克，燕麦片50克，干枣、清水、白糖或冰糖各适量。

做法

1. 将黄豆清洗干净后，在清水中浸泡6～8小时，泡至发软备用；干枣洗干净，去核；燕麦片备用。
2. 将浸泡好的黄豆和燕麦片、干枣一起放入豆浆机的杯体中，添加清水至上下水位线之间，启动机器，煮至豆浆机提示麦枣豆浆做好。
3. 将打出的麦枣豆浆过滤后，按个人口味趁热添加适量白糖或冰糖调味，不宜吃糖的患者，可用蜂蜜代替。不喜甜者也可不加糖。

【养生功效】

燕麦片含钙量特别高，每100克燕麦片含钙186毫克，是玉米、大米的10倍以上。每100克牛奶含钙104毫克，燕麦片含钙量比牛奶还要高许多。钙是构成人体骨骼的主要成分，能增强骨质，预防骨质疏松和软骨病，并维持毛细血管的正常。营养专家推荐，成年人每日需摄取800毫克的钙，而食用燕麦片可补充体内需要的钙。红枣也富含钙，对防治骨质疏松有重要作用，其效果通常是药物所不可比的。干枣中的钙含量比鲜枣要高。燕麦片、干枣搭配黄豆制成的豆浆营养均衡，能补钙强身，适宜中老年人食用。

■ 贴心提示

“燕麦片”和“麦片”不是一种东西。纯燕麦片是燕麦粒轧制而成，呈扁平状，直径约相当于黄豆粒，形状完整。经过速食处理的速食燕麦片有些散碎感，但仍能看出其原有形状。麦片则是多种谷物混合而成，如小麦、大米、玉米、大麦等，其中燕麦片只占一小部分，甚至根本不含有燕麦片。

芝麻花生黑豆豆浆 补肾益气又补钙

材料

黑芝麻20克，花生20克，黑豆70克，清水、白糖或冰糖各适量。

做法

1. 将黑豆清洗干净后，在清水中浸泡6～8小时，泡至发软备用；花生去皮，略泡，碾碎；黑芝麻淘洗干净，沥干水分，碾碎。
2. 将浸泡好的黄豆、花生和黑芝麻一起放入豆浆机的杯体中，添加清水至上下水位线之间，启动机器，煮至豆浆机提示芝麻花生黑豆豆浆做好。
3. 将打出的芝麻花生黑豆豆浆过滤后，按个人口味趁热添加适量白糖或冰糖调味。

【养生功效】

黑芝麻具有补肝肾、润五脏、益气力、长肌肉的作用。而且黑芝麻含钙量很高，是很好的补钙来源。黑豆乃“肾之谷”，是补肾佳品。黑色属水，水走肾，所以肾虚的人食用黑豆可以有效地缓解腰酸腿疼等症状。黑芝麻搭配黑豆制成的芝麻黑豆豆浆，不仅能够补肾，还能够补钙。

■ 贴心提示

黑豆对健康虽有如此多的功效，但不适宜生吃，尤其是肠胃不好的人生吃会出现胀气现象。

西芹黑豆豆浆 强健骨骼

材料

西芹20克，黑豆30克，黄豆50克，清水适量。

做法

1. 将黄豆、黑豆清洗干净后，在清水中浸泡6～8小时，泡至发软备用；西芹择洗干净后，切成碎丁。
2. 将浸泡好的黄豆、黑豆同西芹丁一起放入豆浆机的杯体中，添加清水至上下水位线之间，启动机器，煮至豆浆机提示西芹黑豆豆浆做好。
3. 将打出的西芹黑豆豆浆过滤后即可饮用。

【养生功效】

芹菜中所含的钙有50%以上可为人体所吸收利用。因此，常吃西芹有强健骨骼的功效。黑豆和黄豆的钙质也很丰富，每100克大豆中含有367毫克的钙，是补钙的重要来源。西芹、黑豆和黄豆搭配制成的这款豆浆，能够让人体充分吸收钙质，具有强健骨骼的作用。

■ 贴心提示

西芹具有杀精作用，它能够抑制男性激素的生成，减少精子数量，所以年轻的男性朋友应少饮西芹黑豆豆浆。

紫菜虾皮豆浆 促进钙吸收

材料

黄豆50克，大米20克，虾皮10克，紫菜10克，清水、葱末、盐各适量。

做法

1 将黄豆清洗干净后，在清水中浸泡6～8小时，泡至发软备用；大米淘洗干净，用清水浸泡2小时；紫菜撕成小片；虾皮洗净。

2 将浸泡好的黄豆和大米、紫菜、虾皮、葱末一起放入豆浆机的杯体中，添加清水至上下水位线之间，启动机器，煮至豆浆机提示紫菜虾皮豆浆做好。

3 将打出的紫菜虾皮豆浆过滤后，按个人口味趁热添加适量盐调味即可。

■ 贴心提示

皮肤病患者不宜饮用这款豆浆，因为紫菜和虾皮属于发物，不利于病情的恢复。

【养生功效】

虾皮含钙量很高，紫菜含镁量较高，两者合用，能促进钙的吸收，为身体提供充足的钙质，防治缺钙引起的骨质疏松。

紫菜黑豆豆浆 促进骨骼生长

材料

紫菜20克，大米30克，黑豆20克，黄豆30克，盐、清水适量。

■ 贴心提示

紫菜是海产食品，容易返潮变质，应装入黑色食品袋置于低温干燥处存放，或放入冰箱中，以保持其味道和营养。

做法

1 将黄豆、黑豆清洗干净后，在清水中浸泡6～8小时，泡至发软备用；紫菜洗干净；大米淘洗干净，用清水浸泡2小时。

2 将浸泡好的黄豆、黑豆、大米同紫菜一起放入豆浆机的杯体中，添加清水至上下水位线之间，启动机器，煮至豆浆机提示紫菜黑豆豆浆做好。

3 将打出的紫菜黑豆豆浆过滤后，加入盐调味即可饮用。

【养生功效】

紫菜钙镁含量丰富，每100克中含镁105毫克、含钙量约有343毫克，适当食用更能促进钙的吸收。大米有健脾养胃、补血益气的功效，可以滋补身体。黄豆富含钙质。紫菜、黑豆、大米和黄豆搭配制成的这款豆浆有很好的补钙作用，能够促进骨骼的生长。

芝麻黑枣黑豆豆浆 富含钙质

材料

黑芝麻 10 克，黑枣 30 克，黑豆 60 克，清水、白糖或冰糖各适量。

做法

1 将黑豆清洗干净后，在清水中浸泡 6 ~ 8 小时，泡至发软备用；黑芝麻淘去沙粒；黑枣去核，洗净，切碎。

2 将浸泡好的黑豆和洗净的黑芝麻、黑枣一起放入豆浆机的杯体中，加水至上下水位线之间，启动机器，煮至豆浆机提示芝麻黑枣黑豆豆浆做好。

3 将打出的芝麻黑枣黑豆豆浆过滤后，按个人口味趁热往豆浆中添加适量白糖或冰糖调味，患有糖尿病、高血压、高血脂等不宜吃糖的患者，可用蜂蜜代替。不喜甜者也可不加糖。

■ 贴心提示

黑芝麻、南瓜子、葵花子等植物种子，都是很好的补钙食品，而食用的最佳时机是早餐。

【养生功效】

除了牛奶等奶制品和虾皮等海产品，黑芝麻等植物的种子其实也是很好的补钙精华食品。黑枣和黑豆中也富含钙质，它们搭配黑豆做成的豆浆富含钙质，是补钙的营养保健佳品。

西芹紫米豆浆 补钙、补血益气

材料

黄豆 50 克，紫米 20 克，西芹 30 克，清水、白糖或冰糖各适量。

【养生功效】

芹菜、紫米和黄豆的含钙量都很高，它们是重要的补钙来源。因此三者搭配出来的这款豆浆含钙量很高，能够很好地为人体补钙。

做法

1 将黄豆清洗干净后，在清水中浸泡 6 ~ 8 小时，泡至发软备用；紫米淘洗干净，用清水浸泡 2 小时；西芹洗净，切段。

2 将浸泡好的黄豆、紫米和西芹一起放入豆浆机的杯体中，添加清水至上下水位线之间，启动机器，煮至豆浆机提示西芹紫米豆浆做好。

3 将打出的西芹紫米豆浆过滤后，按个人口味趁热添加适量白糖或冰糖调味。

■ 贴心提示

紫米好坏的鉴别：上等的紫米米粒细长，颗粒饱满均匀，外观色泽呈紫白色或紫白色夹小紫色块，用水洗涤水色呈黑色，用手抓取易在手指中留有紫黑色，用指甲刮除米粒上的色块后米粒仍然呈紫白色。

第6章

轻松改善亚健康状况

·头痛·

香芋枸杞红豆豆浆 口感好的“止痛药”

材料

芋头20克，枸杞子5克，红豆50克，清水、白糖或冰糖各适量。

做法

1. 将红豆清洗干净后，在清水中浸泡6～8小时，泡至发软备用；芋头去皮，切成小块，放入蒸锅蒸熟待用；枸杞洗净，用清水泡发。
2. 将浸泡好的红豆、枸杞子和蒸熟的芋头一起放入豆浆机的杯体中，添加清水至上下水位线之间，启动机器，煮至豆浆机提示香芋枸杞红豆豆浆做好。
3. 将打出的香芋枸杞红豆豆浆过滤后，按个人口味趁热添加适量白糖或冰糖调味，不宜吃糖的患者，可用蜂蜜代替。不喜甜者也可不加糖。

■ 贴心提示

最好选用个头较大的芋头，因为大芋头的质感更好，打出的豆浆更细腻黏稠，口感更好。饮用这款豆浆不可同时吃香蕉。

【养生功效】

中医学认为，夏季在五行中属火，对应的脏腑是心，因此，夏季养生重在养心。夏日气温高，暑热伤阴，心血暗耗，往往表现为头晕、心悸、失眠、烦躁等不适症状。红豆性平，有清热解毒、活血排脓，通气除烦的功效，对于缓解夏季头痛很有帮助；若头痛时伴随烦躁、失眠、易怒、舌质红，可以搭配枸杞子等清热与熄风滋阴的药材。芋头的维生素和矿物质含量较高，具有清热化痰、消肿止痛的作用，适合夏季食用。芋头、枸杞与红豆混合打出的豆浆，口感醇厚，有很好的止痛功效。

西芹香蕉豆浆 心情愉悦头不痛

材料

西芹20克，香蕉1根，黄豆50克，清水、白糖或冰糖各适量。

做法

1 将黄豆清洗干净后，在清水中浸泡6～8小时，泡至发软备用；西芹择洗干净后，切成碎丁；香蕉去皮后，切成碎丁。

2 将浸泡好的黄豆和西芹、香蕉一起放入豆浆机的杯体中，添加清水至上下水位线之间，启动机器，煮至豆浆机提示西芹香蕉豆浆做好。

3 将打出的西芹香蕉豆浆过滤后，按个人口味趁热添加适量白糖或冰糖调味，不宜吃糖的患者，可用蜂蜜代替。不喜甜者也可不加糖。

【养生功效】

从芹菜籽中分离出的一种碱性成分，对动物有镇静作用，有利于安定情绪，消除烦躁。香蕉中含有一种物质，能帮助人脑产生5-羟色胺，5-羟色胺可以驱散人的悲观、烦躁的情绪，增加平静、愉悦感。所以，经常饮用这款豆浆可以使人心情愉悦，预防和缓解头痛。

■ 贴心提示

香蕉虽然味道可口，也不可多吃，尤其是急慢性肾炎患者和肾功能不全者，更要注意。

茉莉花燕麦豆浆 改善焦虑、缓解头痛

材料

茉莉花10克，燕麦30克，黄豆50克，清水、白糖或冰糖各适量。

■ 贴心提示

体有热毒者不宜过多食用茉莉花燕麦豆浆，孕妇不宜饮用。

做法

1 将黄豆清洗干净后，在清水中浸泡6～8小时，泡至发软备用；茉莉花洗干净备用；燕麦淘洗干净，用清水浸泡2小时。

2 将浸泡好的黄豆、燕麦和茉莉花一起放入豆浆机的杯体中，添加清水至上下水位线之间，启动机器，煮至豆浆机提示茉莉花燕麦豆浆做好。

3 将打出的茉莉花燕麦豆浆过滤后，按个人口味趁热添加适量白糖或冰糖调味。

【养生功效】

茉莉花所含的挥发油性物质，具有行气止痛、解郁散结的作用，可缓解胸腹胀痛、头痛等症状，为止痛之食疗佳品；燕麦可以改善血液循环，缓解生活和工作带来的压力。这款豆浆可缓解头疼，稳定情绪。

生菜小米豆浆 镇痛止痛、清热提神

材料

生菜30克，小米20克，黄豆50克，清水适量。

做法

1 将黄豆清洗干净后，在清水中浸泡6～8小时，泡至发软备用；生菜洗净后切碎；小米淘洗干净，用清水浸泡2小时。

2 将浸泡好的黄豆、小米和切好的生菜一起放入豆浆机的杯体中，添加清水至上下水位线之间，启动机器，煮至豆浆机提示生菜小米豆浆做好。

3 将打出的生菜小米豆浆过滤后即可饮用。

【养生功效】

生菜中的茎叶中含有莴苣素，故味微苦，具有镇痛催眠的作用，还可以辅助治疗神经衰弱；生菜中含有甘露醇等有效成分，有利尿和促进血液循环的作用；中医学认为，小米味甘咸，有清热解渴、健胃除湿、和胃安眠等功效。小米中所含的类雌激素物质，有滋阴养血的功效，能帮助恢复体力，还能防止反胃和呕吐。生菜、小米和黄豆搭配制成的这款豆浆，具有清热提神、止痛镇痛的功效。

■ 贴心提示

购买生菜时，要先看菜叶的颜色是否青绿，然后看茎部。茎部呈干净白色的比较新鲜。越新鲜的生菜叶子越脆，叶面有诱人的光泽。在叶面有断口或褶皱的地方，不新鲜的生菜会因为空气氧化的作用而变得好像生了锈斑一样，而新鲜的生菜则不会有。

·失眠·

核桃花生豆浆 安神助眠

材料

核桃仁2枚，花生仁20克，黄豆50克，大米50克，清水、白糖或冰糖各适量。

做法

1. 将黄豆清洗干净后，在清水中浸泡6～8小时，泡至发软备用；大米淘洗干净，用清水浸泡2小时；核桃仁、花生仁碾碎。
2. 将浸泡好的黄豆和大米、核桃仁、花生仁一起放入豆浆机的杯体中，添加清水至上下水位线之间，启动机器，煮至豆浆机提示核桃花生豆浆做好。
3. 将打出的核桃花生豆浆过滤后，按个人口味趁热添加适量白糖或冰糖调味。

【养生功效】

核桃含有丰富的不饱和脂肪酸，这种物质不仅能预防动脉粥样硬化，预防脑血管病，而且是构成大脑细胞的重要物质之一。因此，中医学认为核桃具有补脑益智的功效。临床研究证明，核桃有改善睡眠质量的功效，常用来治疗神经衰弱、失眠、健忘、多梦等症状。这是因为核桃中磷的含量较多，每100克核桃中含磷294毫克，超过各种鲜果和干果。磷是人体不可缺少的元素，是组成磷脂的必需物质，而磷脂能使大脑产生一种促进记忆的物质——乙酰胆碱。如果脑磷脂缺乏，易引起脑神经细胞膜松弛，使思维迟钝。核桃搭配黄豆、大米、花生制成的豆浆，能养血健脾、安神助眠。

■ 贴心提示

核桃含油脂多，吃多了会令人上火、恶心，正在上火、腹泻的人不宜吃。正在用药的人不要饮用这款豆浆，因为核桃仁含鞣酸，可与铁剂及钙剂结合降低药效。

百合葡萄小米豆浆 提高睡眠质量

材料

小米40克，鲜百合10克，葡萄干10克，黄豆40克，清水、白糖或冰糖各适量。

做法

1 将黄豆清洗干净后，在清水中浸泡6～8小时，泡至发软备用；小米淘洗干净用清水浸泡2小时；鲜百合洗净，分瓣。

2 将浸泡好的黄豆、小米和葡萄干、鲜百合一起放入豆浆机的杯体中，添加清水至上下水位线之间，启动机器，煮至豆浆机提示百合葡萄小米豆浆做好。

3 将打出的百合葡萄小米豆浆过滤后，按个人口味趁热添加适量白糖或冰糖调味。

【养生功效】

葡萄干性平，味甘、微酸，具有补肝肾，益气血的功效。百合入心经，能清心除烦、宁心安神，提高睡眠质量。百合与葡萄干加上小米和黄豆制成的这款豆浆，能有效改善肝肾亏虚和气血虚弱引起的失眠。

■ 贴心提示

葡萄干的糖分含量较高，所以糖尿病患者应当少食或者不食百合葡萄小米豆浆。

红豆小米豆浆 抑制中枢神经兴奋度

材料

红豆25克，小米35克，黄豆40克，清水、白糖或冰糖各适量。

做法

1 将黄豆、红豆清洗干净后，在清水中浸泡6～8小时，泡至发软备用；小米淘洗干净，用清水浸泡2小时。

2 将浸泡好的黄豆、红豆和小米一起放入豆浆机的杯体中，添加清水至上下水位线之间，启动机器，煮至豆浆机提示红豆小米豆浆做好。

3 将打出的红豆小米豆浆过滤后，按个人口味趁热添加适量白糖或冰糖调味，不宜吃糖的患者，可用蜂蜜代替。不喜甜者也可不加糖。

【养生功效】

小米、黄豆和红豆都含有色氨酸，通过代谢，能够生成5-羟色胺。5-羟色胺可以达到抑制中枢神经兴奋度的效果，使人产生困意。5-羟色胺还可以转化生成具有镇静和诱发睡眠作用的褪黑素。此外，小米含有大量淀粉，吃后容易让人产生温饱感，可以促进胰岛素的分泌，提高进入脑内的色氨酸数量，是不可多得的助眠食物。总的来说，这款豆浆具有镇静和诱发睡眠的功效。

核桃桂圆豆浆 改善睡眠质量

材料

黄豆80克，核桃仁2枚，桂圆、清水、白糖或冰糖各适量。

做法

1 将黄豆清洗干净后，在清水中浸泡6～8小时，泡至发软备用；核桃仁碾碎；桂圆去皮，去核。

2 将浸泡好的黄豆与核桃、桂圆一起放入豆浆机的杯体中，添加清水至上下水位线之间，启动机器，煮至豆浆机提示核桃桂圆豆浆做好。

3 将打出的核桃桂圆豆浆过滤后，按个人口味趁热添加适量白糖或冰糖调味。

【养生功效】

桂圆能补心脾、益心血，对失眠有一定的食疗功效。桂圆内含葡萄糖、蔗糖、蛋白质、脂肪、鞣质和维生素A、B族维生素，这些物质能营养神经和脑组织，从而调整大脑皮层功能，改善甚至消除失眠与健忘。因此，这款豆浆能有效改善睡眠质量，对改善贫血及病后虚弱有一定的辅助功效。

■ 贴心提示

桂圆质量的鉴别方法：手剥桂圆，肉核易分离、肉质软润不粘手者质量较好；若肉核不易分离、肉质干硬，则质量差。若桂圆壳面或蒂端有白点，说明肉质已发霉，不可食用。

南瓜百合豆浆 抗抑郁、安神助眠

材料

黄豆50克，南瓜50克，鲜百合20克，水、盐、胡椒粉各适量。

做法

1 将黄豆清洗干净后，在清水中浸泡6～8小时，泡至发软备用；南瓜去皮后切成小块；鲜百合洗净后分瓣。

2 将浸泡好的黄豆和南瓜、鲜百合一起放入豆浆机的杯体中，添加清水至上下水位线之间，启动机器，煮至豆浆机提示南瓜百合豆浆做好。

3 将打出的南瓜百合豆浆过滤后，按个人口味趁热添加适量盐和胡椒粉调味即可。

【养生功效】

南瓜是一种抗抑郁的食物，因为南瓜含有丰富的维生素B_6和铁，这两种营养素都能将身体所储存的血糖转化为葡萄糖，而葡萄糖正是脑部唯一的燃料。百合性微寒，具有清心除烦、抚慰心神的作用，用于热证后余热未消、精神恍惚、失眠多梦、心情抑郁、喜悲伤欲哭等病证，也有不错的疗效。南瓜和百合加上黄豆制成的豆浆，能够起到抗抑郁、安神助眠的效果。

■ 贴心提示

轻度失眠者可食用此豆浆进行调理，重症者应及时就医。

绿豆小米高粱豆浆 调治脾胃失和引起的失眠

材料

高粱米20克，小米20克，绿豆20克，黄豆40克，清水、白糖或冰糖各适量。

做法

1 将黄豆、绿豆清洗干净后，在清水中浸泡6～8小时，泡至发软备用；高粱米、小米淘洗干净，用清水浸泡2小时。

2 将浸泡好的黄豆、绿豆、高粱米、小米一起放入豆浆机的杯体中，添加清水至上下水位线之间，启动机器，煮至豆浆机提示绿豆小米高粱豆浆做好。

3 将打出的绿豆小米高粱豆浆过滤后，按个人口味趁热添加适量白糖或冰糖调味。

【养生功效】

高粱和小米都有健脾益胃的功效，可以通过对脾胃的养护帮助睡眠。小米富含易消化的淀粉，进食后能使人产生饱腹感，可促进人体胰岛素的分泌，提高脑内色氨酸的数量，帮助人尽快入睡。所以，这款豆浆对脾胃不和引起的失眠有辅助治疗作用。

■ 贴心提示

大便燥结者应少食或不食此款豆浆。

百合枸杞豆浆 镇静催眠

材料

枸杞子30克，鲜百合20克，黄豆50克，清水、白糖或冰糖各适量。

做法

1 将黄豆清洗干净后，在清水中浸泡6～8小时，泡至发软备用；枸杞子洗净，用清水泡软；鲜百合洗净后分瓣。

2 将浸泡好的黄豆、枸杞子和鲜百合一起放入豆浆机的杯体中，添加清水至上下水位线之间，启动机器，煮至豆浆机提示百合枸杞豆浆做好。

3 将打出的百合枸杞豆浆过滤后，按个人口味趁热添加适量白糖或冰糖调味。

【养生功效】

枸杞子能够滋补肝肾，百合具有宁心安神的功效，可用于调理心肾不交造成的神经衰弱。所以这款豆浆具有镇静催眠的作用，对于睡时易醒、多梦也有很好的调养效果。

■ 贴心提示

新鲜百合在改善失眠的功效上更强。

·身体困乏·

杏仁花生豆浆 补充体能、缓解疲劳

材料

黄豆 50 克，杏仁 20 克，花生仁 30 克，清水、白糖或冰糖各适量。

做法

1 将黄豆清洗干净后，在清水中浸泡 6 ~ 8 小时，泡至发软备用；杏仁碾碎，备用；花生仁洗净，备用。

2 将浸泡好的黄豆和杏仁、花生仁一起放入豆浆机的杯体中，添加清水至上下水位线之间，启动机器，煮至豆浆机提示杏仁花生豆浆做好。

3 将打出的杏仁花生豆浆过滤后，按个人口味趁热添加适量白糖或冰糖调味。

【养生功效】

杏仁富含蛋白质、脂肪、糖类、B 族维生素、维生素 P 以及钙、磷等营养成分，食用杏仁能及时补充营养，增强体能；花生具有很高的营养价值，内含丰富的脂肪和蛋白质，并含有硫胺素、核黄素、维生素 B_3 等多种维生素，矿物质含量也很丰富，特别是含有人体必需的氨基酸，有促进脑细胞发育、增强记忆的功能。这款豆浆营养丰富，能够迅速补充体能、缓解疲劳。

■ 贴心提示

杏仁含有毒物质氢氰酸，过量服用可致中毒，所以这款豆浆不宜长期饮用。

腰果花生豆浆 消除身体疲劳

材料

花生仁 30 克，腰果 20 克，黄豆 50 克，清水、白糖或冰糖各适量。

做法

1 将黄豆清洗干净后，在清水中浸泡 6 ~ 8 小时，泡至发软备用；花生仁洗净；腰果碾碎。

2 将浸泡好的黄豆和花生仁、腰果一起放入豆浆机的杯体中，添加清水至上下水位线之间，启动机器，煮至豆浆机提示腰果花生豆浆做好。

3 将打出的腰果花生豆浆过滤后，按个人口味趁热添加适量白糖或冰糖调味。

【养生功效】

花生含有卵磷脂、胆碱等，能改善脑疲劳，促进脑细胞发育，增强记忆力；腰果的维生素 B_1 含量仅次于芝麻和花生，有补充体力、消除疲劳的效果。饮用这款豆浆能够有效消除身体疲乏，缓解脑疲劳。

■ 贴心提示

跌打损伤者不宜饮用这款豆浆，因为花生中有一种凝血因子，可导致血瘀不散，加重瘀肿。

榛仁葡萄干豆浆 补充体力

材料

榛子仁10枚，葡萄干20克，黄豆50克，清水、白糖或冰糖各适量。

做法

1 将黄豆清洗干净后，在清水中浸泡6～8小时，泡至发软备用；榛子仁碾碎；葡萄干洗净。

2 将浸泡好的黄豆、绿豆和红枣一起放入豆浆机的杯体中，添加清水至上下水位线之间，启动机器，煮至豆浆机提示榛仁葡萄干豆浆做好。

3 将打出的榛仁葡萄干豆浆过滤后，按个人口味趁热添加适量白糖或冰糖调味，不宜吃糖的患者，可用蜂蜜代替。

■ 贴心提示

在豆浆中加入干果可以丰富豆浆的口味，补充营养物质。

【养生功效】

榛子富含镁这种微量元素，当你疲倦时，不妨吃点榛子补充点镁元素；葡萄干可补气血、暖肾，对贫血、血小板减少有较好疗效；黄豆属于谷类食品，这类食品在补充能量上更加平稳，可缓解人的疲惫感。这款豆浆能够给人补充体力、缓解疲惫。

三加一健康豆浆 补营养、增体力

材料

青豆30克，黑豆30克，绿豆30克，清水、白糖或冰糖各适量。

做法

1 将青豆、黑豆、绿豆清洗干净后，在清水中浸泡6～8小时，泡至发软备用。

2 将浸泡好的青豆、黑豆、绿豆一起放入豆浆机的杯体中，添加清水至上下水位线之间，启动机器，煮至豆浆机提示豆浆做好。

3 将打出的豆浆过滤后，按个人口味趁热添加适量白糖或冰糖调味。

■ 贴心提示

体瘦者和尿多者不宜多吃。

【养生功效】

豆类的营养价值非常高，我国传统饮食讲究“五谷宜为养，失豆则不良”，意思是说五谷是有营养的，但没有豆子就会失去平衡。青豆、黑豆、绿豆搭配制成的豆浆能够给人补充营养、增强体力。

第八篇

豆香美食
——豆浆与豆渣的美味转身

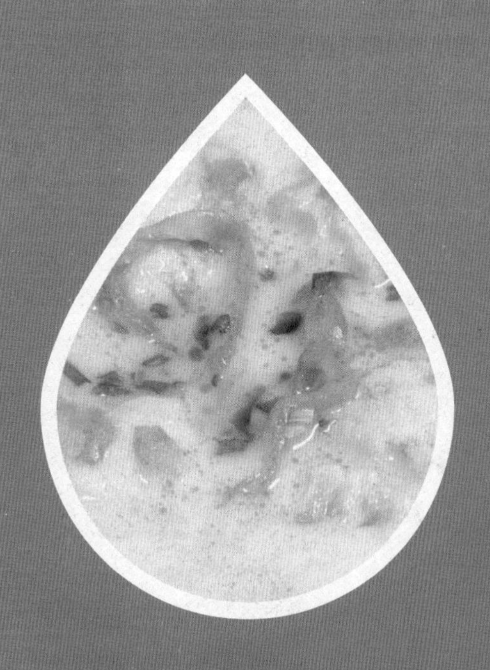

第1章

豆浆料理

豆浆米糊 健脾益气

材料

豆浆160毫升，大米100克，白糖适量。

做法

1 大米淘洗干净，用水泡软，以手搓没有硬心为度。然后磨成米糊。

2 豆浆在煮沸3～5分钟后，撇去浮沫，改成小火，并加入米糊熬制。

3 用筷子不停地向一个方向搅动（顺时针或逆时针），米糊在煮沸后仍继续不停搅拌直到豆浆米糊变得黏稠、熟透。

4 加入适量白糖，搅拌均匀即可食用。

【养生功效】

中医学认为，黄豆具有健脾宽中、润燥消水等作用，对于因为脾气虚弱引起的消化不良、腹泻、腹胀等症都有不错的调理作用。大米含有的营养虽然不高，但它是补充营养素的基础食物。中医学认为大米性味甘平，有补中益气、健脾养胃的作用。黄豆和大米都有健脾的功效，由二者做成的豆浆米糊自然也具有健脾益气的作用，此外它还有降脂降压的功效，适用于高血压、脂血症、营养不良、更年期综合征等。

贴心提示

豆浆米糊既可以当作早餐，也可以当作平时的零食。需要注意的是，糖尿病患者食用时不要放糖。

咸豆浆 降低胰岛素效应

材料

黄豆80克，油条1根，虾皮30克，榨菜80克，红酱油25克，盐25克，白糖25克，醋25克，葱末10克。

■ 贴心提示

为使豆浆凝成絮状，加醋是关键，用香醋、白醋或陈醋都可以，全凭自己口味。

做法

1. 先将油条切丁，榨菜切末。
2. 将红酱油、盐、白糖、味精入锅煮沸后倒出，再加入醋，制成酱醋混合调料。
3. 将黄豆拣去杂质，淘洗干净，浸入温水中6～8小时，泡软后用水冲净。
4. 将泡好的黄豆放入豆浆机杯体中，加水至上下水位线间，启动豆浆机煮成豆浆。
5. 将油条丁、榨菜末、虾皮、葱末等放入豆浆稍微熬煮，加酱醋泥混合调料，盛入碗中即成咸豆浆。

【养生功效】

对于一般人而言，我们都有这样的经验，在不吃其他食物的情形下，只喝1杯甜豆浆，在1～2小时就能明显感到饥饿，这主要是豆浆中的高糖刺激血糖升高，启动了体内胰岛素快速分泌，继而使血糖快速下降，因而使人饥肠辘辘。对于怕胖、又抵不住饥饿的人，或血糖不稳定的糖尿病患者，不如改喝咸豆浆，这样可以降低"胰岛素效应"，不易感到饥饿。

豆浆汤圆 美味滋补双重功效

材料

原味豆浆800毫升，速冻汤圆6个，熟花生仁10克，葡萄干10克。

【养生功效】

这个新型组合却可以使你品尝到不一样的汤圆，喝到不一样的豆浆。而且豆浆汤圆还有温和的滋补作用，能够补虚、补血、健脾。

做法

1. 将熟花生仁去掉红衣，切成碎粒待用；葡萄干洗净，沥干水分，切成碎粒待用。
2. 将豆浆倒入锅中，大火煮至微沸时，放入速冻汤圆，煮开后转小火继续煮至汤圆全部浮起。
3. 将汤圆捞入碗中，再加入少许煮汤圆的豆浆，最后撒上花生粒和葡萄干粒即可。

■ 贴心提示

在煮速冻汤圆时，等豆浆差不多快沸腾的时候就放汤圆，不然汤圆容易造成表皮熟了、里面还是生的。

香甜豆浆粥 补中益气

材料

黄豆80克，大米50克，冰糖、清水各适量。

做法

1 将黄豆放入温水中泡6～8小时，洗净备用；将大米淘洗干净，预先浸泡半小时。

2 将泡好的黄豆放入全自动家用豆浆机杯体中，添加清水至上下水位线之间，启动机器，煮至豆浆机提示豆浆做好。

3 将浸泡好的大米与盛出的原味豆浆一起放入锅中慢火熬煮到适口，另可添加适量冰糖。

【养生功效】

大米即粳米，能提高人体免疫功能；豆浆营养丰富，多喝豆浆可预防老年痴呆症，增强抗病能力。这道香甜豆浆粥具有补中益气的功效，尤其适合老年人、体质虚弱、脾胃不佳的人食用。

豆浆鸡蛋羹 给家人补充营养

材料

原味豆浆150毫升，鸡蛋2个，白糖、水淀粉各适量。

做法

1 将鸡蛋打入碗中，加入水淀粉、白糖和水，调成糊状。

2 将锅放到火上，倒入豆浆，大火煮沸5分钟后，加入调好的鸡蛋糊，一边加，一边向同一个方向不停搅动，直到鸡蛋糊呈羹状即可。

【养生功效】

鸡蛋羹本身味道清淡，加入豆浆后更加美味。这道豆浆鸡蛋羹能调节内分泌，改善更年期症状，延缓衰老，还能给小儿补充营养。制作的时候，还可以根据个人口味添加各种调味料或者和一些配料蒸入其中。

红糖姜汁豆浆羹 帮助孕妇产后恢复身体

材料

原味豆浆200毫升，鸡蛋1个、姜3片，盐、蜂蜜、红糖各适量。

做法

1 鸡蛋敲开，只取蛋清放入碗中，将蛋清、盐、蜂蜜一起打匀，直到出现浮沫。

2 豆浆慢慢倒入打匀的蛋液中，用保鲜膜封住碗口。

3 蒸锅加水后用大火煮沸，将用保鲜膜封好的碗放入锅中，改中火蒸20分钟，这时豆浆就变成凝固状态的豆浆羹。

4 姜片切碎后加一点水，挤一下姜末就得到姜汁。把姜汁和红糖搅匀，用中火加热到红糖融化，再转小火煮到姜汁略浓稠即可。最后揭开保鲜膜，把红糖姜汁淋到豆浆羹上就可以了。

【养生功效】

这道红糖姜汁豆浆羹非常适合帮助产妇恢复身体。孕妇产后失血多，体力和能量消耗大，食用此红糖姜汁豆浆羹能补充能量、增加血容量，有利于产后体力的恢复，且对产后子宫的收缩、恢复、恶露的排出以及乳汁分泌等，也有明显的促进作用。

豆浆咸粥 降低血脂

材料

原味豆浆1000毫升，燕麦100克，瘦肉80克，香菇15克，胡萝卜30克，白果20克，西芹末适量，香菇精少许，盐少许。

做法

1 瘦肉切丁洗净，放入沸水中氽烫，备用。

2 香菇泡软切丁，胡萝卜切丁，备用。

3 取一锅，放入瘦肉丁及燕麦，煮滚后转小火拌煮40分钟，然后放入准备好的香菇丁、萝卜丁和白果。

4 在锅中倒入原味豆浆，续煮约15分钟，再加入盐和香菇精拌匀，煮至入味，食用前撒上西芹末即可。

■ 贴心提示

老人在早晨喝用粗粮熬成的咸粥时，可搭配喝点红茶、蜂蜜水等，帮助消化。

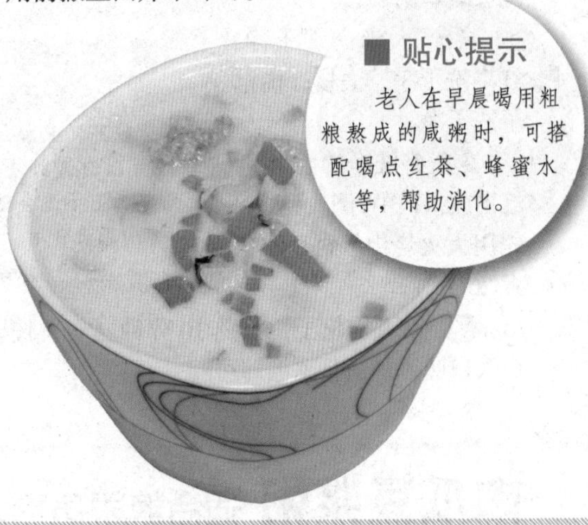

【养生功效】

燕麦所含有的可溶性纤维和皂苷素等，也能起到降低血糖的作用。二者的降血脂作用，还有利于减肥。芹菜中所含丰富的纤维素有预防脑血管病的功效。总之，这款以豆浆、燕麦为主要组成部分的咸粥非常适宜心脑血管疾病的人食用。

豆浆滑鸡粥 强壮身体

材料

黄豆50克，鸡胸脯肉50克，大米35克，姜丝、盐、味精、胡椒粉、淀粉、清水各适量。

【养生功效】

鸡胸脯肉有益五脏、温中益气、补虚的作用，豆浆健脾胃，有明显的温补效果，将它们和大米一起煮成粥，口感爽滑，风味独特，能够强壮身体。

做法

1 将黄豆清洗干净后，在清水中浸泡6～12小时，泡至发软；大米淘洗干净，用清水浸泡2小时；鸡胸脯肉切片，加盐、味精、胡椒粉、干淀粉略腌。

2 将泡好的黄豆放入豆浆机的杯体中，并加水至上下水位线之间，启动机器，煮至豆浆机提示豆浆做好，滤出。

3 往锅中加入适量水，放入大米，大火烧开，转小火熬煮成稠粥，加入姜丝，倒入豆浆，放入鸡胸脯肉煮熟即可。

■ 贴心提示

鸡肉在肉类食品中是比较容易变质的，所以购买之后要马上放进冰箱里，可以在稍微迟一些的时候或第二天食用。

红枣枸杞豆浆米粥 适合身体虚弱的人士食用

材料

原味豆浆100毫升，大米50克，红枣15克，枸杞子15克，冰糖适量。

【养生功效】

红枣是补气养血的佳品。枸杞子有滋补肝肾、强壮筋骨、养血明目的功效。这款红枣枸杞豆浆米粥香甜软糯，适合身体虚弱的人食用。

做法

1 大米淘洗干净；红枣洗干净，去核；枸杞子洗干净。

2 将洗净的大米和红枣放入锅中，倒入豆浆，先用大火烧沸，再用小火慢煮20分钟。

3 放入枸杞子，再熬10分钟左右，按个人口味添加适量冰糖即可。

■ 贴心提示

因为红枣本身的糖分含量较高，又加入了冰糖，所以这道红枣枸杞豆浆米粥不适合糖尿病患者食用。

南瓜豆浆粥 适合糖尿病患者

材料

原味豆浆120毫升，大米、南瓜、水各适量。

■ 贴心提示

南瓜属于发物，所以服用中药期间不宜食用此粥。

做法

1 南瓜去籽，去皮，切片，备用；大米清洗干净。

2 将大米和南瓜一起送入锅中，并向锅中加入适量的清水，先用大火烧沸后，再转至小火熬煮20分钟左右。

3 将豆浆按照比例倒入锅中，继续用小火熬煮10分钟，即可出锅食用。

【养生功效】

南瓜富含维生素和矿物质，有降低血糖和血压的作用。糖尿病患者常吃南瓜不仅可以果腹，而且还可以降糖降脂，可谓“一举多得”。搭配豆浆做成的这道南瓜豆浆粥营养丰富，而且味道甘美，老少皆宜，尤其适合糖尿病患者食用。

豆浆芙蓉蛋 充分补充蛋白质

材料

原味豆浆200毫升，鸡蛋2个，盐、香油、味精各适量。

做法

1 将鸡蛋打入碗中，搅散，按比例加入适量豆浆调匀，添加适量盐。

2 把蛋碗盖严实，放入蒸锅中，用大火将水烧沸，再改用小火蒸10分钟左右。

3 在蒸好的豆浆芙蓉蛋中添加适量香油、味精即可。

【养生功效】

豆浆的主要原料是黄豆，我们知道黄豆营养价值很高。鸡蛋中也富含蛋白质，适合儿童与老年人食用。松软清香的豆浆鸡蛋羹，不但吃起来美味可口，在补充蛋白质的功能上更是不容小觑。

红黄绿豆浆汤 促进儿童生长发育

材料

原味豆浆100毫升，虾仁50克，菠菜50克，胡萝卜50克，玉米粒、料酒、盐适量。

做法

1 胡萝卜洗净，切成片；虾仁洗净；菠菜择洗干净，切段，焯烫后沥干。

2 将锅置于火上，倒入豆浆，放入虾仁、玉米粒、胡萝卜片，煮开，加入盐、料酒、菠菜搅匀即可。

【养生功效】

胡萝卜中含有大量的胡萝卜素，对儿童的成长很有帮助，还能保护儿童的视力。菠菜中也含有大量的胡萝卜素，除此之外它也是铁、维生素B_6、叶酸和钾质的极佳来源，能增加儿童预防传染病的能力，促进生长发育。因此，这道红黄绿豆浆汤不但味道鲜美，而且营养丰富，能够促进儿童生长发育。

山药豆奶煲 具有减肥功效

材料

原味豆浆800毫升，山药300克，鸡腿两只，蒜末10克，枸杞子少许，腌料，盐少许，糖少许，米酒1小匙，生粉少许，盐适量，鸡精适量，白胡椒粉少许。

做法

1 山药去皮切块，枸杞子冲洗干净，备用。

2 鸡腿洗净，去骨切块，加入所有腌料拌匀，腌约20分钟备用。

3 热锅，加入适量沙拉油，爆香蒜末，再加入备好的鸡腿块，炒至颜色变白。

4 续加切好的山药、枸杞子及原味豆浆，煮至滚沸后加入所有调味料，拌匀煮到入味即可。

【养生功效】

对于女性们而言，山药含有足够多的纤维素，食用后就会产生饱胀感，从而控制进食欲望，是一种天然的纤体美食。其次，山药本身就是一种高营养、低热量的食品，可以放心地多加食用而不会发胖。所以，即使本菜肴里有鸡腿，也不易引起肥胖，再加入枸杞子，使这道山药豆奶煲不但能减肥，而且有很好的滋补作用。

第2章 豆渣料理

豆渣玉米粥 降低胆固醇

材 料

豆渣100克，玉米面、白糖各适量。

做 法

1. 将豆渣、玉米面加少许水调成稀糊状。
2. 锅中放入水，将豆渣粥煮开，撒入适量白糖调味即可。

【养生功效】

玉米含有丰富的钙、磷、硒、卵磷脂、维生素E等，具有减低血清胆固醇的作用。研究发现，长期以玉米为主食的地区几乎没有患高血压、冠心病者。食用豆渣也能降低血液中的胆固醇含量，减少糖尿病患者对胰岛素的消耗。玉米搭配上豆渣制成粥，味道甘甜，营养丰富。对于中老年人尤其是被高血压、高血脂、糖尿病困扰的人群，有较好的食疗作用。

■ 贴心提示

将玉米面煮开锅后再加入豆渣，味道也很香。

豆渣芝麻糊 给减肥人士补足营养

材料

豆渣 50 克，黑芝麻粉 2 大匙，白糖适量。

做法

1 锅中放入豆渣和黑芝麻粉，搅拌均匀后加入少许水并加热。

2 煮至沸腾后，放入适量白糖，煮到自己希望的稀稠度即可。

3 如果芝麻粉和豆渣是生的，则需要多煮几分钟，豆渣一定要熟透才可食用。

【养生功效】

豆渣芝麻糊很适合那些节食减肥人士食用。首先，豆渣本身具有高膳食纤维、高粗蛋白、低脂肪、低热量的特点，食用后不仅有饱腹感，而且热量较低，在减肥期间可用它来扫除饥饿感，抑制脂肪的生成。芝麻中含有防止人体发胖的物质，如卵磷脂、胆碱、肌糖，即使吃多了也不会发胖。所以，豆渣和芝麻相配，对于那些正在节食减肥的人，既能解决肚子的饥饿问题，还能改善因为营养不足引起的皮肤粗糙问题。

■ 贴心提示

这款粥不想加糖的话，待芝麻糊晾至 40 度以下，调入适量蜂蜜，也别有一番味道。

椰香豆渣粥 排毒养颜气色好

材料

豆渣 100 克，燕麦片 40 克，椰汁 30 毫升，清水、白糖各适量。

做法

1 用奶锅装 800 毫升清水烧热。

2 锅内水煮沸时，加入豆渣、麦片及白糖。

3 小火焖煮 5 分钟后，加入椰浆，搅拌均匀即可。

【养生功效】

豆渣中的大豆纤维是最理想的膳食纤维。它能够帮助女人排毒养颜；燕麦片中也有高含量的膳食纤维，它能促进胃肠的蠕动，改善便秘问题；椰汁是最佳的天然运动饮料，并且延缓衰老，具有抗病毒和提高免疫力的作用。这款椰香豆渣粥，香甜可口，口感润滑，而且营养丰富，尤其适合那些排毒、减肥者食用，能够提升人的气色。

■ 贴心提示

这款粥也可以放入冰箱冷冻一下，做成甜点的味道同样很棒。

豆渣芋头油菜煲 健脾益胃

材料

豆渣100克，芋头300克，油菜80克，盐、酱油、鸡精、清水各适量。

做法

1 将芋头去皮，切成小块，盛盘，放入蒸锅蒸熟，待凉后压成泥状。

2 将油菜择洗干净，沥干水分，切成碎末。

3 将芋头泥放入锅中，加入适量清水调成糊状，再加入豆渣搅拌均匀，大火烧开后继续煮5分钟左右。

4 待汤汁黏稠后放入油菜末，加入盐、酱油、鸡精调味即可。

【养生功效】

芋头含有丰富的淀粉，淀粉的颗粒要大于马铃薯，进入人体后容易消化吸收，人在食用芋头后很快就会出现饱腹感，这样就能减少米、面的进食量，避免增肥。另外，芋头属于碱性食物，能够中和人体内的酸性物质，减少胃酸与胃痛，具有健益脾胃的作用。糯软甜香的芋头里，加入了清爽的油菜以及豆渣，能令这款煲汤营养升级。不管是炎炎夏日，还是寒冷的冬日，如果能喝上一碗热乎乎的豆渣芋头油菜煲，总能让人浑身舒畅。

五仁豆渣粥 滋养肝肾、润燥滑肠

材料

豆渣80克，玉米面80克，核桃仁、松子仁、杏仁、瓜子仁、开心果仁各适量。

做法

1 将核桃仁、杏仁、开心果仁切碎，同松子仁、瓜子仁一起放入平底锅内，小火炒香，取出备用。

2 将豆渣、玉米面加入适量清水调成糊。

3 往锅中添入适量水，烧开，倒入豆渣糊煮开，撒入五仁即可。

【养生功效】

核桃仁和开心果仁都含有大量的维生素E，具有补肝肾、延缓衰老的作用；松子仁富含脂肪油，在润肠通便的时候不伤正气，老年人因体虚便秘，小儿因为津亏便秘食用后都有一定的作用；杏仁有苦杏仁和甜杏仁之分，在这里用的是甜杏仁，它偏于滋润，能够补肺润燥；葵花子的维生素E含量极为丰富，能调节脑细胞代谢。

五仁搭配豆渣、玉米面熬成粥，具有补益大脑、延缓衰老的作用，食用后也有助于提高睡眠质量。

■ 贴心提示

五仁豆渣粥适量饮用有益健康，但干果类不可多吃，以避免摄入大量的油脂。

海米芹菜豆渣羹 巧妙补钙

材料

豆渣200克，芹菜叶50克，海米15克，黑木耳15克，胡萝卜50克，盐、鸡精、胡椒粉、白糖、香油、水淀粉各适量。

做法

1 芹菜叶洗净切末；海米浸泡10分钟；黑木耳提前水发，切末；胡萝卜去皮，切丁。

2 锅内加水，放入胡萝卜丁、黑木耳、海米、豆渣煮5分钟，再加入芹菜叶煮开，水淀粉勾芡，再放入盐、鸡精、胡椒粉、白糖、香油调味即可。

【养生功效】

虾皮不仅蛋白质含量高，而且含钙量也很高；芹菜中的钙含量也很丰富，而且人体对芹菜中的钙的吸收率大大高于牛奶，它们中所含的钙有50%以上可为人体所吸收利用。黑木耳和豆渣也是高钙食品，它们和海米、芹菜一起做成的豆渣羹是很好的补钙餐。

豆渣馒头 促进消化

材料

豆渣150克，面粉300克，玉米面50克，白糖10克，酵母3克，清水适量。

做法

1 将豆渣、面粉、玉米面、白糖和酵母在容器中混合在一起，加入温水和成面团，发酵到面团内部组织出现蜂窝状为止。

2 面团像做普通馒头一样，揉搓成圆柱形，然后切成小块，揉成圆形或方形的馒头坯。

3 蒸锅中加入适量清水，水沸腾后，将整理好的馒头坯放在湿屉布上，中火蒸20分钟即可。

【养生功效】

豆渣馒头对消化系统很有好处，有利于那些致力于减肥的人士保持体形。面粉中加入了一点白糖主要是为了提味，这样带有香甜口味的馒头更能刺激人的食欲。

■ 贴心提示

豆渣如果存放于冰箱，取出时应先用微波炉加热至温热。

五豆豆渣窝头 保护中老年人健康

材料

黄豆豆渣100克，绿豆豆渣100克，红豆豆渣100克，黑豆豆渣100克，豌豆豆渣100克，玉米面50克，白面50克。

做法

1. 在黄豆豆渣、绿豆豆渣、红豆豆渣、黑豆豆渣、豌豆豆渣中加入玉米面、白面和适量清水，和成面团。
2. 将面团分成若干剂子，捏成窝头。
3. 往锅中添加适量清水，将窝头放入蒸笼，蒸熟即可。

■ 贴心提示

在吃完窝头后，一定要多喝两杯水，一般在吃过后一小时饮用最好。

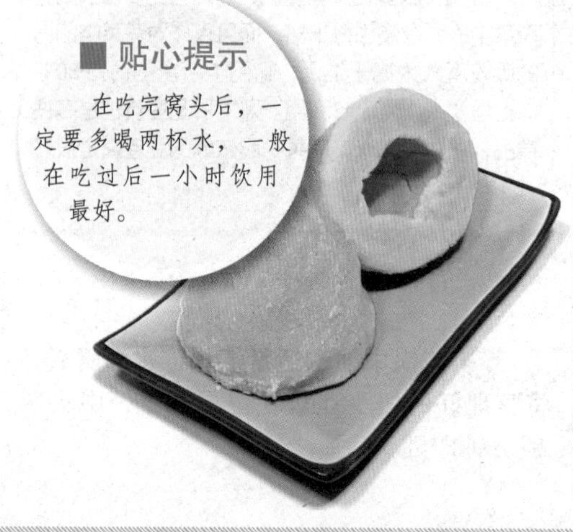

【养生功效】

五豆豆渣一起做成的窝头，能够聚集植物蛋白的精华，而且经过食物的互补作用，它们的营养价值也大大提高。另外，豆类食品是唯一能与动物性食物相媲美的高蛋白、低脂肪食物，它们中以不饱和脂肪酸居多，所以豆类是防止冠心病、高血压、动脉粥样硬化等疾病的理想食品。这款加了玉米和面粉的五豆豆渣窝头，对于降血脂、降血压、抗衰老等都有不错功效，所以很适合中老年人经常食用。

豆渣丸子 促进排便、预防便秘

材料

豆渣150克，鸡蛋2个，面粉50克，胡萝卜60克，胡椒粉、盐适量。

做法

1. 把鸡蛋打入碗中，打成蛋液；胡萝卜清洗干净，切成碎粒。
2. 将豆渣、面粉、蛋液和胡萝卜放入大碗中混合，并撒入适量盐和胡椒粉，搅拌均匀成糊状，最后团成丸子。
3. 将锅置于火上，倒入油，烧至六成热，放入丸子，煎三四分钟后，待丸子熟透即可。

【养生功效】

豆渣所富含的膳食纤维能促进胃肠蠕动和消化液分泌，有利于食物消化。将豆渣做成丸子是豆渣的一种新型吃法，有促进排便、预防便秘和大肠癌的养生功效。

■ 贴心提示

这道豆渣丸子是油煎食品，不易消化，所以老年人应少吃或不吃。

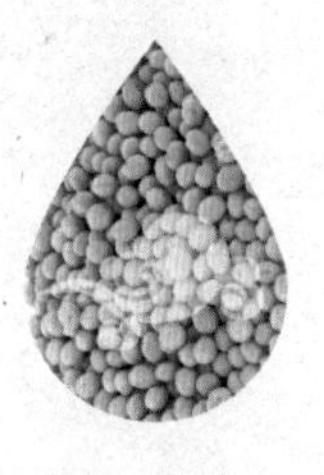

起源于我国西汉的豆浆，承载着深厚的文化内涵，走过了数千年的历史，在不断得到改良后，由最初的原味黄豆豆浆，发展出更多不同种类、花式、口感的搭配。今天，豆浆已经成为人们日常生活中不可缺少的健康饮品，成为中国人的『绿色牛奶』，成为全世界大受热捧的养生『宠儿』。